工程中创意产生过程与方法

主　编　檀润华
副主编　张　鹏　于　菲

科学出版社
北　京

内 容 简 介

工程中的创意是新颖和独创的设想或工程问题解决方案，能产生与众不同的创意是创新型人才的特点。本书以创意产生的过程为主线编写，包括创意产生的心理学基础、创新思维、问题发现与解决、创意产生案例等。为了适应创业的需求，本书还加入了商业模式创新的内容。

本书是高等学校工科创新创业通识教学与创新型人才培养专用教材，也适合其他各专业创新创业教育教学参考。

图书在版编目（CIP）数据

工程中创意产生过程与方法 / 檀润华主编. —北京：科学出版社，2017.7

ISBN 978-7-03-053190-2

Ⅰ. ①工… Ⅱ. ①檀… Ⅲ. ①工程–创意–研究 Ⅳ. ①T

中国版本图书馆 CIP 数据核字（2017）第 125814 号

责任编辑：方小丽 / 责任校对：彭珍珍

责任印制：赵　博 / 封面设计：无极书装

科学出版社出版

北京东黄城根北街 16 号

邮政编码：100717

http://www.sciencep.com

天津市新科印刷有限公司印刷

科学出版社发行　各地新华书店经销

*

2017 年 7 月第　一　版　　开本：787×1092　1/16

2025 年 1 月第九次印刷　　印张：14 1/4

字数：332 000

定价：39.00 元

（如有印装质量问题，我社负责调换）

编 委 会

主　编：檀润华

副主编：张　鹏　于　菲

编　委：武春龙　王自华　许晓云　于　菲　郭　靖

李向东　耿立校　张　鹏　檀润华

序

创新驱动发展战略是我国的国策，人是实施该国策的关键。高校要推进创新创业教育，增强学生的创新精神、创业意识和创新创业能力，使他们未来能为国家创新驱动发展做出贡献。创意是新颖和独创的设想或问题解决方案，能产生与众不同的创意是创新型人才的特点。通过理论与实践教学提升学生们产生创意的能力是高校培养创新型人才的基础工作。

将数学、物理、化学等自然科学理论应用于工农业生产各部门形成了各工程学科，如机械工程、电气工程、化学工程、土木工程等。工程中创意的产生多是问题导向的结果，即首先发现或人为设置问题，综合运用方法、专业知识、经验等形成问题的解决方案。好的创意经过评价与后续发展形成工程中的技术和产品，产品推向市场创造效益而形成产品创新。因此，工程中的创意产生是技术与产品创新的核心。

学生们通过各技术基础与专业课的学习，可以掌握部分专业知识。通过参加创新创业实验或各种竞赛，他们可以积累经验。工程创意的产生还需要共性知识的支撑，这就是本书要提供的内容，包括创意产生的心理学基础、创新思维、问题发现与解决、创意产生案例等。为了适应创业的需求，本书还加入商业模式创新的内容。商业模式又称盈利模式、业务模式、经营模式、商务模式、运营创新等，是将创意转化为价值或经济效益的模式。了解并掌握商业模式的基本概念、原理及其创新显然是创业的基础。

本书共七章。第一章为绪论，是本书架构与基本内容，由武春龙博士编写。第二章是创意产生的心理过程，介绍有关心理学的基本知识，由王自华教授编写。第三章是创新思维，介绍了基本概念与基础知识，由许晓云教授编写。第四章与第五章分别是问题发现与问题解决，分别由于菲博士、郭靖博士编写。第六章为商业模式创新，由李向东教授与耿立校副教授共同编写。第七章是创新工程案例，由张鹏副教授和耿立校副教授共同编写。檀润华教授负责本书基本内容的设计、大纲制定与编写组织工作。檀润华教授、张鹏副教授、于菲博士共同负责本书的统稿。

本书在编写过程参考了国内外很多学者的研究成果，欧盟 OIPEC 项目“面向校企合作的开放式创新平台”（OIPEC：The Open Innovation Platform for Enterprise-University Collaboration，项目编号：561869-EPP-1-2015-1-1T-EPPKA2-CBHE-JP）为本书提供了部分素材，国家自然科学基金项目（No.51275153，No. 51675159）也为本书提供了部分研

究素材。此外，科学出版社的编辑给予很多帮助，在此一并致谢！

虽然作者们从事技术创新方法研究与教学多年，但为本科生编写一部创新创业教育通识教材，这还是第一次。因此，教材中肯定存在不足之处，望学者及老师们批评指正。

檀润华

2017年4月19日

目　　录

第1章 绪 论

1.1 引言

近年来，随着全球化程度越来越高，网络广泛应用，以及个性化需求越来越高，我国当前处于必须进行转型升级的关键时期。传统上以资源消耗和廉价劳动力为代价，在全球化体系中从事代加工及装配等的低利润粗放式发展模式已经不再适用。而随着我国人口结构的变化，我国劳动力成本不断上升，需求个性化程度提高，为保持国家竞争力及经济稳定，我国政府不断鼓励和引导“创新”，提出“大众创业，万众创新”等国家大政方针。当代青年无论是从承担国家时代所需的角度还是从顺势而为拓展个人发展前景的角度，都需要掌握适于“大众创业，万众创新”时代的“21 世纪技能”，包括批判性思考和问题解决能力、沟通能力、合作能力、创意和创新能力等多个方面，其中创意和创新能力处于核心地位。

本书将逐步引导大家理解创新创业的基础问题，掌握创新创业的基本方法，如创新创业的过程究竟是怎样的？创意是什么，与创新创业的关系是什么？提高创新创意能力的要点有哪些？实现创新的过程、方法和工具有哪些？

1.2 创新创业的过程

Drucker 最早将创新创业看做具有目的性和系统性的学科进行研究，开创了这一领域。之后 Carayannis、Mahesh Bhave、Joseph Tidd 和 John Bessant 诸多研究者在这一领域辛勤耕耘，取得了丰硕的成果。综合不同研究者对于创业过程的描述，创业过程的主要环节可以总结为以下几个阶段：设立企业愿景与文化；机会识别；方案生成；构建商业模式；创办新企业；建立原型并进行试点；推广与规模化；新企业的成长管理。其中，设立企业愿景与文化、创办新企业及新企业的成长管理三个阶段属于企业家行为。其他阶段共同构成创新过程。

阶段一：设立企业愿景与文化。

创业过程的第一步是设立企业愿景，将愿景与创业伙伴沟通，且达成一致共识，并建立以愿景实现为导向的企业文化，来塑造企业成员的行为方式。

企业愿景是企业未来的目标、存在的意义，也是企业的根本所在。它回答的是企业为什么要存在，对社会有何贡献，未来的发展方向等根本性的问题。

企业愿景的设立包括以下两个方面：

第一，确认企业目的。企业目的就是企业存在的理由，即企业为什么要存在。一般来说，有什么样的企业目的，就有什么样的企业理念。正确的企业目的会产生良好的理念识别，并引导企业的成功；错误的企业目的会产生不良的理念识别，并最终导致企业的失败。

第二，明确企业使命。企业使命和企业宗旨是同义语，是企业核心信仰的指导下，企业为其活动方向、性质、责任所下的定义，集中反映了企业的任务和目标及行为准则，表达了企业产品或服务所要满足的社会需要。

例如，马云在初创阿里巴巴时，提出“让天下没有难做的生意”的愿景，致力于成为商业贸易的核心基础，并为海量买家和卖家搭建平台。同时设立了价值观考核等企业文化，来保证企业愿景的实现。

阶段二：机会识别。

创新创业的实质开端为机会识别。创业活动的机会导向表现为创造价值，创业意味着要向顾客提供有价值的产品和服务，透过产品和服务使消费者的需求得到实质性的满足。机会识别的出发点在于识别出人们需要而且愿意购买的产品和服务，并非创业者自己想生产和销售的产品或服务。因此，创业者的机会识别关键在于发现用户在使用场景中所面临的问题，即用户所在使用场景的现状与意图状态之间的差值。本书第四章将详细介绍问题发现的方法，对创新创业的机会识别阶段提供有效的帮助。

此外，创业机会具有时效性，随着时间变化用户所处的使用场景及面临的问题会发生动态改变，新投入市场的其他产品也会对机会的存续产生影响。因此创业者利用机会时，机会窗口必须是打开的。

阶段三：方案生成。

在明确了所要针对的用户在使用场景中需求解决的问题之后，目标创新空间也随之确定，创业者进入针对相应的问题或机会产生解决方案的阶段。方案产生阶段首先需要明确这一过程中利益相关者或可能参与者有哪些，明确可以利用的问题解决工具和方法论有哪些，而不是直接进入非结构化的方案求解过程。例如，确定哪些人是与新方案密切相关的利益相关者，可邀请到方案解决过程的专家资源有哪些，方案解决过程将在团队内解决还是邀请外部资源，哪些工具和方法论有助于更好地产生解决方案等。这一阶段产生的多种解决方案将成为后续创新创业过程的基础，具有重要意义。本书第五章详细介绍问题解决的方法，将有助于创新创业的方案产生。

阶段四：构建商业模式。

前述阶段明确了企业的用户在哪里，以及企业能为用户提供怎样的产品或服务来解决用户面临的问题。在此基础上，创业者在本阶段需要厘清两个方面：第一，企业向顾客提供了哪些价值？第二，企业如何从提供这些价值中获益？

因此构建商业模式首先要进行客户细分，定位好企业想要接触和服务的不同人群和组织。然后提出价值主张，指明为特定细分客户提供的系列产品和服务所创造的价值。接下来构建渠道通路，以接触细分客户并沟通传递上述价值主张。并与特定客户细分群体建立相应的客户关系。设计好利润现金流来源，设置从每个细分客户群体获得利益的渠道。此外，包括明确核心资源、关键业务、重要合作伙伴及成本结构等保障商业模式运转的重要因素。本书第六章对商业模式创新进行详细介绍，有助于对商业模式的理解与掌握。

阶段五：创办新企业。

创业者选择了商业机会，找到了与之匹配的商业模式后，就要考虑如何使商业机会成为现实中的企业。进入这个阶段，才是创办新企业的开始。创业者开始接触到新企业要面临的种种问题，创业者要建立一个能充分体现其商业机会、商业模式和市场价值的载体，以实现其创业价值。通常，创建一个新企业，要经历几个基本的步骤，掌握每一步的要领，熟悉每一步的谈判技巧，是每一个创业者必备的基本功，包括以下几个方面：

（1）组建创业团队：良好的创业团队是创建新企业的基本前提。创业活动的复杂性，决定了所有的事务不可能由创业者个人包揽，要通过组建分工明确的创业团队来完成，而这需要一个过程。

（2）开发商业计划：成功的商业计划是创业的良好开端。通过商业计划的开发，创业者开始正式面对组织创建中的诸多问题。商业计划是创业者对整个创业活动的理性分析、定位的结果。一份有效的商业计划可以对创业者的行动选择起到良好的指导作用，从而避免无谓的代价和资源的浪费。

（3）创业融资：资金是新企业的首要问题。创业融资不同于一般的项目融资，新企业的价值评估也不同于一般企业，因此需要一些独特的融资方式。创业的融资方式大致分为内源式和外源式两种。在不同阶段，创业者可以选择不同的融资方式。针对不同的融资方式，融资策略亦有所不同，风险也不同。

阶段六：建立原型并进行试点。

原型和试点这两项创新工具，能够帮助创新项目组基于假设进行持续测试，通过构建一个“测试—了解”的循环，逐步降低其中的风险和不确定性。原型和试点的差别在于：原型是指在“实验室”条件下接受测试，如访问者和用户组喜好测试，通常依赖于产品模拟或业务市场表现；试点则是指在市场内进行测试，专注于向真正的客户展示真实的产品和企业。

创新过程中构建原型主要基于两个原因：一是降低风险和不确定性。为此，创新原型需要关注创新概念中的核心问题，包括可能涉及的客户行为、产品可行性或可行的商业模式。与传统的显示产品外观的模型相比，创新原型不仅需要考虑产品本身，还需测试整个业务系统，包含如何围绕产品和服务开发系统、如何将其推向市场并交付给客户等核心元素。二是可以利用原型反复发展和改进创新。这就意味着创新原型本质上是过渡性和暂时性的，在不确定性逐渐下降和概念得到验证的情况下，从廉价的可视化和简单模型过渡到保真度和成本更高的原型。

指导创新原型的反复试验精神应继续应用于创新试点中。需要明辨的是，试点不是市场发布，相反，它是聚焦性市场内测试，旨在降低与创新相关的不确定性，化解研发风险。通常试点只针对有限的地理区域或市场细分来实施。事实上，大多数企业在早期试点中经常以聚焦性、排他性的方式让最优质的客户参与，让他们前瞻性地了解下一步计划，并确保他们感知其中的价值。而在构建资产和系统的过程中，企业需要将创新推向市场，并保持对灵活性和敏捷性的奖励。

出色的创新者有效建立原型并进行试点，通过与创新概念的开发建立反馈迭代的闭环，有效地把创新推向市场。

阶段七：推广与规模化。

创新原型与试点经过反复试验得以完善，并且运营完善，资金充足，后台架构建立，团队对用户有足够经验之后，才可以进行推广与规模化。以将所得的产品或服务组成的解决方案传播到更多面临同样问题的用户，创造更大的用户价值并从中获得更多的盈利回报。推广与规模化要适当，不恰当的扩大规模，其颠覆作用发生在三个致命处：一是把创业者本应该在实践中逐渐增长的能力，过早地推到了极限，由此发生混乱与失控。二是对用户需求及产品服务的内涵，本应该在成长过程中不断地加深认识和理解并进行迭代，却在一步迈大的过程中被省略。三是绷紧了资金的链条，本应该是宽松有余的资金链条，被拉紧再拉紧，以至于完全没有松动的余地，一旦绷断则运转就中断了。适当的规模范围取决于以下几方面因素，即行业种类、市场容量、开拓能力、流动资金和管理能力。

阶段八：新企业的成长管理。

新企业的建立，还远不能说创业获得成功。新企业成长管理的意义并不低于创建新企业。创业者常常需要更加审慎地把握企业的发展方向。由于新企业的快速成长性，需要以动态的观点看待新企业成长过程中所遇到的各项管理问题，根据企业的发展阶段积极、适时地制订适宜的解决方案。主要包括以下两方面：

（1）新企业的战略管理：新企业的战略选择有其重要意义，是选择持续技术开发占据技术前沿，还是选择市场开发争取市场份额，这种选择本质上决定着企业发展的成败。新企业的战略管理重点在于战略位置的确立与战略资源的获取。制定适合企业自身的战略定位对于企业的良性成长相当重要。新企业要想在市场竞争中取胜，应该主要抓住自己和市场上已有企业的差异来做文章，形成自己独特的竞争优势，发展核心竞争力。

（2）新企业的危机管理：新企业的管理者要常备危机意识。新企业的发展面临着更多的不确定性，出现危机的可能性也大大高于一般企业。创业者需要时刻关注企业发展中出现的技术和市场危机、财务危机、人力资源危机等。危机不是一成不变的，采用适当的措施，可以将危机转化为企业发展的机遇。因此，创业者要积极把握新企业发展中遇到的每一个危机，为企业的后续发展奠定基础。

1.3　创新创业对“创意产生”的需求

1.3.1　创意含义及其与创新创业的关系

“创意”涵盖的丰富内涵外延无法仅由单一词汇清晰展示，实际上在英语中有多个词语共同对应于“创意”这一词汇，包括：①creative，形容词，原意是创造性的，富创造力的；②creativity，名词，意为创造力、创造性；③originality，名词，指独创性、新颖性；④create，动词，含义为产生、创作、创造；⑤idea，名词，具有主意、概念、想法、构想、理念、计划、建议、方案等含义。这是创意最为普遍和代表性的表达。上述五方面互相联系共同组成“创意”的涵盖范围，如图 1.1 所示。

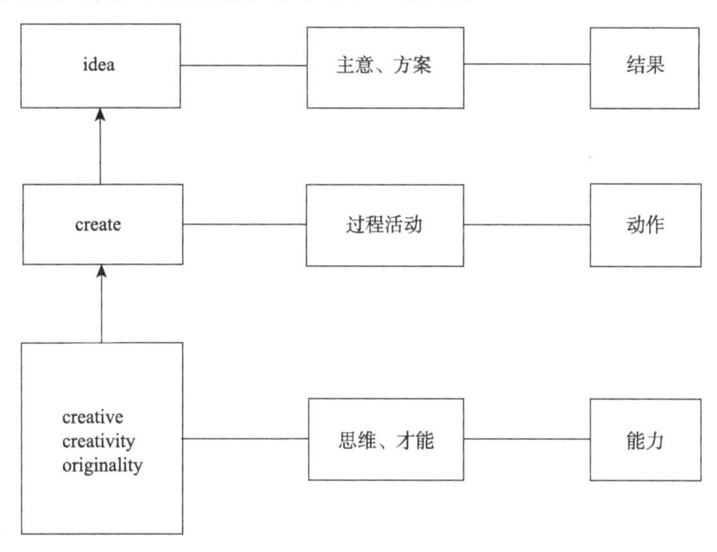

图 1.1　“创意”概念的涵盖范围

“创意”概念没有通用的标准定义，在不同领域有不同的理解，学者们对创意的认识不同，所作的定义也各不相同。例如，Robert J. Sternberg 认为，创意是生产作品的能力，这些作品既新颖（即具有原创性，是不同于常规的）又恰当（也就是符合用途，适合目标所给予的限制）。广告大师 James Webb Young 认为，创意是“旧元素，新组合”。赖声川说：“创意是看到新的可能，再将这些可能性组合成作品的过程。”

虽然学术意义上统一的“创意”概念尚未定义，但通俗意义上对“创意”的理解有一定的共识：创造具有新颖性和独创性的设想或方案。例如，广告创意、文化创意等。创意具有诸多特征：来源广泛，具有较强的创新性，未来的发展带有很大的不确定性。通俗意义上的“创意”来源可以是创意者内在表达的艺术创造活动，也可以是围绕用户面临的问题解决的需要。

而创新创业过程中的“创意”与通俗意义下的“创意”略有不同，从某种意义上来说是其中的一个子集。在具备前述创意特征的同时，创新创业过程中的“创意”的出发角度必须是围绕用户面临问题的解决，满足顾客的某些需求，因而具有市场价值。

创新创业过程中的“创意”不是无目的性的艺术创造活动，而是针对特定群体需求，寻求问题解决方案，并且评选出可执行方案的过程。可以是针对尚未得到满足的用户需求，提出创造性解决方案；也可以是针对已有解决方案的用户需求，提出比现有方案在性能、价格、美感、便利或舒适性等某方面有明显优势的新颖解决方案。因此，创意指的是可执行的，具有创造性或新颖性的需求解决方案。

创新创业过程中的“创新”不同于日常概念中“创造和发现新东西”的含义。创新创业过程中的“创新”在创意的基础上更进一步，不只要求所得的解决方案能够实现，还需要所得的解决方案具有盈利前景，能够在商品市场上存活，从而实际产生经济价值，能切切实实走入人们的生活。因此，创新不只是想出一个新奇的方案，它要求方案针对着特定需求的满足，有可执行性，具有可盈利的商业模式，并实际产生经济价值。

Elias Carayannis、Shalley 等学者对创意、创新与创业的内涵及相互之间的关系进行了研究。基于已有研究成果，本书对创意产生过程与创新创业过程之间的关系进行了总结，如图 1.2 所示。不同于狭义的“创意产生过程”所仅指向的方案生成阶段，本书中广义的“创意产生过程”涵盖机会识别及方案生成两个阶段。独具一格的创意，能使创业者迅速占领市场，因此创意的产生是创新创业过程中具备重要作用的核心环节。

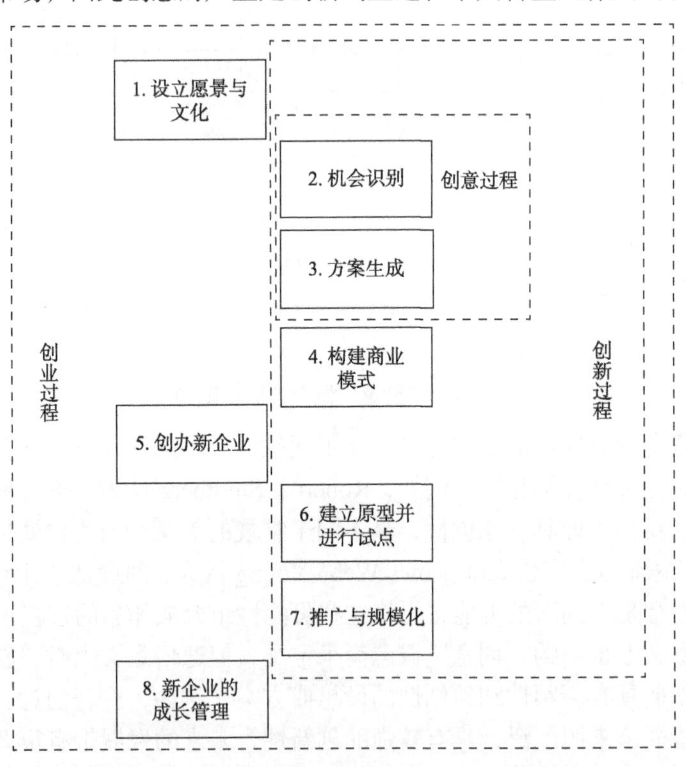

图 1.2　创意、创新与创业过程之间的关系

1.3.2　创意能力的组成元素

哈佛大学商学院的特丽莎·艾曼贝尔（Teresa. M. Amabile）教授于1983年发表了论文《创造力社会心理学：一种组成元素观念》，提出了创意能力的组成元素模型。认为不管在什么领域，创意能力的产生都是三个组成元素联合作用的结果。它们是专门知识、创造性思维技巧和动机。这三个组成元素对于创意能力的产生是充要条件，它们的共同作用，决定了创意能力水平的高低，如图1.3所示。

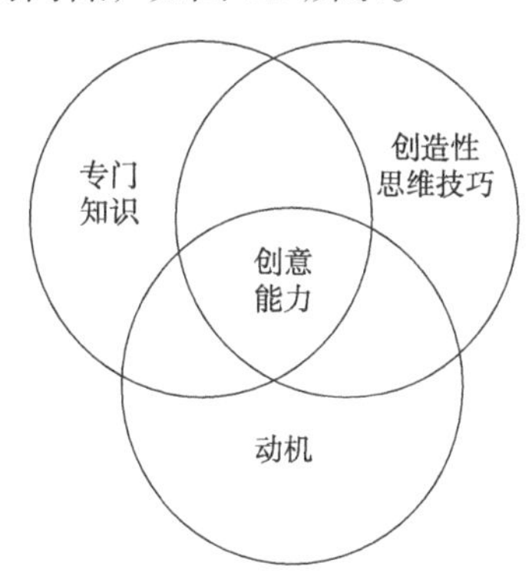

图1.3　创意能力的组成元素

1）专门知识

专门知识指的是个人在特定专业领域内积累的知识和技能，如科学家的专业知识，音乐家演奏钢琴的技能。这些专门知识是创意过程的原材料，创造性的成果通常建立在这些知识和技能的基础上。

专门知识包括：①该领域有关的实际知识——事实、原理、范例、问题解决的主要策略、审美标准等。②该领域的基本技能，如实验技能、雕刻技能。③属于该领域的特殊才能，如文学天赋、音乐天赋和数学天赋等。领域技能所能达到的水平，一方面取决于先天的认知能力和感知运动能力；另一方面也取决于个体所接受的正规教育和非正规教育。

2）创造性思维技巧

创造性思维技巧是指开放的态度、创造性思维的能力以及技巧。创造性思维技巧并不是固定于某一专业领域的，如思维的开放性、延展性、灵活性并不是只作用于某一特定领域的活动。此外，一些创造性思维技巧，如脑力激荡、强制关联等，也具有通用性。这些创造性的态度和技能都可以通过后天的培训、学习和经验积累来增强。

创造性思维技巧对创意能力水平具有最直接的影响，对问题解决甚至具有决定性作用。创造性思维技巧除了与个体思维习惯有关以外，也取决于一定的创新思维训练。本书第三章详细介绍了创新思维相关内容，将对创新创业者形成良好创造性思维技巧有所帮助。

3）动机

前面两个元素是关于个人的能力，但仅仅有能力做并不代表一个人会做出出色的创意，他还需要有强烈的创造愿望。因此创意能力还有最后一个元素——动机。动机指的是内在地去创造的动力。当人们觉得某项任务很有趣的时候，就不需要外在的因素，如奖金、上级指示等，也会自然而然地努力把工作做好。这就是动机。管理学的研究表明，当人们由内在因素驱使时，更容易做出出色的创意。外在因素，如奖金，并不一定能促进创造力，有时反而会起到负面的作用。

有趣的和有适度的挑战性的任务能够激发个体的创意能力。当个体具有一定自主权的时候，也能更好地发挥创意能力。鼓励尝试的企业文化也有助于提高个体创造的内在动机。本书第二章关于创新心理的内容中，对此有详细介绍，有助于创新创业者明确相关知识。

总而言之，在个体的创意过程中，上述三个元素缺一不可。任何一项的缺陷都会影响创意能力的水平。创意过程大体分为五个方面，即问题发现、酝酿准备、方案产生、验证方案和评价选择。其中，动机负责发动和维持创意过程，并对产生方案的某些方面有影响作用；专门知识则是用于创意过程的全部知识和技能，它决定了初始方案搜索的可能途径，并为所产生的可能方案提供评价标准；创造性思维技巧则决定创意过程方向的执行和控制，它对解决方案的搜索方式也起决定作用。

1.4 创意产生的一般过程

创意产生过程实质上就是用户所面临问题的解决过程。创意产生过程更包含了大量的辩证思维活动，创新创业者需要自己来明确问题，创建问题表征，权衡问题的不同方面，设计不同的解决方案，并对各种方案进行比较和衡量。创意产生的一般过程如图 1.4 所示。

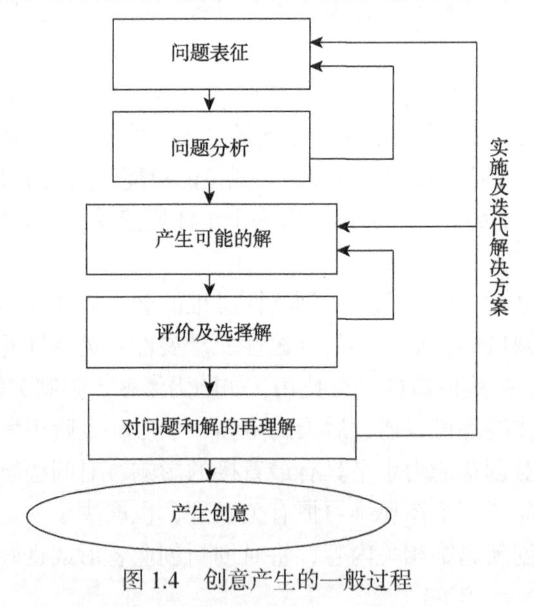

图 1.4 创意产生的一般过程

1）问题表征

在创意产生过程中，创新创业者常常首先要确定问题是否真的存在。首先，有时所寻找的信息实际上就是隐含在情境中，只是一时没有被察觉。其次，创新创业者要查明问题的实质。用户面临的问题常常是在一定的情境或事件中自然而然地出现的，问题的条件和目标常常是不确定、不明确的。为了解决问题，创新创业者必须思考分析问题的背景信息，把握问题的实质。要权衡各种可能的理解角度，建立有利于解决问题的问题表征。例如，在一个旅馆，住在高层的房客常常感觉电梯运行得太慢，对于这一问题，我们不仅可以理解为需要加快电梯运行，也可以理解为怎样减少房客在乘电梯时的“等待感”，从这一角度出发的创意方案，就可以是在电梯中装上了一面镜子或显示屏，把房客的注意力从“等待”上转移开。

在理清问题时，创新创业者需要反思自己原有的知识经验。针对当前的具体情境，他需要想：在这个问题中，已经知道的事实有哪些？有什么假定？解决过与此相关的问题吗？学过哪些有关的知识？还应该查阅哪方面的资料？创意产生过程常常需要综合专门领域的多个概念、原理，联系原有的各种具体经验。不只是对问题进行识别和归类，而是对有关信息进行重新组织，对当前问题中的各种可能因素和制约条件进行具体表征。

2）问题分析

在创意产生过程中，只建立单一问题表征是不够的，在初步理解了问题的性质之后，创新创业者还需要进一步考虑问题中的多种可能性，从多个角度、不同立场来看这一问题的解决，在此基础上再把各个侧面、各个角度结合起来，看哪种理解方式最有意义，最有利于问题的解决。在选择理解方式和角度时，创新创业者需要分析问题中可能存在的不同立场，权衡问题所牵涉的各方面的利害关系。这一问题情境都关系到哪些人？各方追求的目标分别是什么？他们都是怎么看待这一问题的？问题解决需要全面考虑，协调各方之间的关系。例如，要治理城市空气污染，其中涉及的大量普通市民，他们希望能有最清新的空气；涉及交通车辆用户、车辆制造商，以及造成空气污染的工厂等，他们也希望治理污染，但又不希望有太多的额外支出；其中也涉及政府，它既要保护环境，又要保证经济发展……不同的立场实际上反映了问题的不同侧面，产生好的创意就需要对问题不同的侧面不断地进行反思、判断。

3）产生可能的解

在确定了各种的立场和理解方式之后，创新创业者就可以分别从这些立场和理解方式出发，看有哪些相应的解决方案。而在创意产生过程中，不仅需要从问题的目的出发思考，同时也需要从问题的条件和原因出发来推论问题的解决方案。对问题情境的不同理解导致问题求解不同的解法和思路。

4）评价及选择解

创意所针对的用户面临的问题通常没有唯一的标准答案，因此，这种问题的解决实际上是要寻找一种在各种解法中最为可取的解决方案。创新创业者需要对各种不同解法的有效性进行评价，而这需要他们形成自己的评价，反思自己的基本假定和信念。对问题持不同视角和观点，就会对解法有不同的判断和主张，创新创业者要澄清这些不同角度的主张，看自己同意什么，不同意什么，这实际上就是创新创业者形成自己的评价，得出自己认为的满意解的过程。创新创业者要为自己选择的解提供证据，用有力的、充分的理由来支持自己的判断，为此，他常常需要预测某种解决方案可能导致的后果，事物、现象将会由此而发生怎样的变化，并给出做出预测所依据的证据和理由。

5）对问题和解的再理解

创意产生过程中，由于问题更为开放，更为复杂，再理解过程显得尤其重要，而且也更为复杂。首先，不仅要对用户所面临问题的状态进行再理解，澄清问题的实质，确定各种解法的思路的局限性。并且，作为创新创业者，需要反思自己学过的专门知识，并思考这些知识意味着什么，同时又要从自己的思路中跳出来，看看其他人、从其他角度出发会怎样理解这一问题，怎样解决问题。这种再理解活动在很大程度上依赖于创新创业者原有的知识经验，包括各种具体的个人经验和概括的原理性知识。值得注意的是，对问题表征和解决方案的再理解并不仅仅是独立的，在问题解决之后发生的活动环节，它与其他环节紧密联系并且相互促进，贯穿在创意产生过程中。

6）实施及迭代解决方案

在实际实施解决方案的过程中，问题解决往往都不是一次性完成。创新创业者需要认真监察问题解决的效果，看它能否达到所期望的目标，能否满足不同方面的要求，能否在给定的条件（如时间、经费、人力等）下解决问题。针对问题解决结果的反馈信息，创新创业者常常需要改变理解问题的思路，或者迭代解决方案，以寻找到更有效、便捷的解决方案等。经过不断实施完善和反馈迭代，创新创业者最终形成用户所面临问题的优秀解决方案，产生创意。

1.5 结构良好问题与结构不良问题

创意产生过程的实质是解决用户所面临的问题，产生具有新颖性或独创性的解决方案的过程。这些问题往往分为两类：结构良好问题和结构不良问题。两种不同类型的问题所需要用到的思维技巧和方法工具有所区别。因此创新创业者在创意产生过程中，有必要界定清楚所针对的问题对象主要是结构良好问题还是结构不良问题。

1.5.1 结构良好问题

结构良好问题，是具有明确初始状态、目标状态以及解决方法的问题。在基础学习以及学科学习中所学习解决的绝大多数问题往往都是结构良好问题，如解数学方程式。由于问题清晰明确，解法路径清楚，结构良好问题的解决过程基于人的经验、知识和认知，将熟练掌握的知识和技能直接以一定逻辑结构甚至基于直觉进行“解法搜索”就能得以解决。这需要用到大量专门知识，但较少用到创造性思维技巧。若创新创业者在创意产生过程中针对的用户需求属于结构良好问题，则行业的进入门槛往往较低，可能将会面临激烈的同行竞争。

1.5.2 结构不良问题

结构不良问题，指的不是这个问题本身有什么错误或不恰当之处，而是指这个问题没有阐述明确的结构或解决途径。问题的已知条件与要达成的目标比较模糊，问题所处的情景不明确，各种影响因素不完全确定，不能简单直接对应到解决方案，往往很难得以解决。

结构不良问题有如下特点：

（1）问题界定不清晰。在问题最初给出的情境中缺乏解决问题所需的完备信息，甚至对问题的实质和边界也没有确切的界定。需要在问题阐述、问题分析甚至问题解决的过程中不断补充额外信息来使问题的界定逐渐清晰，解决方案逐渐凸显。

（2）问题界定会动态变化。随着新信息的收集和补充，对所针对的需求或问题的界定会发生变化，有时需要转换角度甚至重新界定需求或问题。

（3）需要同时解决多个子问题。没有单一的方法去澄清、阐述和解决问题的所有构成成分，需要同时探讨多个子问题的解决途径以及处理不同子问题解决的冲突。

（4）问题解决需要跨学科知识。解决方案的求解不能只局限于某一单一学科知识，往往需要跨学科知识协同使用。

（5）问题解决没有标准答案。在多个解决方案中不能完全确定所选择的是最正确的方案。所搜集到信息不完全充分，甚至有些信息存在冲突，问题的情境和需求也会发生动态变化，因此每个结构不良问题都没有确定的标准答案。

若创新创业者在创意产生过程中针对的用户需求属于结构不良问题，并且形成了优秀的创意解决方案，那么企业往往可以快速占领市场，形成跟随者难以追赶的先发优势。

1.6 问题发现和解决的基本方法

本书第四章和第五章精选了几种问题发现和解决的基本方法，其中有些方法更适用于结构良好问题，而另一些方法更适用于解决结构不良问题其中包括 TRIZ（俄文：теории решения изобретательских зада，即发明问题解决理论）分析和解决问题的基本方法。对这些方法的熟练掌握将有助于创意能力的提高，是创新创业者必须具备的技能。本书中所阐述的问题发现和解决方法列表如表 1.1 所示。

表 1.1 本书中所阐述的问题发现和解决方法

问题	问题发现方法	问题解决方法
结构良好问题	逆向思维法 视觉转换法	头脑风暴法 平行思维法
结构不良问题	根原因分析法 功能分析与裁剪法 问题网络构建与冲突发现	TRIZ 解决问题基本方法： 理想解 资源分析 九窗口法 尺寸-时间-成本法 聪明小人法 冲突解决原理 技术系统进化

1.7　创意的发展及其商业化

创意进一步发展及其商业化是创新的重要阶段。创意不但可以促使形成一个全新的商业模式，也可以促进产生新技术，进而可以构建新的商业模式。

当今市场中，越来越体现出创意的重要性，新产生的创意提供了创业机会。创意往往决定了商业模式的成功与否。创新创业者要想实现基于创意形成的商业模式，需要首先关注实现什么样的客户价值，为实现这种客户价值需要提供什么样的产品或服务，以及能否获得独特的竞争优势。其次需要确定盈利模式，即如何为企业创造价值的详细计划。最后要确定取得价值的关键资源、能力和流程。这些构成成功商业模式的创新核心。

创意的进一步发展及其商业化受到多种因素影响，主要包含以下几方面：

（1）创新创业者需要进行关于对企业竞争方向的思考和谋划，将商业模式和企业战略两者有效融合，才可能从创新的商业模式中获取持久的竞争优势。

（2）企业家精神所代表的敢于创新、冒险、合作、进取、敬业、勤奋学习、诚信等品质对创新创业者的成功具有重要影响。

（3）资金上的支持是创意的发展及其商业化阶段的重要影响因素。资金是开展各种工作的基础，资金缺乏必定会影响到商业化，会使创业者错过最佳的市场投入时期。资金的来源可以是创新创业者自己出资、筹资，也可借力于外部资本的投资。

（4）基于创意，要构建出合适的商业模型，帮助创新创业者构建一个可持续创造价值并带来回报的企业生态体系。

（5）要结合新兴技术的发展，如物联网、大数据、智能化等当前的发展，不断迭代商业模式形态。

1.8　本书内容框架

本书第二章介绍创意产生的心理学基础，第三章介绍创新思维的主要内容。这两章聚焦于创新创业者的内在因素。

第四章介绍问题发现方法，第五章介绍问题解决方法。这两章关注于创意产生过程的主要对象——问题及其解决方案。

第六章介绍商业模式创新。着眼点在于创意产生后如何确实产生价值及从中获得利润，以实现创新创业的目的。

第七章介绍案例研究。通过直观易懂的实际例子，对前述章节内容进行综合性的直观介绍，加深理解。

1.9　本章小结

本章在指明当代大学生创新创业能力提升必要性的基础上，首先介绍了创新创业的基本过程。其次通过介绍“创意”的含义以及创意与创新创业之间的关系，来阐明了创新创业对“创意产生”的需求，进而对创意能力的组成元素和创意产生的一般过程进行了介绍。再次对创意产生过程中涉及的两类基本问题——结构不良问题和结构良好问题的定义和特点进行了说明，并简要概述本书中所涉及的问题发现和解决的基本方法。最后，简述创意产生后的商业化过程并描绘了本书的总体内容框架。

思考与训练

1. 对自己的创意能力进行自我审视，思考自己要提高创意能力还有哪些方面知识、技能以及思维方法的缺陷？

2. 从你身边观察到的实际生活的案例，列举自己最近所遇到的结构不良问题，并尝试按本章所述内容对其进行思考求解。

3. 依据创意能力的组成因素，分析要解决上述结构不良问题，自己现有的优势及存在的薄弱点，明确自己提高的方向。

4. 分析几个创新创业过程中成功创意的案例，按照创意产生过程所述的内容，对这些创意的产生过程进行复盘分析。

扫一扫

第 1 章斯坦福大学公开课

第 2 章 创意产生的心理过程

2.1 引言

从问题表征到对解的评价和选择等多个环节构成了创意的产生过程，而这些环节无不与一个重要的因素——人——息息相关，因为人是产生创意的主体，只有人才能发挥主观能动性来发现问题并解决问题。因此，考察创意产生的心理过程，既要理解哪些要素能够成为产生创意的心理资源，又要熟悉创意产生的具体心理过程，还要避免一些心理问题的干扰，这样，通往创新创业的路才会高效快捷。

2.2 创造力的心理资源

创新活动总是由一定的客观因素和主观因素引起、推动和维持的，这些因素就是激发创造力的心理资源，包括知识、动机、人格、创新环境、机会识别、思维风格、自我意识等。深入地把握和恰当地运用这些资源，是产生创意的基础，有助于激发人们的创造性行为。

2.2.1 知识

"知识"是一个广义词，在《中国大百科全书教育》中，"知识"是这样定义的："所谓知识，就它反映的内容而言，是客观事物的属性与联系的反映，是客观世界在人脑中的主观印象。就它的反映活动形式而言，有时表现为主体对事物的感觉、知觉或表象，属于感性知识，有时表现为关于事物的概念、判断或推理，属于理性知识。"在认知心理学家和人工智能专家看来，知识可分为两类：一类是陈述性知识，即描述客观事物的特点及关系的知识，也称为描述性知识，包括符号表征、概念、命题；另一类是程序性知识，是一套关于办事的操作步骤和过程的知识，也称操作性知识，此类知识可用来进行操作和实践。在他们看来，掌握知识、发展智力、掌握技能都是知识。

认知心理学家对专家与新手的研究表明：专家不仅在观察力、记忆力、思维力等能力上优于新手，并表现出灵活性、敏捷性、准确性、深刻性等特征，而且在某一领域掌握的知识数量和质量都优于新手。我国学者张景焕和金盛华对 30 名中国科学家的创造性成就进行了调查分析，结果发现，这些科学创造者所具有的问题导向的知识架构是做出高创造性成就的重要基础。这种知识架构既有从事创新所必需的基础性的陈述性知识和程序性知识，同时还有一定的从事创新活动所需的最新知识，如前沿性的陈述性知识和信息，并且有能够对这些信息进行选择、加工、整理、改造的程序性知识。

创造力除了需要丰厚的基础知识外，专门领域知识的积累也是创新产生的必要条件。专门领域的知识积累在一定范围内，是与创造力呈正相关的。在艺术领域，专门领域知识促进职业艺术家创造力提升的假设得到了实证研究的充分支持，如 Hayes 对 76 位作曲家和 131 位画家的传记进行了研究。发现这两种职业艺术家，开始的 6 年是艺术专门领域知识的积累阶段，并随着第一部杰作的问世而进入下一个 6 年，其创造性作品数量急剧增加。因此，个体必须对他想要施展创造的领域有着充分的了解，从而积累本领域足够的知识和技能，并达到纯熟的掌握程度，这样才能超越过去，走向创新。

但是，很多与创造力相关的研究发现，知识积累和创新并不成正比，也就是说，知识积累得越多，创新并不相应增多，相反，知识积累过多反而会成为创新的束缚和障碍。例如，Simonton 以 1450~1850 年出生的 300 多位创新人才（达·芬奇、伽利略、莫扎特和贝多芬等）为研究对象，发现正规教育水平和创造性成果之间呈倒 U 形曲线的关系。从这个实验可以看出，知识水平如果高于一定的程度，有可能会给创新带来心理定势等负面的影响。

当今世界全球化程度日益加深，多元文化知识对于不同文化之间沟通、理解和建立信任的重要作用越发显现。与此同时，多元文化知识在拓宽创新人才心理空间的特殊作用也受到重视。Gardner 在其著作《创意心智》中以政治领域的创新人才圣雄甘地作为代表，从甘地的成长历程（出生在一个信奉仁爱、不杀生、素食、苦行的印度教的家庭，19 岁远涉重洋，赴伦敦求学，接受了英国法制思想的教育，后来又赴南非参与反种族歧视斗争）研究发现，多元文化知识和经验是造就他创新性理念和实践的一个关键因素。而在国家层面，从美国等发达国家的发展历程也充分说明了包容性的多元文化的价值所在。近些年的研究也表明，多元文化经验与有助于创造力的支撑性认知过程呈积极相关关系。

由上所述，个体欲在某一领域进行创新，必须要掌握该领域的基础知识和技能，并获得其他领域的相关知识，当知识经验积累到一定程度之后，个体会敏锐地发现已有知识的缝隙，经由内在动机的引领和推动，从而做出创造性的新发现。

2.2.2　动机

心理学家认为，动机是由一种内在目标或对象所引导，激发和维持个体活动的内在心理过程或内部动力。动机作为个体内部的心理过程，不能直接观察，但是可以通过任务选择、努力程度、活动的坚持性和言语表示等行为进行推断。动机有三方面的功能：第一，激活功能。动机能推动个体产生某种活动，使个体由静止状态转向活动状态。例如，为了消除寒冷而添加衣服，为了摆脱孤独而主动联系他人等。动机激活力量的大小，是由动机的性质和强度决定的。一般认为，中等强度的动机有利于任务的完成。第二，指向功能。动机能将行为指向一定的对象或目标。例如，在考研动机的支配下，人们就去购买考研的各类辅导书去认真的学习；在成就动机的驱使下，人们会主动选择具有挑战性的任务等。第三，维持和调整功能。动机具有维持功能，它表现为行为的坚持性。当动机激发个体的某种活动后，这种活动能否坚持下去，同样要受动机的调整和支配。动机的维持作用是由个体的活动与他所预期的目标的一致程度来决定的。当活动指向个体所追求的目标时，这种活动就会在相应动机的维持下继续下去；相反，当活动背离了个体所追求的目标时，这种活动的积极性就会降低，或者完全停止下来。

根据引起动机的原因，可把动机分为外在动机和内部动机。外在动机是指人在外界的要求与外力的作用下产生的行为动机。例如，学生为了得到奖学金而学习，儿童为了得到大人的夸奖而听话。内在动机是指由个体内在需要引起的动机，如孩子因为喜欢钢琴而数小时地练习弹奏乐曲。内部动机对个体在所从事的领域中能否体现出创造性，起着至关重要的作用。当代美国心理学家、创造学家 Teresa M. Amabile：“内在动机原则是创造力的社会心理学基础，当人们被工作本身的满意和挑战所激发，而不是被外在压力所激发时，才表现得最有创造力。”当个体内部动机水平较高时，就会主动地寻找任务，积极地应对目前情况，通过结合自己已有的知识经验和掌握的技能进行搜索，做出各种可能的反应；如果遇到外部刺激的干扰（如阻拦、攻击、竞争等），也敢于直面挑战，保持平和心态，并能敏锐地觉察到刺激中较为隐蔽的与解决问题有关的重大线索，从而创造性地解决问题。美国芝加哥大学心理学教授契克森（Csikszentmihalyi）特别提出了“酣畅”（flow）这一概念，用以描述个体在创造过程中高度投入的心理状态，它包含了专注、愉悦、忘我和勤奋。驱使个体保持这种“酣畅”的心理状态、在行为上反复尝试的动力在很大程度上就是其强烈的内在动机。

法国著名物理学家安德烈·玛丽·安培（André-Marie Ampère），为了专心研究电磁场作用问题，不被他人打扰，就在自己家门口贴上了一张“安培先生不在家”的字条。一天，因思考一个问题不得其解，安培就走出家门，边散步边思考。当他突然有了新的构思急忙向家走去。可是回到自己的家门口时，安培抬头看见门上贴着“安培先生不在家”的那张字条，自言自语地说：“噢!安培先生不在家，那我回去吧!”说完，就回头走了。可见其思考问题的痴迷程度，也正是在这种强烈解决问题的内在动机的推动下，攻克各种难题，最后提出了安培定则，被誉为“电学中的牛顿”。我国数学家陈景润当年为了证明“哥德巴赫猜想”，曾经几天几夜不出门，喝冷水啃硬馒头，夜以继日，演算的稿纸装了几麻袋。最终以“陈氏定理”蜚声国内外。

心理学研究表明：引起人的动机是需要。需要是个体和社会的客观要求在人脑中的反映，表现为人对某种目标的渴求和欲望，是心理活动与行为的基本动力。人的需要又是一个多层次、多维度的复杂系统。美国心理学家马斯洛认为，人类的基本需要是按照层次组织起来的，人类的需要从低到高的次序是：生理需要、安全需要、社会需要、尊重需要、自我实现需要（图 2.1），其中：生理需要是满足人类衣食住行最原始的需要；安全需要是人类自身和财产免受威胁、避免疾病的侵袭等方面的需要；社会需要是指人都有归属于一个群体，渴望成为相互关心和照顾的群体中一员，人人都希望得到爱情，希望爱别人，也渴望接受别人的爱；尊重需要是指人人都希望自己的能力和成就得到社会的承认；自我实现需要是指实现个人理想、抱负，发挥个人的能力到最大程度，完成与自己的能力相称的一切事情的需要，是最高层次的需要。马斯洛认为这五种需要是激励和指引个体行为的力量。

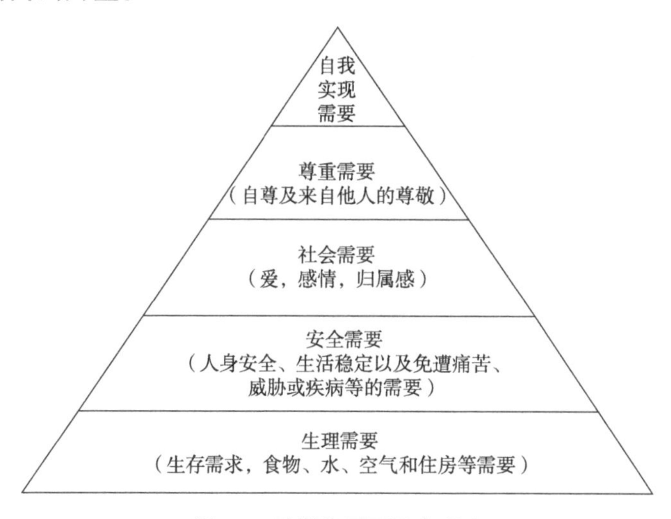

图 2.1　马斯洛需要层次理论

美国哈佛大学教授戴维·麦克利兰（David McClelland）通过对人的需求和动机进行研究，于 20 世纪 50 年代提出成就需要理论。他认为人们最重要的需要是成就需要。以 1920~1929 年与 1946~1950 年两个时期各国成就需要与经济增长的关系为研究对象，测量并估计了 30 个国家儿童读物的故事内容中所出现成就需要的强度,发现这个参数与这些国家 20 年后的经济发展之间显著相关。根据戴维·麦克利兰的调查：1925 年英国国民经济情况很好，当时英国拥有高成就需要的人数，在 25 个国家中占第五位。但他的调查也发现当时英国中小学课本中关于成就需要的语词数量已急剧减少，青年一代中追求理想信念、追求成就的人很少了，他警告英国政府，20 世纪 50 年代中期英国将面临极大危机。正如他所预料，第二次世界大战后，英国经济开始走下坡路，1950 年的调查表明，英国在 39 个国家中有高度成就需要的人数已退至第 27 位。这一研究结果表明，成就需要是影响社会经济发展的一个重要因素。心理学的研究认为：成就需要强的人，有很强的事业心、自信心和实事求是的精神，应变能力很强，喜欢接受具有挑战性的任务，有旺盛的精力，乐于采用新的方法而不是墨守成规，创造性地完成各项任务，促进社会各个领域的持续进步，并推动着社会的高速发展。

1945~1990 年，以美国为首的西方集团（即北大西洋公约组织的成员国）和以苏联为首的东欧集团（即华沙条约组织的成员国）之间在政治和外交上形成了对抗。1961 年 4 月 12 日，苏联宇航员加加林乘宇宙飞船绕地球飞行，摘取了人类第一宇航员的桂冠，这不仅提高了以苏联为首的东欧集团的国际声望，也使美国朝野坐卧不宁，政府面对着巨大的公众舆论压力和对未来空间技术优先权的忧虑。在强大的外部刺激下，美国总统肯尼迪于 1961 年宣布：在十年内把一个人送上月球并使其安全返回。于是，美国迅速成立了以火箭专家韦纳·冯·布劳恩为首的研究团队，研制与开发“土星”五号巨型火箭。经过不懈的努力，1969 年 7 月 20 日，美国阿波罗 11 号宇宙飞船在月球成功着陆，宇航员阿姆斯特朗在月球上踩出了第一个脚印并留下了一句不朽的名言：这是个人的一小步，但却是人类的一大步。宇航员在月球表面停留了 21 小时 18 分钟后，于 7 月 24 日安全返回地面，实现了人类历史上前所未有的伟大壮举。

布劳恩能带领他的科研团队完成如此艰巨的任务，与其内在的动机有着密切的关系。童年时期，布劳恩就阅读大量有关太空与火箭的书籍，立志要实践太空梦。十岁时，他父母问他“长大后想干什么”，他的回答竟是“我要帮助推动前进的车轮”。正是埋藏于心底的强烈的自我实现需要，促使他把理想变为人类登月的现实，在实现自身需要的同时满足了国家和人类的需要。为满足需要而激发的成就动机使他成为人类进入宇宙的先驱者，他也因此被后人誉为“现代航天之父”。

2.2.3 人格

人格是指一个人的心理面貌的总和，是一个人在个体的遗传素质基础之上、不同的社会经历中所形成的、经常表现出来的、比较稳定的、具有一定倾向的、独特的心理品质的总和。美国人格理论家雷蒙德·伯纳德·卡特尔（Raymond Bernard Cattell，1905—1998 年）认为人格是稳定的、习惯化的思维方式和行为风格，它贯穿于人的整个心理过程，是人的独特性的整体写照，是可以用来预测个人在某一情况下所做行为反应的特质。

创造者人格是与创造活动相关的一种特质，即指那些有助于产生创造性思维并且能完成创造性任务的个性特征组合。心理学家对各类创造者身上所共有的人格特质进行了多年的研究。西方心理学者巴伦曾以不同领域的科学家为对象，连续进行了 20 年的研究，他发现这些科学家身上共同的人格特质是高度的自我力量和稳定的情绪、独立自主的强烈需要/控制冲动的高度自制力、超常的智力、喜欢抽象的思维、对矛盾和障碍表现出极大的兴趣等。当代美国心理学、创造学家 Teresa M. Amabile 认为，创造性人格应该包括工作中的自律、受到挫折后仍然坚定不移、善于等待奖赏、自我激励、喜欢冒险。费斯特（Feist）列出了 100 多个条目用来区分创造性和非创造性个体，其中包括想象力、冲动性、尽责心、焦虑、情感敏感性、野心、敌意、超然、自大、自制等。美国学者杰弗里·蒂蒙斯在他的《创业者》一书中也谈到成功企业家们的共同的人格特质是责任和决心、领导决策力、对风险和不确定性的容纳度、必胜的信念、坚持立场、幽默感等。美国心理学家罗伯特·J. 斯滕伯格（Robert J. Sternberg）认为，创造性人格由 7 个因素组成，即容忍模糊、愿意克服障碍、愿意让自己的观点不断发展、活动受内在动机的驱动、有高度的冒险精神、期望被认可、愿意为争取再次被认可而努力。

我国学者也做了相关的研究，如《中国当代名人成功素质报告》总结出的 500 余位名人的“创新人格特质”就包括：较强的主动性、好奇心、求知欲、敏锐的洞察力、自信。王伟等通过对内地某综合性大学的 388 名学生进行问卷调查，来探讨大学生主动性人格与创新能力的关系，以及创新气氛在此关系中的中介作用，结果表明：一是大学生主动性人格和创新能力的得分都超过了平均水平，大学生的主动性人格存在年级和性别差异，但是年级和性别的交互作用不显著；二是大学生主动性人格、创新气氛各维度都与创新能力之间存在显著的正相关，说明大学生的主动性人格越强，他们的创新能力也会越强，大学生所处的创新气氛越浓，他们的创新能力也会越强。

从以上的研究可以看出，创造性人格特点的界定虽然存在着一定的差异性，但共性也很明显，除了上面谈到的知识丰富、动机强烈外，还包括创新热情、创新能力、创新思维、创新意志、自信心等。

2.2.4　思维风格

1937 年阿尔波特（Allport）首次将“风格”概念引入心理学的研究领域。20 世纪 80 年代末 90 年代初，Sternberg 和 Grigorenko 提出一种全新的风格理论——心理自我调控理论（theory of mental self-government），并分析了思维风格与创造力间的紧密关系。他认为，思维风格是人们进行思维时，表现和运用能力方式的偏好。斯腾伯格认为思维风格既不属于能力的范畴，又不属于人格的范畴，而是连接智力和人格两大领域的一个界面，即介于智力与人格之间的一个中间变量。

思维风格是指个体以何种方式运用和开发自己的智力。形象思维与抽象思维是两种重要的创造性思维形式。在创造过程中，人们首先是在头脑中以表象的形式预见到产生的事物，然后再发挥演绎、归纳、类比等抽象思维形式的作用，经严密的推理、论证与实验验证自己的设想。一切创造都是形象思维与抽象思维相互补充、共同作用的结果。科勒斯涅克在《学习方法及其在教育上的应用》中讲道：创新性思维是指发明或发现一种用以处理某件事情或某种事物的过程的新方式。把它叫做创新性思维，是因为它要求重新组织观念，以便产生某种新的东西，某种以前不存在的东西，至少以前在思维者的头脑中是不存在的东西。人们的各种观念通常都不用这种方式联系起来，过去从来也没有用这种方式联系起来，而现在用这种方式把人们的各种观念联系起来，这就叫做创新性思维。

思维风格并不是一种能力，而是个体选择怎样使用能力的方式。专家在一项有关创造力概念的研究中指出，富有创造力的个体喜欢“过程中重组规则”并“质疑社会常规、老生常谈和假设”。这就是人们应对特定问题，甚至面对生活的方式，愿意依照自己的选择，独立思考问题，而不是人云亦云，不是简单接受和遵循已有的规范，而是重组规则，尝试建立新的规范。

目前，对思维风格与创造力关系的实证研究主要集中在思维风格是否能预测创造力，以及思维风格是否能对创造力进行定性、定量的阐述方面。郑磊磊和刘爱伦运用斯腾伯格编制的思维风格问卷与威廉斯编制、王木荣等修订的创造性倾向问卷，对 412 名大学生进行测量，比较不同思维风格创造性倾向的高低，以及思维风格对创造性倾向的预测。该实验有两个主要发现：一是思维风格与创造性倾向间关系明显，有诸多的显著性相关；二是创造性倾向越高者越具有内向型、自由型、专制型的思维风格，而低创造性倾向者具有行政型、部分型和保守型的思维风格。研究表明，通过思维风格的测定可以对一个人创造性倾向的高低做出预测和判断，即人们可以从思维风格这种认知方式的角度对创造力进行定性、定量的阐述。

在面对不同的任务和情景时，人们的思维风格也不相同。某些任务可能会导致某种思维风格，而别的任务则会导致另一种。因此，虽然人们可能存在某种偏好，但他们不会只有一种风格。例如，一个人平时喜欢看大画面，专门处理笼统的问题，但是在填所得税申报表的时候，他也必须变得非常仔细。不同的人，其偏好的强度也各不相同。某些人非常讨厌细节，以至于他们会想方设法避免任何烦琐的工作。例如，他们会请会计师帮他们报税，利用银行服务自动支付各种账单，请理财顾问管理他们的储蓄和投资，等等。另外一些人可能只是有点不喜欢烦琐的细节，他们会尽量避繁就简。人们思维风格的弹性也各不相同，也就是说，在适应不同环境时，思维风格转换是否顺利也因人而异。

由上所述，个体欲有所创新，就要有意识地调节自己的思维倾向与风格，在风险承担以及挑战意识方面超过常人，并且不拘泥于现有的规则，回避各种烦琐的细枝末节，主动激发出一种扩散性思维，有敢于挑战公众的特定人格，需要坚定持久的动机，去战胜在任何实现创造力的努力过程中都会遇到的重重障碍，直至成功。

2.2.5 机会识别

面对同样的市场，为何有的人能够发现商机，大赚一笔；面对同样的产品设计，为何有的研发人员能灵机一动，设计出新颖实用的产品，而有的人则不能？原因在于创新创业者识别、发现商机的能力不同。

行为学派的 Endres 和 Wood 认为，机会是通过个体的系统搜寻发现的，机会识别过程是一个个体有意识地系统搜集、处理并识别信息的过程，该过程依赖创业者不同的经验推断方法，使创业者可以在复杂的市场环境中发现内生的创业机会。新奥地利学派代表柯兹纳（Kirzner）认为，创业机会识别是创业者机敏发现的结果，是对必须要做的事情的发现。创业机会识别是创业的一个基本条件，这是一个渐进的过程，它是个体对创新创业线索的搜索捕捉，以找到前人从未注意到的已有事物的规律，这种发现具有“新颖性”和“实用性”，然后个体根据已有的创新创业的经验来决定和搜索机会准备创新创业。创业者不同于普通人的关键在于，他们能注意到他人忽略的环境特征，随时关注着市场的变化，一旦发现机会就立即采取行动以获取利润。再加上，由于认知上的偏差和可能的错误，先前的创业者可能会遗漏一些这样那样的创业机会，而后来的创业者随着知识的丰富而敏锐地发现机会。所以，正是创业者对机会的警觉发现，使不完善的市场过程逐渐趋向于新的完善和均衡状态。Kaish 和 Gilad 将创业警觉性定义为当机会存在时能识别机会的一种独特的准备。Ardichvili 等发现创业警觉性越高，发现和开发创业机会的成功概率就越高。创业警觉性一般由创业者的社会网络、先验知识和个性特质决定。社会网络是创业者获取咨询的重要来源，Shane 研究发现新技术信息对于有着丰富知识背景的创业者具有深远意义，有助于创业者快速识别市场机会。另外，前面所述的知识、思维风格等都是机会识别的主要影响因素。

创业者创业机会识别是一个多因素构成的系统，是创业者在创业决策前对创业机会整体上的一个认知、发掘、筛选和识别的完整过程。

2.2.6　创新环境

创新是人类社会进步与发展的永恒主题，21 世纪是市场经济体制不断发展和健全、知识经济迅速崛起的时代，创新已经成为 21 世纪最显著的特征。当今世界的各个国家也都在积极地找寻自己的发展机会以及未来的创新方向。美国坚定“要么创新，要么死亡”的信念；新加坡采取优化公共与学校教育系统，提高国民的创新能力的对策；韩国呼喊“头脑强国”的口号；印度的目标则是培养创新型的人才，将印度建设成为世界的计算机软件大国。在中国，“创新是一个民族进步的灵魂，是国家兴旺发达的不竭动力”已经成为全社会的共识，形成了“大众创业，万众创新”的社会环境和文化氛围。

社会心理学家马斯洛和罗杰斯不仅看到存在于每个个体身上的创造力潜能，而且认为环境是打开个体内在创造力潜能的关键因素。在美国的加利福尼亚州立大学，一个科学研究小组的研究已经证明，良好的生活环境能够影响小白鼠大脑的结构和功能。实验人员把普通小白鼠分成两组。一组放在“贫乏环境”中，即放入空无一物的单调环境中；另一组则放在“丰富环境”中，其中摆满了各种各样小白鼠喜欢的玩物，如梯子、转轮、滑板、秋千之类的东西。经过一段时间的饲养之后，处于“丰富环境”的小白鼠在大脑皮层的重量和厚度等方面，比处于“贫乏环境”的小白鼠有明显的增加，其学习能力和对陌生环境的适应能力都有明显的提高。

创新环境是在 20 世纪 90 年代研究欧洲高科技产业园区的过程中提出的，GREMI（Groupe de Recherche Europen sur les Milieus Innovateurs，即欧洲区域创新环境研究组）对创新环境的定义是：“在特定的区域中，主要的行为主体通过彼此之间的集体学习与协同作用所发展起来的一系列复杂的社会关系。”1997 年 OECD（Organization for Economic Co-operation and Development，即经济合作与发展组织）在《国家创新系统》中对创新环境也进行了界定，创新环境是指为创新提供规则和机会的国家体制和结构因素，它能够为创新主体提供充足的创新资源与良好的容错支持环境，包括基础设施、公共交通、医疗与卫生、教育、金融、运输与通信、产业政策等。Scott 和 Storper 指出：“创新环境是促进创新的政策、制度、规章的系统，突出的是企业之间和研究者、政治家等多方之间所形成的一种有利于创新的复杂网络关系。”国内学者对创新环境的研究有很多。鲁虹在对吉林省高层次人才创新环境的研究中提出：“创新环境指在创新过程中能够直接或间接地影响创新主体进行创新的因素的总和。”王缉慈对创新环境的界定是：地方行为主体，即地方政府、企业、高校、科研机构等组织及个人之间经过长期的非正式或正式的沟通、协作所形成的相对稳定的系统。阮汝祥在《创新制胜》一书中对创新环境进行了详细的界定：“创新环境是影响人们开展创新活动的所有外部因素，这些外部因素包括法律环境、制度环境、教育环境、文化环境、市场环境、基础设施、人力资源和中介服务等，营造一种浓厚的创新氛围，对一个国家和地区的高新技术产业的发展非常重要。”综合国内外不同学者对创新环境的定义，创新环境就是对创新创业者能力发挥和发展产生影响的所有外部因素的总和，如创新的政策、文化环境、相关法律制度等。

环境作用于人类的生存和发展，环境也影响着创造力的发展，有的环境能滋养创造力，而有的环境则会压制创造力。在 20 世纪 30 年代以前，整个德国的科学技术空前繁荣，处于世界领先地位，整个民族也充满创新的活力。20 世纪前 10 年，德国诺贝尔奖获得者人数超过英国、美国、法国等，居世界第一位。但是，希特勒法西斯统治者推行专制主义制度，实行种族主义政策和侵略政策，在政治上打击和迫害坚持正义的科学家，使他们连基本的生活都得不到保障。在科学技术研究中片面发展军事技术，把全国人民的热情和活力引入战争的漩涡之中，整个民族的创新力被大大窒息。到 20 世纪 40 年代，德国的诺贝尔奖获得者人数比美国、英国等国家少得多。代表民族创新力的科学技术水平不仅没有得到继承发展，就连已经具备的潜力也未能发挥出来。一代科学精英、创新奇才被压制、被流放，甚至被消灭。

由此可见，只有在良好的创新环境中，个体才能够充分地发挥其创新创造能力。

2.2.7 其他因素

1）自我意识

自我意识是指人对自身以及对自己与客观世界关系的认识。自我意识是人的意识活动的一种形式，也是人类特有的反映形式，是意识发展的最高级阶段。它是人进行自我监督和调节的监控系统，调节着个体的心理活动和行为。创意中的自我意识主要是指问题发现意识，在创新成果出来之前，个体首先要能提出一个新颖而有价值的问题，意识到前人在解决问题时所遗留的缝隙。杰出的创造者几乎都能在他人所忽视的地方发现或阐释问题，发现知识的鸿沟与矛盾。

人类的创新活动大都是在明确的意识支配下进行的，具有明确的目标指向。对于一个科学家来说，他必须明白他做那么多的实验，进行无数次的验证，目的是什么。对一个艺术家来说，画一幅画，作一篇文章，必须要清楚到底想表达什么，或给人一个什么样的感受和意境。不少创业的人一会儿研究减肥药品，一会儿研发电子游戏，结果做了很多无用功半途而废；有的创业者虽然起步很慢，但是目标坚定，意识创新，并把这种意识贯穿始终而创业成功。同时，在创新工作中遭受挫折，感到失意、沮丧时，还需要进行自我调整和自我激励，以激发自身的斗志，迎接困难的挑战，并最终战胜困难。

【案例 2.1】

青霉素的发现

英国生物学家亚历山大·弗莱明多年来一直试图寻找防止细菌传染的方法。直到 1928 年的一天，他鼻子里的一滴黏液恰巧掉在了一个盘子里，而在这个盘子里，恰巧盛有他一直用来做实验的溶液。这两种液体的混合产生了抗生素，可是这种状态的抗生素效力很弱。7 年以后，一只四处游荡的孢子飘进了他开着的窗户，落在了他实验室内盛有相同溶液的盘子里，导致了人们今天熟悉的抗生素，即盘尼西林的诞生。青霉素的发现，为人类找到了一种具有强大杀菌作用的药物，结束了传染病几乎无法治疗的时代。从表面上看来，弗莱明发现青霉素似乎是一系列偶然的巧合，实质上是他在多年苦苦思索、不断实验过程中，愈加清晰自己的研判目标，当这些偶然性来临时，他能意识到其重要性，并果断地抓住了它们，可以说良好的自我意识是弗莱明成功的秘诀。

2）敏锐的洞察力

历史上的科学发现和技术突破，无一不是创新的结果。从这个意义上讲，创新就是发现，而且是突破性的发现。要实现突破性的发现，就要求创新型人才必须具有敏锐的观察能力、深刻的洞察能力、见微知著的直觉能力及一触即发的灵感和顿悟，不断地将观察到的事物与已掌握的知识联系起来，发现事物之间的必然联系，及时地发现别人没有发现的东西。

所谓洞察力，就是人们透过事物的表面现象观察事物本质的能力。客观事物对处于同一环境的人的刺激程度都是一样的，但每个人的感受和洞察力却是不同的，有时差别非常大。某些事物的现象和变化，一般人常常感觉不到，却被具有洞察力的人觉察到了，他们往往利用这种特殊觉察到的东西一举成名，率先走向成功。

【案例 2.2】

“大陆漂移假说”

20 世纪初，德国一个远离地质科学的气象工作者魏格纳，在观看地图时发现，几个大陆的弯弯曲曲的边缘拼接在一起形成完整的一体，大西洋西岸的巴西，它的东部突出部分正好能装进非洲西海岸那凹进去的几内亚海湾。随后他多方面收集资料，经过数年艰苦的研究，提出了震惊世界的关于地壳水平方向运动的“大陆漂移假说”，而当时成千上万的地质学家尽管对于地层的垂直方向运动研究成果累累，却未能获得地壳水平方向运动这一伟大发现。

【案例 2.3】

冰箱的门

冰箱是现代家庭必不可少的电器，仅在 20 世纪 80 年代，能够生产冰箱的公司就有上百家之多，要想在这些公司之中有竞争优势，就必须拿出点新东西来吸引顾客。科龙集团及时进行了商业调查，结果表明，顾客对冰箱的需求还是较大，但对冰箱门提出了更高要求。于是，他们把创新的点定在了“冰箱门”上，由原来把手在外的“明开”，改为“暗开”，既美观又减少空间，后来又研制出“两边开”的冰箱门，使冰箱在房间里的摆法可以多样化；生产小容量冰箱，以适合客厅摆放；采用各种色泽，以适应不同房间的基调……在冰箱行业竞争激烈的情况下，以适应消费者各种需求为明确目标的有意识创新，使科龙集团的冰箱在市场上迅速畅销。

2.3 创意生成的一般心理过程

知识、动机和人格等因素为创造力的产生提供了必要的心理资源，但是创意的产生过程并不是这些资源之间的简单叠加或某种排列组合，就像人在面对外界事物时会经历一个从认知到情感再到意志的知情意前后衔接、彼此协调的整体心理过程一样，创意的产生也会存在一个复杂的心理过程，只是创意产生的心理过程更注重阐述如何从心理层面来挖掘人的创造性思想，以人的一般心理过程为基础但又是一般心理过程在创新创业方面的深度发展。

2.3.1 心理过程的概述

心理学研究表明，每一个人都存在一个心理过程。《心理学大辞典》把“心理过程”界定为在客观事物的作用下，心理活动在一定时间内发生、发展的过程。人的心理过程可分为认知过程、情感过程和意志过程三个方面。

认知过程是个体获取知识和运用知识的过程，人们通过运用自己的眼、耳、鼻、舌等感官，感知周围的事物并将感知到的经验储存在记忆中，再通过思维对其进行加工，从而认识事物的本质和规律。这是一个主体对客体的能动反映过程，这一过程需要调动人的感觉、知觉、记忆、思维、想象和言语等各种功能，功能正常发挥后，主体的能力将会得到相应的培养和提升，人们也就具备了洞察力、分析力、想象力和实施力等能力。例如，在看到一道陌生的题目时，人们的第一反应就是在记忆中搜索出与这道题所考察的知识点相似的题目，然后运转思维，用已有知识来分析、想象出题者的本意，最后再根据考点内容、此类题目的解题规律，选取适当方法，得出正确答案。

在人的感情性心理活动范畴内，存在着情绪和情感两个概念，它们是同一过程的两个方面。情绪产生于人与客观事物接触的具体过程之中，是人对事物的暂时性的感情性反映。综合多次情绪感受和体验，人对事物的态度就形成了他对该事物所抱有的情感，这是一种稳定性的感情性反映。情绪过程因情境的变化而改变，它关注心理体验过程的细节，并且容易将内心体验明显表露出来。情感过程则更加让人印象深刻，它注重从整体上来把握心理体验过程的结果，并且这一体验结果容易被隐藏，需要通过很多事情才能体现出来。例如，疼爱子女是母亲天生具有的情感，但是当子女犯错时，母亲也会产生生气的情绪并采取惩罚措施，不过这并不代表母亲爱子情感的减少，因为气消之后，母亲还是一如既往的悉心照顾子女的饮食起居。

意志是人们自觉树立目标，并根据目标调节自身行动以克服困难实现目标的心理活动。在意志的作用下，人们一方面积极采取有利于目标实现的行动，一方面尽力预防和阻止不利于目标的行动。意志心理活动对人的行动的影响体现在意志行动过程之中，而意志行动过程又加速人们追寻目标的过程。意志行动过程具体由目标制定和目标实施两个环节构成，制定正确的目标，首先要依靠意志处理好各种复杂动机之间的冲突，其次要把最强烈、最稳定的动机确立为主导动机，再次要按照主导动机确定目标并选择适宜的行动方法，最后再拟定切实可行的行动计划。在目标实施环节，意志的任务就是为主体提供不竭的动力支持，帮助人们克服内外困难，走出失败的阴影，为达到目的而不懈努力。这些意志行动都离不开优秀意志品质的营养，如自信、自主和坚韧。小到一次学校运动会比赛，大到一次国际性贸易谈判，正是因为有意志品质、意志心理和意志行动的参与，人们才能战胜艰险、抵达目的地。

上述三个过程不是孤立存在的，它们是一个统一的整体，相互影响、相互作用。首先，认识过程是意志产生的前提和基础，人们只有在认识了客观事物的发展规律，并运用规律去改造客观世界时，才能确定行动目的，并选定实现目的的计划和方法，而且当外界形势发生变化时，意志行动的进程和方向也要随之变化，同样，意志对认识过程也会产生重要影响。意志也会参与人对外部世界的认识活动中来，特别是在遇到各种困难时，更加需要意志的努力，那些意志薄弱的人，学习和工作很难有成效，更别说承担艰巨的任务。其次，情感和意志过程互为影响。积极的情感鼓舞人的斗志让人乐此不疲；消极的情感则会削弱人的斗志，阻碍人的意志行动的实现。同样，良好的意志品质可以控制不良情绪的影响，保持积极乐观的心境。最后，情绪情感与认知过程也互为影响。任何人的认知过程都伴随着一定的情绪体验，积极的情绪体验，会提升认知的效果，反之亦然。

在创新创业方案的构思、谋划和实施中，个体能否把产生创意的各种条件有效输送到自己心理过程的各个变化环节、实现创意产生过程和心理变化过程之间的单向疏通及双向联合，将决定他创新创业工作的成败。因此，仔细考察创意的心理过程，深入剖析人们的创意心理，对提高人们创新创业的效果将会大有裨益。同心理学对人们心理过程的一般划分方式一样，产生创意的心理过程也可从创意产生的认知过程、情感过程和意志过程三方面来进行把握。

2.3.2 创意生成的认知过程

按照创新创业的要求，创意被定义为根据市场客户解决问题的需求而产生的创造性想法，这些想法因为可以为客户带来效益而具有市场价值，因此创意过程始于寻找商机、终于方案被成功执行，而创意认知过程在其中提供心理学方面的指导。第一，创新创业者要清楚自己的兴趣所在，因为兴趣产生动力，只有在兴趣的驱使下，人们才能全身心投入其工作之中，也才能高效舒适的完成任务。诺贝尔奖得主们经常在自己的实验室了呆十几个小时，而从不厌倦就在于兴趣所在。第二，根据兴趣锁定某一市场领域后，创新创业者要开始下一步的工作，即广泛搜集整理该领域的知识经验资料，建立自己的“数据库”。第三，创新创业者要深入市场，洞察、分析该领域的现状，力求找到个别客户面临的困难或众多客户亟待解决的共性问题。第四，创新创业者要在估量自己已有的知识储备和能力、分析问题实质和想象问题发展趋势的前提下，提出具有预计可实施性的方案。第五，创新创业者可以在实验室中，也可以在市场中找到愿意尝试这一方案的客户，去实际执行该种方案，以观测其可行性。如果结果成功了，那说明这种方案就是创意，否则仍需重新来过，直至成功。

以网上水果店的开设为例，创新创业者们发现商机的过程就是对创意认知过程的实际体现。首先，随着互联网技术的不断发展和应用的逐渐普及，网络知识和经验已成为人们热衷于追求和掌握的热门，而其与销售行业的结合则更新了大家对于销售的理解，淘宝、京东和聚美等网上购物平台成为新时代的宠儿。电商这一新型销售形式吸引了无数的创业者，源于兴趣也拥有足够的实力，创新创业者们一直在电商这一领域搜寻着新的商机。其次，水果因为其美味的口感和丰富的营养价值已是人们日常生活的必需品之一，但现实生活中，水果因为保存难度大而增加了成本，于是出现了如下局面：一方面是水果产量大但运输工具有限，使水果销售困难给果农带来损失；另一方面是客户对水果的不断需求导致高价水果的出现。洞察出卖难和买难的双重困境，创新创业者就发现了商机。然后，通过分析水果销售业的困境特征，回忆已存的电商发展的有关知识经验，想象出了解决方案，即借用电商平台销售水果。最后，通过对主客观条件的预测，即创新创业者有网络技术和管理能力、果农有销售的迫切心情、客户有超值购买的愿望，而电商平台也已搭建好，于是这一方案就具备了预计执行力。目前网上水果店的普遍存在和受欢迎程度就证明了这一方案的实际执行力。

由上可以看出，在创意产生的认知过程中，创新创业者的洞察力、记忆力、分析力、想象力和实施力的作用不言而喻，它们共同为创意的产生提供心理资源支持。其中，较强的洞察力能够帮助人们通过掌握客观事物的表面现象而抓住其内在本质，即觉察出问题并明确问题的实质，使问题表征清晰且抓住关键，这是一种不同于“看热闹”的“看门道”的发现问题的能力，而只有发现问题才有可能萌发创意，这种能够在他人所忽视的地方发现或阐释问题的倾向性，被心理学家称为“发现导向”。爱因斯坦与英菲德（Einstein & Infeld）曾对这种导向的重要性进行评价：“其实，问题的形成经常比问题的解决更根本，问题的解决可能只是涉及研究方法或实验技能，但提出新问题、新可能性或从新视角来看待旧问题，则需要创造性的想象，而且标示了科学的真正进步。”Getzels和Csik-szentmihalyi曾经以艺术学院的学生为被试，让其操纵27个指定的物体，把它们组成一幅静物图并画出来。以画中物体的数量和独创性来区分被试的问题发现水平。结果表明，学生主动寻求问题或发现问题的能力可以显著预测其设计作品的品质，而且还可以预测他们七年后的艺术成就，这种对未来成就的预测力甚至超过与创造紧密相关的流畅力、智力、价值观与学业成就等其他变量。好的洞察力离不开好奇心和批判能力，因为对身处同一环境之中的人而言，外界事物都是一样的，只有那些好奇心强、能够用批判的眼光看世界的人才能在寻常之中发现不寻常，从而为看清事物本质的洞察力的培养提供必要前提。因此，进行创新创业工作的人们既要让自己掌握一些常用的创新思维方法，如求同和求异思维，又要为自己创造机会到实践中去洞察，如观摩创新案例、为解决一些实际问题寻找创新途径。

好奇心和批判能力的培养，以及敏锐洞察力的形成都需要个体先前知识储备和经验积累的有力支撑，因为一无所知的人对待任何事物都是感到新奇的，这就涉及创意认知过程中必备的第二种能力——记忆力。现代认知心理学对人类记忆系统的研究表明，人的记忆能力依靠人的感觉登记（也称感觉记忆或瞬时记忆）、短时记忆（也称工作记忆）和长时记忆三个记忆子系统来获得，三个系统的记忆时间依次越来越长，而要把对某一事物的记忆变成长时记忆就必须经常重复，特别是在刚接触这一事物时。所以，创新创业者要学会掌握记忆的节奏，即明白哪些知识可以快速记忆，而哪些又必须多次反复记忆才能被记住，然后再针对不同记忆内容采用不同的记忆方法。需要指出的是，一个人的记忆能力的强弱除了受到遗传因素这一先天的影响外，个体对所记忆对象的态度和记忆时所处环境的氛围在很大程度上决定其是否真正记住了。所以，个体了解自己的兴趣所在，把兴趣点融入创新创业知识的学习之中，并为自己创造一个轻松、自由、融洽的学习环境，将极大地增强记忆力、提高记忆质量。

创意认知过程的必备能力之三是分析力和想象力，因为个体在洞察事物时不能只依靠回忆，毕竟回忆呈现出来的都是过去，创新的关键更在于对未来的把握，而这离不开个体对现有情况的分析和对未知前景的想象，这也是把分析力和想象力结合起来阐释的重要原因。善于分析的人一定是思维能力较发达的人，要透过现象知本质就必须立基原有的知识经验储备，运用逻辑、哲学和形象思维等思维能力对面临的问题进行深入分析，以了解问题的实质，并根据同类问题的共有属性发现规律，从而预测问题发展的趋势。想象力在其中发挥依据事实但超越现实、以规律为向导来描绘问题未来走向的作用。有想象参与的分析就不会局限于当下的具体情境，它会因带有从规律中总结出来的事物的普遍性特征而更加趋向于真理而具备正确性。一时的想象如果转化成了记忆，也会为人们的知识储备增添梦幻的色彩，这将有利于更新人们的大脑内存，把理想转变为现实，创造发明出更多新颖的产品。

既然分析力和想象力对创意认知过程如此重要，那么创新创业者就必须对它们格外重视。个体有效培养自己的分析能力需要从生活中的点点滴滴做起：首先要养成善于观察的好习惯，因为对观察到的事物进行不同层面的分析并得出结果有助于锻炼人的分析能力。其次要学会记录日常发生的事情，并定期对这些事情进行分析，这可以让人们在解决日常问题的同时逐渐提高其分析能力。再次遇事要冷静，要用理性战胜感性，因为心情慌乱时的感情用事会干扰人的分析。最后要勤于总结，人们可以从总结中发现自己的分析能力是否发生了变化。

实施力是创意认知过程涉及的最后一项能力。实施力的大小要从两个方面来衡量，一方面是对实施力的预计，也就是对方案的可行性做出合理的评估，这是在方案制订阶段，创意认知需要完成的任务。评估主要负责观测方案实施中的各种主客观条件，包括实施者、实施工具和接受者等因素的各种状况，如实施者的执行力、责任感，资金量、技术设备水平，接受者的满意度等。只有综合考虑这些限制性因素，方案才有可能被放心用于实际实施之中。另一方面是在方案执行阶段，创新创业者把创意构想付诸行动，实施力开始真正起到执行方案、实现目标的作用，认知的功能在于根据实施的具体情况及时调整方案、改变行动，以便最终得到预想的结果。总之，实施力的强弱既是评判创意认知过程中其他能力大小的关键性指标，又为那些能力转化为实际成果提供了现实路径。

较强的洞察力帮助人们发现问题、识别可能的创新机会，而良好的记忆力、分析力、想象力和实施力则为问题的解决提供了可行的思路，以促进有效方案的生成。因此可以说，创意产生的认知过程是一般过程在心理层面的显现。

2.3.3 创意生成的情感过程

一种情感代表了一种态度，它是人在对一件事物有了基本的认知之后产生的对这件事物的喜恶程度。按照我国的传统习惯，情绪或情感一般被分为喜、怒、悲、惧等类型，它们分别象征着人们看到事物后的快乐、愤恨、伤感、害怕等心理反应，只是情绪来得快，去得也快，情感则内隐而深刻，更能代表人的感情性心理活动，所以对事物持有何种情感将决定着人们是否会愿意再与之继续相处下去，向往真善美的天性会促使人去追求快乐的东西，如喜欢音乐的人在听到一首好歌后就会选择单曲循环，并且会继续听这一歌手的其他歌曲或其他歌手的同类歌曲。而对待容易让自己怒、悲、惧的事物，人们往往会避而远之，如曾经伤害过自己的人、灾难现场和恐怖视频，这些怒、悲、惧的情感还会让人变得敏感多疑并且将此类情感投射到相似的事物之上，从而畏首畏尾。基于情感易影响人的行动这一事实，为促进某一行动的出现，就应该避免负面情感带给人们的消极心理，以免阻碍行动产生的持续性，让该行动得到人们的喜爱，让人们因做出这一行动而感觉到快乐。从研究伟大的创造性人物的发现来看，尽管科学家所从事的领域千差万别，但一个明显的共同特征是：他们往往从事着自己喜爱的工作，全心全意地投入其中，甚至到达废寝忘食、近乎上瘾的程度。

这些道理同样适用于对创意产生过程的分析，世界本来就是如此，但是每个人会看出不同的样子，发现不同的机会，因为情感为世界描绘了颜色，所以在洞察客观事物时，带着不同情感的创新创业者们会给出不同的结果，有的结果中就会深藏商机而富有创意，但有的结果就只是有色眼镜看到的假象。这提醒人们，在创意的产生过程中，情感的作用不可小觑。创意产生的情感过程是重要的，对它的分析却是复杂的，因为情感深埋于心间，不易被捕捉。经过大量心理学研究，其结果表明情感在创意产生过程中的作用可以用“指引”、“动力”、“辅助”、“调节”和“潜意识”等关键词来概括。

情感的指引作用指的是在情感的带领下，人们能够清楚自己创意的兴趣是什么，创意的快乐在哪里，就像王阳明对良知的形容一样，良知会告诉人们谁对谁错，从而“恶恶臭，好好色”。这也是人的第六感的神奇之处，所以跟着感觉走，心之所向即为正确之处。这样，人在参加创意性活动时就会有无限动力。

情感的动力作用指的是在情感的驱动下，人们能够斗志昂扬、干劲十足地去进行创意，特别是在任务艰巨且时有挫折发生的时候。士兵出征之时，将领都会做一番慷慨激昂的动员训话，同时伴有鼓舞士气的敲鼓吹号声，这都是在利用士兵们爱国爱民之情感的作用为他们加油打气，以使其在战斗中能够超常发挥，最终得胜而归。

一个人创新的成功需要智商和情商的共同配合，思维负责做出选择，情感负责为选择着色，这就是情感对智力的辅助作用，即在理性思维的过程中，积极的情感可以提高思维效率、明确其指向性并缓解过度思考带来的负面压力，这也说明了为什么人在心情好的时候工作效率会提高、工作结果会令人满意，而精神状态却依然保持良好，完全没有劳累后的萎靡不振之感。更为重要的是，情感对智力的辅助可以产生灵感，艺术家们进行创作时经常会去亲近大自然，就是因为大自然的风光能够带给人以愉悦，而心情愉悦时才能创意大发。

人区别于动物的本质特征之一就在于人能够发挥主观能动性去反映客观世界并因循规律主动改造世界，不得不说这在很大程度上归功于人所特有的情感的调节作用，它包括两方面的内涵：其一，根据情感的指引作用，人在创意活动中总会带着一些特别的心理感觉，这些感觉会告诉他是否要继续此次行动，如若感觉到舒适，那么行动会继续进行，否则行动计划会被适时调整或终止。其二，人是社会环境的产物，人的存在代表了一定的社会关系，因此易受所处环境的影响，这是人的本能。进行创意活动的人为了实现预期目标必须适应当时的情境，特别是在环境不利或自身生理情况欠佳的时候，就越需要发挥情感的调节作用来努力适应环境、调整工作状态。

以上提及的情感的各种作用都能被人察觉到，或者说是能够被主观改变，但是情感的持续性和稳定性特征使它在人的行动中易以潜意识的形式来产生影响，因此让潜意识能够为创新服务，人们就需要管理好自己的潜意识，即学会“孵化管理”。孵化本是生物学中的词汇，当被用到管理学中时，它就具备了“通过奉献自己以成就他人，并最终成就自我”的内涵，简言之，回报需要付出。那么，对潜意识的孵化管理，就是让人沉浸于问题之中，只有长期深入思考、分析、解决问题，问题的各方面内容才能深化进入潜意识之中，在创新动机的推动下，灵光一现，浮现到意识层面，成为创意，如阿基米德坐进澡盆里，看到水往外溢，同时感到身体被轻轻托起，突然悟到“浮力定律”；19 世纪 40 年代，美国人埃利亚斯·豪为了解决工业化的缝纫机如何让线先穿过布料的问题冥思苦想多日，因梦中有人拿着开了孔的长矛不停地刺向自己，深受启发而设计了针孔开在针头一端的曲针，配合使用飞梭来锁线。1845 年他的第一台模型问世，每分钟能缝 250 针，比好几个熟练工人还快，真正实用的工业缝纫原理终于出现了。

要有效发挥情感对创意产生过程的各种作用，让创意活动在积极情感的管理下消除消极情感的不利影响，需要从以下几方面来着手：

第一，理性认知，自主选择。首先，创新创业者要对自己的情感有个清晰的认知，即明白在何种环境中、面对何种事物、从事何种工作、与何人共事会让自己充满正能量，明白哪种正面情感最能激发自己的创造力，因为主动选择能够提高工作的自主性，而自主树立的目标更能让人经受住考验而不轻言放弃。这需要通过经常性的自我反思和倾听思考别人对自己的评价来深刻认知自我，然后再尽量去营造这种环境，选择这样的工作和合作伙伴，勤勉工作、友善待人，并在工作生活中不断检验、深化和更新自我的认知。

第二，取长补短，辩证看待。凡事无绝对，任何一种事物都是利弊并存的，人们趋利避害进行合理选择时只是在他看来那种事物的长处更明显，而短处处在可以被忍耐的范围之内，随着事物的发展变化，长短双方可能会向对立面转化。何况对事物产生的情感只是基于个人自己的立场，对其他视角的疏忽难免造成判断的偏颇，仿佛只见树叶不见森林一般。这些都启示创新创业者要拥有辩证思维，既接受情感的指引、积极培养自己的正面情感，又让思维为情感注入理性基因、把情感的指引作用控制在合理的范围之中；既妥善压制和释放负面情感，又可以通过换位思考来把负能量转化为动力，或者能够通过发挥想象看到消极情感在未来产生正面影响的可能性。总之要学会把握度和全面看问题，处理好情感与创意之间的关系。

第三，包容他人，管控自我。正如上面提到的那样，情感的积极面和消极面之间是一种彼此相生相克、相互转化的统一关系，因此在消极情感的稳定时期，即其既没有到达发生质变、发挥积极功能的阶段，又不能被有效避免，也不能对是视而不见、放任不管，那就包容它。没有人会每天都积极乐观、正能量爆棚，任何人都会有原因或没缘由的心情低落、负面情绪满满，所以正视这一点之后，创新创业者要学会以包容的心态去看待别人和自己的消极情感，给它预留一个容忍、接纳的空间，这样才能少受其不良影响，毕竟海阔天空也要以海纳百川为前提，而海阔天空之后才有精力专注于创意。当然，宽以待人、严于律己是一种应该被传颂的优秀品质，因此包容自己的同时也要深刻反思自己是否应该要管控好自己的情感，把自己打造成为自我情感的管理者，这是有效发挥情感的各种作用以产生创意的精髓所在。

20 世纪 50~60 年代，在内外交困的艰难状况下，为了抵制住帝国主义在武力威胁和核讹诈方面带来的压力，也为了捍卫民族独立、保卫国家安全、维护世界和平，新中国开始了独立自主研制“两弹一星”的战略计划。当时国家的经济物质基础是薄弱的、科学技术水平是落后的、工作生活条件是艰苦的，但是人们的爱国情感是高涨的，也正是在爱国这一积极而伟大的情感的力量支撑下，各种困难都被克服了，“两弹一星”也在最短的时间内被成功研制，科学家们的成就震惊中外。王淦昌是这些科学家中的杰出代表，研制期间，为了适应发展的需要，科学家们必须前往新的试验基地，在离开 17 号工地时，55 岁的他竟然拔下了几根白头发留在那里，工作中，他也是身先士卒，搅拌炸药的苦差事没有难倒他，虽然他已经 50 多岁。王淦昌用行动证明了他对祖国和人民的情感，而这种情感是那些科学家们所共有的。

爱国爱民这一正面情感对科研工作的促进作用可以从以下的分析中得到体现：在树立研制“两弹一星”的目标后，科学家们开始按照目标制订方案并拟订实施计划，然后再根据计划具体实施方案。这两个过程相辅相成，计划指导行动，行动中也适时调整计划。二者都需经历三个阶段：工作前期，科学家们满怀抱负，干劲十足，即使遇到困难也能从容面对；工作中期，克服了前期困难的科学家们在精神和身体上都有了些许倦怠，并且新的困难依然是层出不穷，但是国家的期望、民族的使命和同胞的关怀激起了他们的正面情感，为他们能够继续科研提供了动力；工作后期，有了前面成功经验的借鉴和激励，科学家们在迎接胜利曙光的乐观情感中越挫越勇，最终迎难而上，实现目标，从而没有辜负祖国和人民的重托。

2.3.4　创意生成的意志过程

创意从其本意上来讲就是为解决眼前问题而开展的创造性活动，它的实质在于开创和创新，要么将旧事物进行重新排列组合以构成新事物，要么在零基础的起点上研制出新事物，或者是揭示出其他人所不知道的新事物，总之不管是发明还是发现，它们都构成创意产生的源泉。而发明和发现的最终结果都是导致了新事物对旧事物的挑战，也就是说，创意之所以有价值，就是因为它是新事物，并且这种新事物能够解决旧事物所不能解决的问题，所以，创意从萌发到实现的过程都是阻碍重重的，要克服这些阻碍，顽强的意志不可或缺。意志由此可被理解为一种为了克服困难而在后天的学习和锻炼中形成的、以助力目标行动的内在推动力。

在创意产生过程中，意志需要克服的困难主要来自于内外两方面，其中内在困难是由创新创业者自身的认知因素和情感因素造成的，如较差的知觉和感觉、较强的懒惰和安逸心理、易怒易惧的负面情感。外在困难是新旧事物共同作用的结果：对旧事物来说，反新维旧是他们的根本宗旨，因为他们是既得利益者，他们不希望新事物抢夺其既有的利益，而且旧事物的保守心理告诉他们，维持现状是最好的，创新极有可能给他们带来动荡和灾难。所以，旧事物极力反对、阻止新事物的成长，在新事物方面，作为初出茅庐的一方，它的实力和势力肯定是弱小的，而且缺乏经验，因此在经历量变质变的过程中难免会遇到限制条件的困扰。要战胜这些困难，意志需要充分发挥它的定目标、添动力、调适身心及其与外部环境关系的作用，也就是要始终捍卫目标、为实现目标提供充足动力，并且在动力不足时要及时调整身心状态及维持好自己与客观世界的良好关系以拥有趋向目标的动力。

意志作用的发挥是依靠意志的完整心理过程来完成的，首先，在正确认知的帮助下确立好目标后，决心就为目标增添了坚定性的元素，这意味着决心让目标更坚定、更具指导行为的方向指引性，这也是意志对认知的一个积极反作用。其次，在为实现既定目标而努力的过程中，信心为人们的奋斗赋予了乐观的积极情感，使前方的困难险阻都能够被笑看，因此可以说，坚定的意志一定带来充足的自信，而充足的自信又带领人们乐观前进。最后，当实现目标遥遥无期、艰辛努力付诸东流且困苦考验不计其数的时候，身心俱疲的人们需要在恒心的支持下顽强地走下去，持之以恒是意志的最高境界，因为需要利用恒心的任务必定是长期且艰巨的，任务的性质也许已经造成了决心和信心的动摇，所以只有始终如一才有机会挽救决心和信心，最终才有可能到达终点。

首先，大体上来说，意志的培养需要从理论学习和实践训练两方面来入手：前者的目的在于让学习者熟知意志的内涵、特征、作用和培养方法等知识，从而在思想上对意志有个清晰的定位和准确的把握，可以通过阅读相关资料来实现。后者的作用在于把理论知识应用于实践，在实践中巩固和深化，这可以从熟练掌握各种随意行动的技能开始，如规范问候和道谢的简单礼仪、学校各门功课的复杂学习，其间都需要意志在不同程度上的参与，这些经历是对学习者自我控制能力的训练，懂得自我控制的人才能掌控自己的意志。其次，要有勇于挑战现实中各种困难的精神和胆量。生活不是一帆风顺的，每个人每天都会遇到各种不如意，小到起床困难症，大到生病受伤，甚至会面临死亡的威胁。挫折的降临或有原因，但既然已经无法逃避，何不将之转化为一次锻炼自己、挑战困难的机会，人们将会从中收获战胜挫折阻碍的经验教训，也能为下次面对困难积蓄经验和勇气，这些都是培养意志所需的宝贵财富。最后，可以学习运用榜样的作用来引导、激励自己，如多方搜集、广泛阅读那些凭借坚定意志历经艰难困苦但最终玉汝于成的名人故事，如亲自拜访从重大灾难中走出来的英雄，不管是革命勇士，还是抗病模范，抑或是救灾战士，他们都是顽强意志的代言人。与书中人对话，与身边人交流，人们都会受益良多，既可以把他们作为自己的精神食粮，又可以从他们的成功中总结出战胜困难的经验教训，从而为我所用。

这两种培养意志的方法主要是想实现如下目标：

第一，树立信念。如果把创意比作一艘船，那信念大概就是舵手，即信念为创意掌舵，让行动紧跟目标，即使时有偏差，但大的方向不会出错。信念的意义在创意受阻时最能体现，越挫越勇应该就是它的力量使然。创意信念的树立既需要创意目标具有正确性、正当性和真诚性，又需要创意方法可靠可用可行，更需要创意结果符合客观事实、社会规范和人的本心的共同要求。所以在树立信念时，创新创业者要清楚相关客观规律、拥有基本的社会价值观，并能知道自己的内在需求。

第二，自信且自主。如前文所述，自信对创意的价值是重大的，要培养自信，首先需要自知，唯其如是，才能不断改正缺点、发扬优势以自尊自爱直至自信。其次，要自主。很难想象一个经常被迫做事情的人能够拥有自信。而且，创意对自主也有较高的要求，因为越自主越自由，而自由的人才适合创造。

第三，善于决断。创意要求中的决断包含敏锐和果敢双重含义，敏锐意味着机智，能够及时抓住机遇，果敢意味着干脆，能够立刻见机行动，一个是思想，一个是行动，心到和手到的结合为创意灵感的及时捕捉和实施提供了条件。

第四，坚忍不拔。创意产生的崎岖之路上，前行的人必定受到各种干扰，而最大的干扰就是那些不良的心理，如从众、胆怯、保守。从众让人不能无视同类异样的目光而随波逐流，胆怯让人屈服于权力、权威和财势的淫威之下而人云亦云，保守让人在旧有传统的束缚下不敢越雷池半步而故步自封。要打败这些敌人，坚忍不拔的品质至关重要，而它的培养过程就是克服不良心理的过程，即做到敢想、敢说、敢做，走自己的路让别人说去吧！

科学家们在艰苦的环境中历尽艰辛研制出“两弹一星”，很好地例证了坚定意志所具有的强大作用，“两弹一星”精神也鼓舞着人们去锻炼自己的意志，形成良好的意志品质。创新创业者们需要将这些铭记于心。

在吸收成功经验的同时，人们也需要从失败案例中总结出教训，从而防患于未然。有一幅著名的挖井漫画，漫画中的挖井人扛着铁锹、抽着烟，走在挖井的路上，他边走边想：“这里没有水，换个地方再挖吧！”也不知道他是第几次萌生这样的想法了，因为在他身后留下了很多未挖到底的井，而有的井只要再稍稍努力一下就可以见到水了，地底下那湍流不息的水流也一定替他感到惋惜，如果把前面所有半途而废的努力都加在一起，说不定已经成功挖出来好几口井了。从挖井人的行为中可以看出他的性格特征，即目标不明确、自信心不强、忍耐力不够，而这些性格缺陷都与其意志不坚定有关，这一结论可以从对其心理过程的分析中得出。

首先，由于意志不坚定，挖井人在制定目标时就没有下定决心，对他来说，挖井的目标是不明确的，目标可以在具体实施过程中随便更换，毕竟在目标没有完成之前，谁也不知道哪一个地方会通向水源，这种尝试的心态深深动摇了挖井人的意志。其次，没有明确目标的方向性指引，挖井人就缺少一定会成功的信心，在坚持一段时间却仍没有看到水源的时候，挫败感会笼罩着他，而这又反过来影响他对目标的坚定性，所以一次次的浅尝辄止就成为常态。然后，在屡试屡败的多次经历过后，挖井人就会变得更加烦躁，忍耐力更会直线下降。所以可以试想一下，挖井人最后是不是会在痛苦和绝望中离开这个伤心之地，并告诉别人这个地方没有水，因为他尝试了无数次都没有成功。但是，如果挖井人天性乐观，时刻提醒自己此处不行、还有别处，那么他所走过的路必定是井口密布，只不过是没有水罢了。

由以上的分析结果可知：创意产生的心理过程是一个协调统一的有机整体，认知是创意产生的基础和核心，积极的情感是创意产生的稳定剂，顽强的意志是创意产生的强化剂，三个过程紧密相连、互相支持，共同构成的创意产生的心理过程。

2.4 影响创意产生的心理问题

从心理学的角度看，创意的产生需要知识、动机和人格等心理资源的必要前提准备，发挥这些心理资源的作用，把它们运用到产生创意的各个心理过程之中，创新创业中的很多问题将会迎刃而解。但是，要具备良好的心理资源并且能够控制好心理过程的每个环节并不容易，一些心理问题会影响人们产生创意，如心理定势心理定势（简称为定势）、从众心理、浮躁心理、自卑心理和嫉妒心理。

2.4.1 心理定势

心理定势，又称心向，是指某人对某一对象心理活动的倾向，是接受者接受前的精神和心理准备状态，这种状态决定了后继心理活动的方向和进程，即根据过去的知识和经验积累，逐渐形成一种判断事物、解决问题的思维习惯和固定倾向。生物学家用跳蚤做过一个有趣的实验。首先，生物学家把跳蚤放在桌上，一拍桌子，跳蚤迅即跳起，跳起高度均为其身高的 100 倍。其次，科学家在跳蚤头上罩上一个玻璃罩，让跳蚤在罩子里面跳，可想而知因为有了玻璃罩，连续多次碰罩之后，跳蚤适应了环境，每次跳跃总保持在罩顶以下高度。接下来生物学家逐渐改变玻璃罩的高度，跳蚤每次都在碰壁后，主动改变自己的高度。最后，科学家用了一个接近桌面高度的玻璃罩，这时跳蚤已无法再跳起来了，只能爬行。即使科学家把玻璃罩打开，再拍桌子，跳蚤仍然不会跳，变成“爬蚤”了。跳蚤变成“爬蚤”，并非它失去了跳跃的能力，而是由于一次次受挫失去了跳跃的信念，认为自己没有能力去跳跃了，即使实际上的玻璃罩已经不复存在，它也没有“再试一次”的勇气。因为玻璃罩已经存在他的潜意识里了，罩在了它的思想上，行动的欲望与潜能都被扼杀了。

心理定势的一个显著特征就是墨守成规，只凭过去的经验和体会来观察、评价、处理问题，把一切具有独创性的认识评价和方法视为有悖常理，缺乏求新的激情和见解，思路狭窄。创新也是一个探究的过程，这个过程实际上是靠批判和质疑来支撑的，它要求创新者具有大无畏的勇气，既不受传统观念的束缚，也不迷信专家们的定论。在创新创业的过程中要注意心理定势的在心理的影响。

2.4.2 从众心理

从众心理即指个人受到外界人群行为的影响，而在自己的知觉、判断、认识上表现出符合于公众舆论或多数人的行为方式的一种心理现象。美国心理学家所罗门·阿希（Solomon E. Asch，1907—1996 年）通过“线段实验”（1955~1956 年）来进行从众心理研究，结果表明，从众心理是一种大众心理，是人们趋利避害的一种本能。易从众的人一般不会有大的作为，这是因为从众使人依赖性强，缺乏独立性与自信心，独立思考能力减弱，而创新是要冒风险的，是要直面挫折和失败的，甚至是被批评指责、误解打压，如物理学家福尔顿，由于研究工作的需要，测量出固体氦的热传导度。他运用的是新的测量方法，测出的结果比按传统理论计算的数字高出 500 倍。福尔顿感到这个差距太大了，如果公布了它，难免会被人视为故意标新立异、哗众取宠，所以他就没有声张。没过多久，美国的一位年轻科学家，在实验过程中也测出了固体氦的热传导度，测出的结果同福尔顿测出的完全一样。这位年轻科学家公布了自己的测量结果以后，很快在科技界引起了广泛关注，福尔顿听说后追悔莫及。所以说，要创新就必须克服从众心理。

2.4.3 浮躁心理

浮躁心理是指做任何事情都没有恒心，见异思迁，喜欢投机取巧，讲究急功近利，强调短、平、快，主张立竿见影，不能安稳工作。创新不仅需要激情、灵感和想象力，更需要扎实丰厚的基础知识、丰富的经验积累和脚踏实地的实践活动。浮躁心理在本质上是排斥创新所必需的勤奋、实干和积累的。牛顿之所以能从苹果落地的现象中顿悟到万有引力定律，是其长期对力学研究所付出的巨大心血的结果。王选教授说得好：一个人的成就动机主要并不来源于金钱和荣誉，而在于对所从事工作的价值的追求，也来源于这项工作难度的巨大吸引力。这就充分告诉我们，实现创新目标并取得成功，必须拥有锲而不舍的精神和百折不挠的努力。创新是一个艰辛的过程，来不得半点浮躁和懈怠。

2.4.4 自卑心理

在心理学上，自卑就是一个人对自己的能力、品质等做出偏低的评价，总觉得自己不如人、悲观失望、丧失信心等。自卑是一种消极的心理状态，是实现理想或某种愿望的巨大心理障碍。如果没有坚定的自信心，就不可能有百折不挠的勇气、坚忍不拔的毅力和锲而不舍的行动，就有可能向传统的习惯势力妥协，向约定俗成缴械，向大众趋势附和。创新道路是一条艰辛、曲折、漫长的道路，没有自信自强是很难跨越这些重重障碍取得最终成功的。英国贝弗里奇说：“几乎所有有成就的科学家都具有百折不挠的精神，因为凡是有价值的成就，在面对各种挫折的时候，都需要毅力和勇气。”实际上，创新的失败是大大多于成功的，人们熟知世界知名的创新者大都是具有坚持不懈的顽强毅力，尽管在他们成功之前经历过多次的失败，但是他们没有悲观失望，失去信心和机会。

2.4.5　嫉妒心理

嫉妒心理是指人们为竞争一定的权益，对相应的幸运者或潜在的幸运者怀有的一种冷漠、贬低、排斥，甚至是敌视的心理状态。这种状态不论对创新动机、创新热情、创新行动，还是对自己、对别人，都有不利的影响。嫉妒心往往为创新活动的集体合作带来了困难，破坏团队的心理协调，造成人际关系紧张，降低团队的创新效率，削弱团队的创新力量，尤其是在当今分工明确、协作紧密的社会条件下，团队精神已经成为调整个人与集体利益关系所应遵循的基本准则，也是评价和衡量人们行为是非的一项重要指标。只有树立强烈的团队精神，才能使自己与他人、与集体和谐相处，相互支持和关照，共同享受资源，使团队保持轻松愉快的心境，才能互相激发创新的思维，推动团队创新活动的顺利进行。

2.5　本章小结

本章从心理学的角度，首先，对影响创造力的资源，即知识、动机、人格、思维风格、机会识别、创新环境等进行了介绍；其次，在对心理过程的简要描述的基础上对创意产生的认知过程、情感过程、意志过程进行了详细的阐述；最后，提出在创新过程中要避免心理定势和从众等心理问题，防止呆板、浮躁等心理问题产生，不断增强创新创业的自信和勇气。

思考与训练

1. 在创新中，知识和心理定势之间的关系是什么？它们如何影响创意的产生？
2. 什么样的人格和思维风格有利于创新创业中的机会识别？
3. 良好的创新环境是怎样激发人们的创意动机的？
4. 试分析：在研制“两弹一星”的过程中，科学家们的洞察力、记忆力、分析力、想象力和实施力各自发挥了什么作用？
5. 以开设网上水果店为例，人们的情感过程和意志过程对认知过程产生什么影响？
6. 思考有效避免创意产生心理问题的具体方法是什么？

扫一扫

2.1 创新人才所需的六种心智

2.1 价值链重构视角下的商业模式创新探究

2.1 创业警觉性与创业机会的匹配研究

2.1 大学生主动性人格与创新能力、创新气氛的关系

2.1 思维风格与创造力关系的研究综述

2.1 思维风格与创造性倾向关系的研究

2.1 创业机会识别相关理论研究述评

2.1 拓展资料（一）

2.1 拓展资料（二）

2.2 拓展资料（一）

2.2 拓展资料（二）

2.3 拓展资料（一）

2.3 拓展资料（二）

第3章 创新思维

3.1 引言

创新是市场竞争力的核心，没有创新就没有市场价值的提升，我们在各个领域不断地进行创新，才有社会的持续进步。人们的创新思维是创新发展的源泉，它在人类社会进程中尤为重要。培养具有创新意识和创新思维的高素质人才是落实科教兴国、人才强国战略的前提。

创新思维过程可概括为发现问题和形成新概念或提出新设想两个阶段，在正确创新思维引导下，才有创新的成功。某种程度上，人们创新思维训练比知识训练更为重要，创新思维并非少数发明家应有的素质，它是正常人都具备的思维方式，如何挖掘以产生创新成果是一件重要的事情。过程中提出新设想是解决问题的关键，打破固定思维模式进行思考，寻找有利于发现问题、分析问题和解决问题的正确思路，创新活动才是有价值的。创新活动引导学生的专业学习和探索，是激发学习兴趣的原动力。

创新思维方法作为一种新型方法论，已被社会广泛认同，并应用于工业、农业、商业、科技、民生、医疗等诸多领域，它是行业发展的关键要素，它已超越了形式和结构，带来超乎想象的社会效益和经济效益。

3.2 创新思维概述

创新（innovation）起源于拉丁语，它包括三层含义：一是更新；二是改变；三是创造新的东西。创新作为一种理论，它形成于20世纪，由经济和管理学家、哈佛大学教授熊彼特于1912年第一次引入经济领域。

创新思维（innovative thinking）是指以新颖独创的方法解决问题的思维过程，通过这种思维突破常规思维的界限，以超常规甚至反常规的方法、视角去思考问题，提出与众不同的解决方案，从而产生新颖的、独到的、有社会意义的思维成果。

那么思维是什么？思维是人脑进行逻辑推导的能力和过程。人脑是思维的器官，但思维的产生又不单纯是由大脑的生理基础决定的，思维是社会的人所特有的反映形式，它的产生、存在、发展都与社会实践紧密地联系在一起。因此，思维是社会的产物，是人在感性认识的基础上，对客观世界间接的、概括的反映，是对客观事物的本质、属性及内在规律的认识过程。思维根据其整体发展分为逻辑思维与非逻辑思维，根据其理论与实践关系分为理论思维与经验思维，根据其创新与否分为继承性思维与创新性思维。

3.2.1 创新思维的本质、特点及结构模式

1. 创新思维的本质

创新思维的本质在于将创新意识的感性愿望提升到理性的探索上，实现创新活动由感性认识到理性思考的飞跃。目前学术领域未对创新思维进行权威界定，心理学家大多称为“创造性思维”或“创造思维”，哲学家称为“创意思维”，企业策划人称为“点子思维”或“黄金思维”。创新思维是人类思维的一种高级形态，是人们在一定知识、经验和智力的基础上，为解决某种问题，运用逻辑思维和非逻辑思维，突破旧的思维模式，通过选择重组，以新的思考方式产生新的设想并获得成功实施的思维系统。

关于创新思维有狭义和广义两种不同的解读。狭义的创新思维是指：建立新理论、发明新技术等的思维活动，它强调思维成果的独创性，并能得到社会承认和产生巨大社会经济效益。广义的创新思维是指：思考自己所不熟悉的问题，且缺乏现成经验和思路的思维活动。它强调思维的突破，所思考的问题对思维者是生疏、没有固定思维程序和模式的。

作家和心理学家考斯特勒认为：创新思维是以前彼此陌生的思想之间的联姻。心理学家杰罗米·布鲁诺认为：创新思维是想象力非常愿意进行的一个不可思议、非理性的跳跃，在跳跃中，新颖的、有见解的想法得以诞生。音乐家莫扎特认为，创新思维是我灵魂的燃烧。《科学创造方法论》一书对创造性思维的定义：“创造性思维”是一种特殊形式的思维活动，与“问题解决”有很多共同点，如它们所经历的思维步骤、对高水平心智的要求以及思维发散和转化所引起的作用等基本上都是相同的，就此而言，很难将“创造性思维”与“问题解决”这两个概念明确分开。但“创造性思维”与“问题解决”概念也经常在不同情况下使用，这说明它们之间有所区别。其区别在于，前者指的是具有某种特殊品质的思维，这些品质主要包括原创性、新颖性、流畅性、灵活性和精致化等，它强调以有别于常规的方式来应用分析和综合、概括与推理等心理操作。

2. 创新思维的特点

1）积极的求异性

创新思维也被称为求异思维。其求异性贯穿于整个创新活动全过程。创新思维中的人往往对司空见惯的现象和已有的权威性结论持怀疑和批判的态度，而不盲从和轻信，即用陌生的眼光看熟悉的事物。例如，伽利略看到教堂里吊灯的摆动发现了等时性原理；牛顿看到苹果落地发现了地球引力。

（1）创新思维与敏锐的洞察力。

社会生活中不断将观察到的事物与已有知识联系起来，把事物之间的相似性、特异性、重复性现象进行比较、思考，寻找它们之间的必然联系及其中的问题，找到创新点，做出各层次、各领域的发明创造。这就是敏锐的洞察力，即用陌生的眼光看熟悉的事物，善于在大量重复出现的事务中寻找共同的规律，在人们容易忽略的环节敏锐地发现和分析问题并加以解决，就会产生创新性成果。例如，鲁班从小草割破手指发明了锯子；人们因洗浴中水温调节不便发明了冷热水混合调节器。

（2）创新思维与丰富的想象力。

创新思维与丰富的想象力密切相关，不断改造人们头脑中对原有事物的印象，创造新表象。赋予抽象思维以独特的形式，去除想象中主观臆想和虚假错误的部分，采用正确的思维方式，获取有意义、有价值的信息。

2）多维的灵活性

人们的思维往往会受过去思维习惯的束缚，面对一个新生事物，习惯用过去的思考和处理模式应对，因此摆脱不了传统观念的束缚，显得落后、僵化。创新思维的多维灵活性是指思维能够依据客观条件的变化而变化，表现出一种向多方向、多角度、多层次的发散性。

3）新颖的独特性

创新思维的独特性表现在思考问题的“独到”和“新”。所谓“独”是独一无二，突出“新”是新奇、新颖、新鲜，这是创新思维最明显的特征。创新思维构想出新生事物，或者对旧事物新的挖掘之后的更新换代。

4）宽泛的知识结构

科学技术的进步是建立在已有知识基础之上的，而创新思维所产生的成果意味着对已有知识的突破和创新。人们掌握的知识越多越有利于创新，但知识的多少与创新思维能力并不绝对成正比。因为创新活动需要知识上升为思想因素和智力因素，否则知识就是死板的、凝固的、束缚创新思维的。对于创新应具备宽泛扎实的基础知识、精深的专业知识、多元的交叉学科和人文社会学科等知识结构体系，才能在科学技术等领域的创新层面有所作为。

3. 创新思维的结构模式

关于创新思维的结构模式，各领域专家学者提出了不同的见解。英国心理学家沃拉斯提出了四阶段结构模式；奥斯本提出了三阶段和七步结构模式。

1）沃拉斯的准备、酝酿、明朗、验证四阶段结构模式

（1）创新思维的准备阶段：创新思维不是凭空产生的，也非灵感的突然呈现，它需要孕育。这个阶段主要是发现问题、分析问题。发现问题并运用一定的方式方法分析问题是形成创新性课题的关键步骤。例如，爱因斯坦青年时期常为物理学中的基本问题感到不安，尤其是光速问题，他日夜思考长达7年之久。后来他想到了解决方案，只用了5周时间就写出了“相对论”。可见创新思维的前期准备至关重要。

（2）创新思维的酝酿阶段：发现并分析问题之后，需要寻找解决问题的途径，这个阶段是创新思维的酝酿阶段。收集相关信息、规划解决方案、进行试验探索、解决矛盾

冲突等多种方法的尝试之后，简单的问题多数可以找到相应答案，复杂的问题可能会经历多次失败，繁杂的基础工作漫长并枯燥，还要经历失败的痛苦与磨炼，经受意志和决心的考验。这一时间阶段的努力为下一阶段奠定了良好的基础。

（3）创新思维的明朗阶段：明朗阶段也是创新思维的成果收获阶段，酝酿达到一定程度，思维的顿悟和灵感才会相继产生。

（4）创新思维的验证阶段：验证阶段是创新思维结构模式的最后一个阶段，创新思维的成果应该进行科学、客观的论证和实践的检验，以判断其意义和价值。

2）奥斯本的三阶段结构模式和七步结构模式

（1）三阶段模式：寻找事实（找问题）—寻找构想（提假设）—寻找解答（得出答案）。

（2）七步结构模式：定向（强调某个问题）—准备（收集有关资料）—分析（对收集的资料进行分析）—观念（用观念进行选择）—沉思（促进启迪）—综合（将各部分结合在一起）—评价（判断所得到的思维结果）。

3.2.2 逻辑思维及其与创新思维的关系

1. 逻辑思维的特征、形式及运用

逻辑一词源于希腊文，是由希腊文音译而来。原意是指思想、概念、言词、理性等，后来被人们在更广泛的意义上使用。逻辑是关于思维形式和规律的科学。

思维可以分为逻辑思维和非逻辑思维。逻辑思维是人在感性认识的基础上，以概念为操作的基本单元，以判断、推理为操作的基本形式，以辩证方法为指导，间接地、概括地反映客观事物规律的理性思维过程。

逻辑思维又称抽象思维，是思维的一种高级形式。逻辑思维既不同于以动作为支柱的动作思维，也不同于以表象为凭借的形象思维，它已摆脱了对感性认识的依赖。逻辑思维是以理论为依据，运用科学的概念、原理、定律、公式等进行判断和推理。它是人脑对客观事物抽象的、间接的、概括的反映，是具有论证性的思维活动。同时它使人们更准确、更广泛地把握客观事物。

1）逻辑思维的特征

逻辑思维的特征包括普遍性、严密性、稳定性、层次性。

普遍性指的是事物发生的常见性和必然性。

严密性指的是事物之间结合的紧密，没有空隙和疏漏。

稳定性指的是事物的状态在一定空间或时间内不会轻易发生变化。

层次性指的是事物承载系统结构方面的等级秩序，不同层次具有不同的性质和特征。

2）逻辑思维的形式

逻辑思维包括：形式逻辑、数理逻辑、辩证逻辑。

（1）形式逻辑。

形式逻辑是指抛开具体的思维内容，仅从结构形式上进行概念、判断、推理及相互

联系的逻辑体系。形式逻辑以保持思维的确定性为核心，帮助人们正确地思考问题和表达思想，若要思维保持确定性，就要符合形式逻辑的一般规律，即同一律、矛盾律、排中律、充足理由律。

同一律是形式逻辑的基本规律之一，就是在同一思维过程中，必须在同一意义上使用概念和判断，不能在不同意义上使用概念和判断。

矛盾律是传统逻辑的基本规律之一，它要求在同一思维过程中，对同一对象不能同时做出两个矛盾的判断，不能既肯定它又否定它。矛盾律首先是作为事物规律提出来的，意为任一事物不能同时既具有某属性又不具有某属性。

排中律是传统逻辑的基本规律之一，即指任一事物在同一时间里具有某属性或不具有某属性，而没有其他可能。

充足理由律是指任何判断必须有（充足）理由。

（2）数理逻辑。

数理逻辑（定量的数理分析）是在形式逻辑基础上发展起来的。数理逻辑在深度和广度上推进了传统逻辑，使它更精确和严密。由于数理逻辑使用了数学语言和符号，它揭示的是事物和事物之间的数量关系。数理逻辑使传统自然科学学科的研究得到深化，它对计算机科学、信息科学、生物科学及控制技术等学科的发展具有重要意义。

（3）辩证逻辑。

辩证逻辑是研究人类辩证思维的科学，即关于辩证思维的形式、规律和方法的科学。它把概念的辩证运动以及如何通过概念反映现实矛盾的问题作为自己的主要研究对象，是认识科学中一门关于思维辩证运动的逻辑。列宁指出，“不是关于思维的外在形式的学说，而是关于一切物质的、自然的、精神的事物发展规律的学说，即关于世界的全部具体内容及对它的认识发展规律的学说”。

辩证逻辑就是按照辩证唯物主义哲学对客观世界的认识方法和思维方式。它的思维原则主要有全面性原则、动态性原则、实践性原则、具体性原则。

3）逻辑思维的运用

各学科体系都是由多层次系统构建而成，其中包含了诸多的逻辑概念、逻辑判断、逻辑推理、逻辑证明等。在规划管理、科学研究、设计研发等过程中，无一不需要逻辑思维的运用，其作用显而易见。逻辑思维对创新目标的实现有引导和调控作用；逻辑思维可以直接产生创新结果；创新结果的正确与否需要通过逻辑推理检验；逻辑思维可以准确引导创新成果进入科学体系；创新成果推广应用需要逻辑思维。

2. 逻辑思维的方法

1）分析与综合

分析与综合是形式逻辑与辩证逻辑共同的研究方法。分析是在思维过程中把对象分解为各个部分或要素并分别加以考察的逻辑方法。综合是在思维过程中把对象的各个部分或要素结合成一个统一体并加以考察的逻辑方法。分析与综合的思维过程方向是相反的。

2）比较与分类

比较是指比较两个或两类事物的共同点和差异点。通过比较，更好地认识事物的本质。根据事物的共同性与差异性给它们分类，具有相同属性的事物归入一类，具有不同属性的事物各归入不同的类。分类是比较的后继过程，关键是分类标准的选择，选择得当可能导致重要规律的发现。例如，门捷列夫根据原子量与化学元素的关系，对化学元素进行分类，发现了元素周期律这一重要规律。

3）归纳与演绎

归纳是从个别性的前提推出一般性的结论，前提与结论之间的联系是或然性的。在科学研究中，归纳是对经验事实的概括。演绎是从一般性的前提推出个别性的结论，前提与结论之间的联系是必然性的。演绎是对一般性原理的应用。归纳和演绎相互联系、相互渗透、相互转化。例如，伽利略用演绎方法推翻了一千多年前亚里士多德关于物体下落的速度与其重量成正比的错误理论。

4）抽象与概括

抽象是运用思维的力量，针对某一对象，把事物的规定、属性和关系从有机联系的整体中孤立地抽取出来，抽取的是事物本质的属性，抛开其他非本质的东西。概括是在思维过程中，从单独事物的属性推广到这一类事物的一种思维方法。抽象与概括和分析与综合一样，也是相互联系不可分割的。例如，汽车和大米，从买卖的角度看都是商品，都有价格，这是它们的共同特征和本质。但其他方面有许多不同，这要看从什么角度来抽象，分析问题的目的决定了抽象的角度。

3. 逻辑思维与创新

创新活动需要运用逻辑思维的各种形式，特别是形式逻辑思维和辩证逻辑思维。形式逻辑思维是凭借概念、遵循形式逻辑规律的思维。它是从相对稳定的视角出发，运用归纳、演绎、推理等方法认识事物。辩证逻辑思维是凭借概念、遵循辩证逻辑规律的思维。它是从发展变化的视角分析、认识事物的思维。它是用辩证方法研究事物内在矛盾和相互关系及发展趋势的思维方法。

逻辑思维的过程、形式与创新活动密切相关。逻辑思维的严谨性不一定导致创新，但一切创新活动的成果必须符合逻辑思维的严谨性。因为创新思维需要概念明确、判断恰当、推断合理。一切创新活动都是以逻辑思维为基础的，运用逻辑思维可以对创新过程系统化，层次合理、思路清晰，才能最终取得创新成果。逻辑思维与创新密切相关，通过相关学习可提高逻辑思维能力，增强分析、推理和判断能力，从而提高创新思维与创新活动的能力。

3.3　发散思维与收敛思维

3.3.1　发散思维的特点和应用

发散思维（divergent thinking）又称辐射思维、放射思维、扩散思维或求异思维，是指大脑在思维时呈现的一种扩散状态的思维模式，它表现为思维视野广阔，思维呈现出多维发散状。发散思维是创造性思维最主要的特点，是决定创造力的主要标志之一。发散思维是从一个问题出发，突破原有的知识圈，充分发挥想象力，经不同途径、不同角度去探索，重组当前信息和记忆信息，产生新的有价值信息，最终使问题得以圆满解决的思维方法。

发散思维是对人们思维定势的一种突破，是启发大家从尽可能多的角度观察同一个问题，所采用的思维方法不受任何限制的思维活动。它是人类思维活动向多方向、多层次、多视角展开的过程。“发”的含义是向外，并且所涉及的线路是不确定的。“散”的含义是在不确定性中加入了新的含义，“散”表示一种混乱的程度和不确定性，同时伴随“进”的概念。线路的不确定性及出入的相伴性必然产生多方向、多层次、多视角。有人将发散思维比喻为一盘散沙在风中被吹散，沿不同方向，向上下、左右、前后弥漫散去，这种弥漫散去的效应使人们在思维过程中可以不断寻找方向、变换视角，从而激活自身的创新思维能力。

专家对学生做了一个测试，即请他们在五分钟内说出红砖的用途。结果学生的回答是：盖房、建礼堂、建教室、铺路、搭建狗窝等。他们说出了各种类型的建筑物，但始终离不开砖作为建筑材料的用途，其实这只是红砖用途的一大类。红砖还有自身硬度、重量、颜色、形状等不同的特性，从这些特性展开，红砖的用途就可以拓展到许多领域，如压纸、揳钉子、支书架、锻炼身体、做平衡物、做红颜料、雕刻成装饰品等。测试训练之后，再请学生考虑白砖、灰砖、青砖等的用途，他们思考问题的角度就完全不同了，这就是发散思维。发散思维是创新思维的最基本形式，是人们进行创新活动最重要的、最起码的要求。没有发散思维就难以突破原有的思维定势，就会被传统观念所束缚。

1. 发散思维的特点

发散思维的特点包括思维的流畅性、思维的变通性、思维的独特性。

1）思维的流畅性

思维的流畅性是指人们在遇到问题时，能够在规定的时间内按要求表达出足够多的信息。它是思维发散的速度（单位时间的量），是发散思维“量”的指标，其中包括字词流畅性、图形流畅性、观念流畅性、联想流畅性、表达流畅性等。例如，请说出一台冰箱与一只猫相似的地方，信息量越大越好，时间为5分钟。于是我们从多个角度来描述冰箱与猫的相同特征，如非人类、需要消耗能量、有色彩、可移动、可装载食物，可发音等。

思维的流畅性又称非单一性，是思维对外界刺激做出反映的能力表述。它是表现思维活动的量而不是质的标准，表示思维活动畅通无阻、灵敏迅速，能在短时间表达较多信息。培养思维的流畅性需要知识的积累和信息的收集，特别是当今信息时代为人们提供了诸多学习平台。

2）思维的变通性

思维的变通性指的是发散思维的思路能迅速地转换、变化多端、举一反三、触类旁通，从而提出新观念、新方法及解决问题的方案。变通性是发散思维“质量”的指标，表现了发散思维的灵活性。它是指知识运用上的灵活性、观察和思考问题的多层次、多视角，以及概念、定义、内容的借用、替换、交叉、整合等。它还表现为思维的连续性、一种内在毅力和事物发展的可拓展性。发散思维必须要注意变通性内涵，人们在考虑问题时应注意一个事物“是什么”的概念特征，并注意这一概念“有什么”用途，特别在“广度”上积极拓展和联想，培养丰富的想象力。

3）思维的独创性

独创性是指发散思维成果的新颖、独特、稀有的特点，是发散思维的本质和灵魂，属于最高层次。独创性也可称为新颖性、求异性，是创新思维的基本特征，无此特征的思维活动，不属于创新思维。思维的独创性，是人类思维的高级形态，也是智力的高级表现，它是面对新情况采取对策，并独特、新颖地解决问题过程中表现出来的智力品质。所谓“独”不是指创新思维过程中，个人单独进行的思维活动，集体的智慧和相互之间信息的沟通不可或缺。此处独创性是针对问题的解决而取得的成果。心理学家认为，人们对某问题的解决是否属于创造，不在于是否有人曾经提出，而在于问题及解决方案是否新颖，这也是广义创造所表述的内容。独创性是针对解决问题的两方面而言的，一个是主体，另一个是客体。客体的独特新颖促进了社会的进步，主体的独特新颖促进了个人层次的提高。例如，法国有一位十分擅用独特思维的校长，一位淘气的学生将校长心爱的狗杀死了，校长为此勃然大怒，他对这位学生的惩罚是：画一张狗的生理解剖图。后来这位淘气的学生成了生物学家。校长采用别人想不到的方法，既惩罚又教育了学生，最终使其成才。

2. 发散思维的应用

发散思维方法在科学研究、规划管理和工程技术研发中都已被广泛应用，从大量成功案例中可以看出方法的核心价值。专家对一组学生进行了发散思维训练，让他们结合自己的专业和生活经历进行一次有关创新思维的演讲比赛，学生分别来自过程装备与控制工程、计算机应用、生物技术、高分子材料等专业。从演讲比赛看，学生思维活跃，内容宽泛，并未过多受到专业的局限。他们尝试从多方面、多层次、多视角展开自己的思维活动，运用发散思维提出很多新的设想。演讲题目包括以下几个。

- 关于变速问题的讨论：齿轮运动中改变滑动摩擦为滚动摩擦的设想。
- 潮汐能量利用的设想：涨潮及落潮的双向发电，有效利用连通器原理。
- 关于车辆减震系统的改进：从气垫鞋所产生的联想。
- 手机自动关闭系统：在不使用手机的场合，如何有效地使手机自动关闭。
- 环境保护：纳米技术在资源再生、尾气排放、有害物质降解等方面的应用。
- 可变焦距式眼镜：用调节控制技术产生焦距的变化。
- 创造尽在生活细微处：宿舍里的综合性电脑桌。
- 关于数据处理的可压缩型技术：多极性、无级无限性、解码技术的应用。
- 蔬菜水果残留农药处理的新方法：降解法、高压法。
- 防潮新方法：考虑吸水与保水功能的强力吸水剂应用。
- 感光自动百叶窗的设想：感光材料的应用。

• 新型汽车前挡风玻璃的变色问题：从变色眼镜引发的思考。

生活中人们观察问题的角度、层面不同，思维方法也不同，有人固守思维定势，思维方向单一；有人思维发散，思维灵活、不拘一格。例如，某公司副总裁在一家渔具生产企业中，看到其产品都配有漂亮的绿紫色诱饵，便问："鱼儿真能对这玩意儿感兴趣吗？"结果得到的回答是："我们又不是把这玩意儿卖给鱼！"

3.3.2 发散思维的形式

发散思维包括平面思维、立体思维、横向思维、逆向思维、侧向思维、多路思维、组合思维等。

1. 发散思维中的平面思维

平面思维是指人的各种思维线条在平面上聚散交错，这种思维具有跳跃性和广阔性，它受逻辑的制约和联想的支持，联系和想象是平面思维的核心，形象思维属于平面思维的范畴。平面思维也是我们常用的思维方法，常常在平面问题上进行发散思维训练。例如，利用二维平面图形解决问题。只允许用一支笔、一张纸，一笔画出圆心和圆周。按照常识，不连续的图形不能一笔画出，但用发散思维即可解决问题。又如，有家啤酒厂，啤酒味道好、物美价廉，但销路不好。问题出在哪里？老板百思不得其解。他请人对啤酒的生产、销售等各个环节进行了评估，找到了失误的原因是促销广告。原方案在二维图表上表述的是：纵坐标显示性别，横坐标显示价格。图表是从价格的贵贱、顾客性别的分布入手。啤酒的价格、包装定位及顾客性别定位都在市场上占有较小份额。改变产品定位后，啤酒面向辛勤的工人群众，占据较大的市场份额，使啤酒销量陡然上升。

2. 发散思维中的立体思维

立体思维是指对事物的认识跳出点、线、面的限制，从立体式三维空间进行思考的思维方式。立体思维在日常生活、生产管理、产品研发等方面用途广泛。例如，如果用6 根火柴摆出 4 个等边三角形，平面上无法做到，但摆出一个立体三棱锥，问题即可解决。又如，屋顶花园可以增加绿化面积、减少占地、改善环境、净化空气；玉米地种绿豆、高粱地种花生可以提高土地利用率；高大乔木下种灌木、灌木下种草、草中种植食用菌。以上实例较好地运用了立体思维，其立体、多维度地把握了事物的方方面面，既了解事物的局部，又把握事物的整体，足以证明立体思维的价值所在。

3. 发散思维中的横向思维

横向思维是一种打破逻辑局限，将思维往更宽广领域拓展的前进式思维模式，它的特点是不限制任何范畴，以偶然性概念来逃离逻辑思维，从而创造更多新事物的一种创造性思维。所谓横向，是因为逻辑思维的思考形态是垂直纵向的，而横向思维可创造多点切入，它是一种难题解决方法。英国学者爱德华·德博诺博士最早提出了横向思维的概念。他提出的横向思维是针对纵向思维缺陷并与之互补的对立思维方法。德博诺还说明了横向思维的“亦此亦彼”的作用。如何进行横向思维?

（1）横向移入：把其他领域的方法移至本领域。

例如，塞缪尔·莫尔斯于1838年发明了电报，但长距离输送时，信号衰减严重，他做了大量实验，也解决不了问题。一次，他有急事出差到巴尔的摩，他要求驿站以最快的速度送他，于是每到一个驿站，都会卸下疲劳的马，换上精力充沛的马，以保证它的行程。他从驿站受到启发：电报信号长距离输送衰减可通过若干个“驿站”传递来完成。每个“驿站”把稍有衰减的信号放大，这样问题就解决了。又如，以前火车运沙子、石块都靠人工卸车。沙子可用铁锹方便地铲出，但石块用铁锹既费力又低效，甚至不如用手搬。于是人们发明了一种像手一样把石块抓出去的工具，即仿生抓斗。

（2）横向移出：把有关领域的成功方法移出到其他领域。

例如，李斯特是英国的外科医生。19世纪70年代医学界开始用外科手术解除患者病痛，但术后感染没办法解决。40%~60%的患者为此丧命。李斯特学习了巴斯德关于细菌隔离方法，他把隔离细菌的理论从制酒业和食品业移出，用于医学界，发明了外科手术消毒法，拯救了无数人的生命。

（3）横向转换：不直接解决要解决的问题，而是转换思路借助其他事物来解决问题。

例如，曹冲称象的故事。曹冲生存的时代，一次不能称出较大的重量，大象体重至少在千斤（1斤=0.5千克）以上，于是曹冲把称量大象的体重转换成载象船只入水深度的测量，解决了称量困难。

（4）横向交叉：通过对多领域知识的学习和储备，将许多看来不相关的要素交叉孕育并产生创意。

4. 发散思维中的逆向思维

逆向思维也称求异思维，它是对司空见惯的似乎已成定论的事物或观点反过来思考的一种思维方式。当人们都朝着一个固定的思维方向思考问题时，你却独自朝相反的方向思索，这样的思维方式就是逆向思维。

例如，1820年丹麦哥本哈根大学物理教授奥斯特，通过多次实验发现电流的磁效应。这一发现吸引了许多人进行电磁学的研究。英国物理学家法拉第重复了奥斯特的实验，只要导线通上电流，导线附近的磁针立即发生偏转，结果被证实了。法拉第受德国古典哲学中辩证思想的影响，认为电和磁之间必然存在联系并能相互转化，既然电能产生磁场，磁场也应该能产生电。为了验证这个设想，他从1821年开始做磁产生电的实验。无数次实验失败之后继续坚持，最终证明他逆向思维的方法是正确的。十年后，法拉第设计了一种新的实验，即把一块条形磁铁插入一只缠着导线的空心圆筒里，结果导线两端连接的电流计上指针发生了微弱的转动！电流产生了！他还设计了两个线圈相对运动、磁作用力变化同样产生电流的实验。1831年他提出了著名的电磁感应定律，并根据这一定律发明了世界上第一台发电装置。他的定律改变了我们的生活。这是运用逆向思维方法的一次重大发现。

1）逆向思维的特征

（1）事物之间都存在正反关系，这种正与反是相对而非绝对的，从内涵上讲，事物之间互为条件、互相依存。数字1、2、3、4是从小到大的排列顺序，此为正，从大到小的排列则为反；反之，同一组数字4、3、2、1是从大到小的排列顺序，此为正，而从小到大的排列则为反。定义不同，结果也不同。

（2）客观世界的许多事物之间，甲、乙的互换存在。甲在一定条件下转化成乙，乙在一定条件下转化成甲，对思维不加限定。

（3）甲形成的过程中，乙、丙是形成条件，同时乙、丙可能是对立的，但结果可以是相同的。

逆向思维将事物的条件关系、作用效果、使用方式、过程发展以及其他因素进行多视角的观察与思考，把矛盾的另一方面展现出来予以有效地利用。例如，司马光砸缸的故事。有人落水，常规的思维模式是救人离水，而司马光面对紧急险情，运用了逆向思维，果断地用石头把缸砸破，让水离人，救了小伙伴性命。

2）逆向思维的几种方式

（1）就事物的原理进行逆向思考。例如，空调中的制冷与制热、电动机与发电机、压缩机与鼓风机等都是利用事物转化原理进行逆向思考的。又如，化学能可以转化成电能。意大利科学家伏特于1800年发明了伏打电池，近些年发明了燃料电池。反之电能也可以转化成化学能，电解使一种物质在电能的作用下变成多种物质，英国化学家戴维于1807年通过电解将电能转换成了化学能，发现了钾、钠、钙、镁、锶、钡、硼七种元素。

（2）就事物的位置进行逆向思考。例如，一般动物园里，被关在笼子里的动物是观看对象，动物是被动的，人是主动的。若把主动与被动的位置倒置，即野生动物园，被关在汽车里的人是被动的，而动物是主动的。这种位置的变化，使人与动物的关系更加贴近。

（3）就事物的过程进行逆向思考。例如，通常人走路、路不动，而自动扶梯则是路动人不动。又如，城市立交桥时常造成严重堵车，如果立交桥能多层次空间转位，无须司机绕行，问题就会迎刃而解了，这就是逆向思考。

（4）就事物的结果进行逆向思考。例如，美国雪佛隆公司是饮料生产企业。在对饮料市场进行研究期间，威廉·雷滋教授指着一堆按名称、重量、数量、包装分类的垃圾，对雪佛隆公司老板说："垃圾是最有效的行销研究方法"，于是公司通过对垃圾的研究，获得了相关食品消费信息：劳动者阶层所喝进口啤酒比高收入阶层多；中等阶层消费的食品比其他阶层多，因为中等阶层大都是双职工，生活匆忙。高层消费人群喝压榨果汁较多。公司依据调研结果制定了饮料产销战略。这是基于结果的逆向思考。

（5）就事物的缺点进行逆向思考。缺点与优点具有相对性。在事物的转化过程中，优点与缺点可以转化。例如，德国造纸工程师在一次纸张生产过程中，由于粗心导致缺了一种原料，致使纸张容易洇而无法写字。一次偶然的机会，他们发现有人用粗糙的草纸吸干字迹上的墨水，于是把报废的纸张做成吸墨板，得到畅销。这是基于缺点的逆向思考。

总之，逆向思维还可以从反向观念、反向程序、反向功能、反向结构、反向作用等多方面开展。

5. 发散思维中的侧向思维

侧向思维又称旁通思维，侧向思维与正向思维不同，正向思维遇到问题从正面解决，而侧向思维是避开问题，从次要方面入手挖掘思路，会取得意想不到的成果。侧向思维是利用其他领域的知识和信息，从侧向迂回解决问题的一种思维形式。例如，法国农学家安瑞·帕尔曼切把土豆（马铃薯）从德国引种到法国。安瑞·帕尔曼切曾在德国集中营吃过土豆，这种食物可当主食也可当蔬菜。当他把土豆带回法国后，人们却把它叫做“鬼苹果”，不能接受它。安瑞·帕尔曼切想出的办法是：在收获的季节，他从地里挖出土豆后架在火上烧，然后美滋滋地吃。土豆的香味引起了农民的品尝兴致，在试吃过后发现，土豆果然很好吃，于是土豆种植逐渐在法国推广开。

6. 发散思维中的多路思维

解决问题或处理信息的方法不只是沿着唯一的路径，而是应该从多角度、多路径、多层次进行思考。

（1）就事物的整体多向思考。

例如，奥运会整体规划扭亏为盈的故事。

（2）就事物的顺序多向思考。

例如，想出含有日字的汉字数量。在日字的上、下、左、右、上下一起加笔画，构成新的字。上面加笔画：香、昔、春、昏、杳、晋、普、旨、者、沓等；下面加笔画：昌、早、星、晟、昊、昆、显、曼、暴等；左边加笔画：旧、昶、旭、阳、汩等；右边加笔画：时、晴、暖、晒、晾、明、昨、晓、晚、晖等；上下一起加笔画：宣、意、幕、墓、暮、暮、慕、宴等，这就是多向思考。还可以从事物的功能、材料、外观、结构、因果、关系、方法等方面入手，进行有效的顺序发散。

（3）就事物的不同角度多向思考。

可以换个角度、换个时间、换个地点、换个高度、换个身份、换个心情等进行发散思维。在转换操作中，若换不过来，还可采用问题搁置法，即对问题进行思考后，暂时找不到解决方案，过段时间再思考，这样可以摆脱习惯性思路的束缚，及时发现新视角，产生新思路。例如，太平洋某岛屿上来了两个皮鞋厂的推销员。可是岛上的人们都打赤脚，不穿鞋。其中一位推销员向厂里汇报：“此岛无人穿鞋，皮鞋没有市场”；另一位推销员则向厂里汇报：“此岛目前尚无人穿鞋，皮鞋销售前景很好”。这样推销员逐步开发了岛上的皮鞋市场。看问题视角不同，结论会截然不同，事物都是由多方面构成，多种途径去认识事物，才是客观实际的。

（4）针对事物绕道迂回进行思考。

各种事物发展的进程各不相同，或曲折或顺利，人们在认识事物并进行创新时，就要针对问题多思路迂回进行思考，经常会出现新的转机、找到解决问题的办法。例如，三洋电机创业者总结的企业经营理念，“做生意的要领与拉人力车攀登斜坡是一样，要利用‘Z’字形爬坡”。例如，美国柯达公司是生产胶卷的，1963 年，公司没有急于卖胶卷，而是生产了一种大众化自动照相机，当这种照相机受到欢迎时，柯达公司也没有申报专利，还宣传鼓励各厂家仿制，于是世界各地出现了生产自动照相机的热潮。柯达公司目的明确，就是为了让消费者购买他们的胶卷。

（5）克服思维定势进行多路思考。

思维定势就是思考同类问题或相似问题时的惯性轨道。思维定势来自于心理定势。德国心理学家认为：在人们意识中出现过的观念，有在意识中重新出现的趋势。例如，让一个人连续10~15次看大小不同的两个球，那么即使再拿来大小相同的两个球，也会被认为不同。这就是过去的感知影响了当前的感知，过去的思维影响了当前的思维。思维定势有好的一面，它对我们学习知识有帮助，举一反三，触类旁通，它帮我们解决了日常生活中的大部分问题。但当我们遇到困难的问题时，思维定势不利于创新思考，会对人们的思维产生束缚。创新活动就要学会克服思维定势。

7. 发散思维中的组合思维

组合思维又称联接思维或合向思维，是指把多项貌似不相关的事物通过想象加以连接，从而使其变成彼此不可分割的新整体的一种思考方式。

组合思维是从某一事物出发，以此为发散点，尽可能多地与另一些事物联结成具有新价值（或附加价值）的新事物的思维方式。科学家认为：知识体系的不断重组，是人类知识不断丰富发展的主要途径之一，近现代科学的三次大创造是三次大组合的结果。

第一次是牛顿组合了开普勒天体运行三定律和伽利略的物体垂直运动与水平运动规律，从而创造了经典力学，引发了以蒸汽机为标志的技术革命。

第二次是麦克斯韦组合了法拉第的电磁感应理论和拉格朗日、汉密尔顿的数学方法，创造了更加完备的电磁理论，引发了以发电机、电动机为标志的技术革命。

第三次是狄拉克组合了爱因斯坦的相对论和薛定谔方程，创造了相对量子力学，引发了以原子能技术和电子计算机技术为标志的新技术革命。

在科学界、商业界和其他领域都有大量的组合创造实例。例如，科学家丹尼斯·加波，把照相技术与光的相干性组合起来，形成了全息照相；人们利用组合思维发明了贝司风动式电子手风琴；美国IBM公司利用组合思维发明了文字处理机；人们利用组合思维发明了儿童玩具“七巧板”和“积木”。

3.3.3 收敛思维的特点、方法和作用

收敛思维也称聚合思维、求同思维、辐集思维、集中思维，是指在解决问题过程中，尽可能运用已有的知识和经验，将众多信息引导到条理化的逻辑序列当中，得出符合逻辑规范的结论。收敛思维是创新思维的一种形式。与发散思维相反，发散思维是为了解决某个问题，从问题出发，想出多个解决问题的途径。收敛思维也是为了解决某个问题，将各种信息重新组织，使思维集中指向中心点，向问题的相同方向思考，依据已有的知识和经验，得出恰当的结论或解决方案。

收敛思维的另一种情况是先进行发散思维，越充分越好，在发散思维的基础上再进行集中收敛，从若干种方案中选出一种最佳方案。同时注意补充其他方案的优点并加以

完善，围绕最佳方案进行创造活动。例如，洗衣机的发明。首先围绕洗衣这个关键问题，列出各种洗涤方法：用洗衣板搓洗、用刷子刷洗、用棒槌敲打、用河水漂洗、用流水冲洗、用脚踩洗等，然后进行收敛思维，对各种洗涤方式进行分析和综合，充分吸纳各种方法的优势，结合现有技术条件，制订出方案，创造活动就成功了。

发散再收敛是创造性解决问题的一种思维方式，应与横向思维、纵向思维、逆向思维等形成互补，不能只用单一思维方式完成一个综合性的创造过程。因为创造性思维本身是一种复杂的、多元化的思维整合。

1. 收敛思维的特点：收敛思维具有集中性、程序性、比较性等特点

（1）集中性——收敛思维是针对一个集中的目标，将发散了的思维集中指向这个目标，并通过比较、筛选、组合、论证得到解决问题的答案。

（2）程序性——收敛思维有明确的目标，因此利用现有的信息和线索解决问题，就必须有一定的程序和步骤。

（3）比较性——尽管收敛思维有一定的目标，但毕竟还有多种路径和方法，因此要进行比较、选择，最终达到目标。

2. 收敛思维的方法

1）收敛思维中的目标确定法

通常我们遇到的大多数问题都比较清晰明朗，容易找到解决问题的途径和方法。但有时问题并不清晰明朗，反而纷乱复杂、似是而非，人们容易被引入歧途，继而得出错误的判断和结论。目标确定法指导我们要正确地确定搜寻目标，并在纷乱复杂的问题面前，进行认真的观察、分析并做出正确判断，找出其中的关键现象，围绕目标问题进行定向思维。目标问题确定的越具体越有效，避免那些条件尚不具备的目标，分析并对其各方面主客观条件有一个全面、正确、清醒的估计和认识。目标可分为近期目标、远期目标，总体目标、单项目标等。例如，第一次世界大战期间，德国与法国交战时，法国的一支部队在前线构筑了一个隐蔽的地下指挥所，指挥所的人非常注意掩蔽，但却忽略了长官的一只猫。德军侦察员在观察法军阵地时，发现每天都有一只猫在法军阵地后面的小山包上晒太阳。这一情况引起了德军的注意。针对这一现象，德军经对多种信息分析（收敛思维的运用）之后认为，这只猫不是野猫，而是一只家猫，并且猫的栖息地就在附近，而附近并无老百姓，显然是山包附近的法军所养。据此，德军判定山包附近肯定有法军的高级军事指挥所。于是，他们集中了六个炮兵营的火力，向山包猛烈轰击。法军地下指挥所的指战员全部阵亡。目标确定精准，导致了德军的胜利。因此进行收敛思维时，目标的精准直接导致创新活动的成败。

2）收敛思维中的求同思维法

如果一种现象在不同场合反复出现，而在各场合中只有一个条件是相同的，那这个条件就是产生现象的原因，这种寻找条件的思维方法称求同思维法。例如，一位牧羊人在山上发现了一个奇怪的山洞。他带着猎狗走进山洞，不多时，猎狗就瘫倒在地，四肢抽搐，挣扎几下就死掉了，而牧羊人却安然无恙。消息传开后，一位地质学家来此地考

察。他用各种动物进行实验，发现凡是狗、猫、鼠等小动物都会遭此厄运，人、牛、马则无事。因此判断小动物头部离地面太近，底部冒出的二氧化碳气体密度比空气大，通常沉积在下面，所以岩洞底部二氧化碳超标，小动物被闷死了。人和高大的牛、马头部在上面，可以呼吸到氧气，因此是安全的。

运用求同思维法应注意产生共同现象的条件是否为最根本条件，有无其他更重要的原因或条件，当产生共同现象的原因不止一个时，求同思维法得到的结论就不一定准确可靠，还需与其他思维方法并用才能达到目的。例如，过去欧洲人认为引起疟疾的条件是沼泽地，后来发现，传播疟疾的原因是蚊子携带的疟原虫，而沼泽地适合疟蚊生长，即产生共同现象的原因不止一个，会导致结论的不可靠。

3）收敛思维中的求异思维法

求异思维法是从相反的方向求同，求异的目的是要找到事物发生的原因。如果一种现象在第一场合出现、第二场合不出现，而且两种场合只有一个条件不同，那这个条件就是产生现象的原因，此过程称求异思维法或称差异法。

4）收敛思维中的分析综合法

分析综合法是收敛思维中较好的方法，它通过层层分析，从纷乱复杂的情形中找到问题的各方面信息，然后进行分析、综合，找到解决问题的办法，综合而创新，也是发明创造的重要途径。例如，日本索尼公司早年还是一家小厂，他们将美国军用晶体管收音机技术进行综合改造，用于民用收音机并批量生产，价格低廉且很快占领了国际市场，成为世界闻名的企业。本田公司从国外引进90多种最新发动机样机，经过100多次的试验，设计制造出属于自己的世界上最先进的发动机，成为世界一流摩托车的重要部件。运用分析综合法可以高效地进行创新活动。

5）收敛思维中的聚焦法

聚焦法是围绕问题进行反复思考，有时停顿下来浓缩和聚拢原有思维，形成思维的纵向深度和强大穿透力，其关键词是特定指向性的反复思考，当信息积累到一定量时，会导致质的飞跃。例如，隐形飞机的制造难度问题。隐形飞机制造是一个多目标聚焦的结果。难度在于，制造使敌方雷达探测不到、红外及热辐射技术追踪不到的飞机需要实现雷达隐身、红外隐身、可见光隐身、声波隐身等多个目标，每个目标又含有许多小目标，需分别聚焦并进行特定、指向性反复思考，最终成功制造了隐形飞机。创新活动取得了巨大成果。

3. 收敛思维的作用

收敛思维与发散思维各有特点，在创新思维中相辅相成互为补充，只有发散思维没有收敛思维会导致混乱，真伪难辨、鱼龙混杂。思维的发散以后必须收敛，创新思维活动均为先发散后集中，再发散、再集中。反之如果只有收敛思维过程而没有发散思维过程，就不能形成灵活敏捷的思维，就会思维僵化、呆板，抑制思维的创新性。

发散思维与收敛思维是相互关联、相互支撑的，见图3.1。发散思维是从一个问题（I）出发，突破原有的知识圈，充分发挥想象力，经不同途径、不同角度去探索，重组当前信息和记忆信息，产生新的有价值信息（O_1，O_2，…，O_n）。收敛思维也是以解决问题为出发点，将信息（O_1，O_2，…，O_n）重新组织，向问题的相同方向思考，收敛思维至新的有效信息（P_1，P_2，P_n）。再从几个问题（P_1，P_2，…，P_n）出发，运用发散思维方法，经不同途径探索，产生更多新的有价值信息（C_1，C_2，…，C_n）。再运用收敛思维向问题的相同方向思考，依据已有的知识和经验，逐步产生信息（D_1，D_2，…，D_n，S_1，S_2，…，S_n），使思维集中指向中心点（F），得出恰当的结论或解决方案。在具体方案中：I 表示初始信息，O 表示机会信息，P 表示创新问题，C 表示概念方案，D 表示领域方案，S 表示创新方案。以下为复合式菱形思维操作过程模型。它是利用不同阶段思维操作单元，集成多种应用方法和策略进行创新活动的。

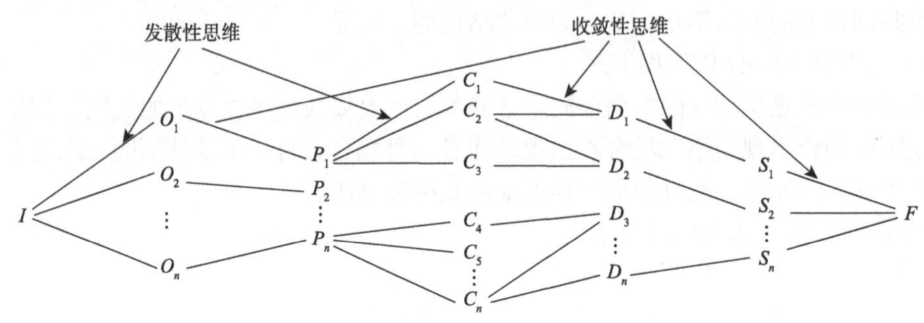

图 3.1　发散思维与收敛思维

3.4　形象思维、直觉思维和灵感思维

通常人们把逻辑程序无法说明和解释的那部分思维活动称为非逻辑思维。形象思维、直觉思维和灵感思维是其主要表现形式。它在创造思维的关键阶段起着重要作用。许多科学家认为它是由经验素材到理论飞跃且不通过逻辑思维的桥梁，是通过直觉、灵感等非逻辑思维来实现的。直觉和灵感不能用传统的形式逻辑来解释，但它可用辩证法为基础的辩证逻辑来解读。人们在创新活动过程中，常会由某一事物刺激或某一情境激发，猛然间对正在研究或思考的问题产生新的构想，这种思维形式并未经过严格的推理和判断，这就是非逻辑思维的特点。

3.4.1　形象思维

形象思维是指人们在认识世界的过程中，对事物表象进行取舍时形成的用以解决问题的思维方法。形象思维是在对形象信息传递的客观形象体系进行感受和储存的基础上，结合主观认识和情感进行识别，并用一定形式创造和表达的思维形式。科学家钱学森倡导思维科学，他认为形象思维是当前思维科学的一项最重要的研究内容。

形象思维是借助于头脑中的表象进行比较、分析、综合、抽象、概括的并具有生动性和实感性的思维活动，它是凭借事物的表象进行多回路、多途径创新的思维活动。表象一方面存在抽象性与概括性，另一方面存在模糊性和不确定性。

1. 形象思维的特点

1）形象思维的形象性

形象性是指用形象的特殊形式反映生活时具体而生动地唤起人们感性体验的属性。它是形象思维的主要特征。日常生活中，人们会感受许多事物并在头脑中留下深刻印象，这些印象在头脑中储藏即为表象。形象由头脑中的表象构成，形象思维依赖于表象，储存的直观表象越多越容易组合出新的形象，创新也越多。

2）形象思维的普遍性

普遍性是指事物的常见性和必然性。很早以前，形象思维就已经是人们普遍的思维形式了。形象思维是最常见和最普遍的。例如，有一位商人在外地做生意，到年关不能回家，他托即将回家的同乡给妻子带了一百两银子和一封家书。同乡在路上偷看了信件，发现信上没有任何文字，只有一棵大树，树上有 8 只八哥和 4 只斑鸠。同乡心想：既然信中没有写明带一百两银子，我留下五十两她也不知道。当同乡把剩下的银子和信件交给商人妻子后，妻子看了信件说："我夫君给我带来一百两银子，你怎么只给我五十两呢？"同乡的行为被人戳穿后忙说："我是想试试弟妹识不识字，能不能看懂这封信。"其实商人和妻子是用小鸟的形象进行联络的。八哥代表八八六十四，斑鸠代表四九三十六，加起来是一百。这就是形象思维方法。它在科学研究和艺术创作中经常普遍的应用。

3）形象思维的创造性

创造性是指个体产生新奇独特的和有社会价值的事物的能力或特性。创造性以创造性思维为核心产生创新成果。创造性也是形象思维的基本特征。人们进行形象思维时，虽依据头脑中存储的直观表象，但形象思维之后的表象已进行了改造加工，赋予了其创造性因素。例如，齐白石笔下的虾、徐悲鸿笔下的马、梅兰芳表演的杨贵妃等，都是形象思维创造性的表现形式。

2. 形象思维的过程

形象思维一般需要经过形象感受、形象储存、形象判断、形象创造、形象描述五个环节。五个环节相对独立却环环相扣、相互关联。形象思维过程中也会有抽象思维各环节的参与，形象思维与抽象思维相互交错、相互补充和影响。

3. 形象思维的方式

1）形象思维中的想象思维

想象思维是人们在已有对事物感知的基础上对直观表象进行加工改造，创造新的表象的心理过程。想象思维要求人们有丰富的想象力。

马克思说：想象力这个十分强烈地促进人类发展的伟大天赋，这时候已经开始创造出了还不是用文字来记载的神话、传奇和传说的文学，并且给予了人类以强大的影响。

列宁说：有人认为，只有诗人需要幻想，这是没有理由的，这是愚蠢的偏见！甚至在数学上也是需要幻想的，甚至没有它就不可能发明微积分。

爱因斯坦说：想象力比知识更重要，因为知识是有限的，而想象力概括了世界上的一切，推动着进步，并且是知识进化的源泉，严格地说想象力是科学研究中的实在因素。

普朗克说：每一种假设都是想象力发挥作用的产物。

巴甫洛夫说：鸟儿要飞翔，必须借助于空气与翅膀，科学家要有所创造则必须占有事实和开展想象。

想象分为无意想象和有意想象。有意想象又分为再造想象和创造想象。

（1）无意想象——没有自觉目的，不需做出意志努力的想象。例如，优秀的保险推销员玛丽·克劳，当她年轻时，每天的工作就是为身为矿工的父亲洗工作服。她家非常贫穷。有一天正当她洗衣时有了令人惊奇的想法——念“大学”！思维清楚而确定地显现了，这就是无意想象。

（2）有意想象——自觉目的，需要做出意志努力的想象。例如，还是玛丽·克劳，当念大学无意间闯入她的头脑，便发生了有意想象——学生的方帽子、学士服和大学文凭等。这给她带来了真正的激励。她后来在传教士的帮助下拿到了泉水大学圣玛丽学院的奖学金，并且做女侍、女仆、厨师等赚到了学费，兴高采烈地上了大学，进了推销保险进修班。

2）形象思维中的联想思维

联想思维是指人们记忆表象中，某种诱因导致不同表象之间发生联系的、没有固定思维方向的自由思维活动。其形式包括幻想、空想、玄想。其中科学幻想在人们的创造性活动中具有重要的作用。联想与大脑的记忆库有关，人们的记忆库不同则联想不同。例如，看到鸡联想到鸡蛋，看到猫联想到老鼠等。又如，从塑料的发明了解联想思维及其转移的能力问题。早在 19 世纪中叶的乒乓球运动还处于该项运动发展的初期，当时受材料科学的局限性，乒乓球是橡皮外面包上毛线制成的，其弹性和耐用性有限。为此，美国商人费伦和卡兰德为促进乒乓球运动健康发展，悬赏 1 万美元作为乒乓球材料的研发费，在 19 世纪中叶，这是一笔很大的数额。有一名印刷工叫海维特，他查阅了大量资料，从一本化学期刊中了解到有人研制出一种特殊棉花——将普通棉花浸在浓硫酸和浓硝酸的混合液中，棉花会出现新的弹性。他受到启发并进行了有效的联想和尝试，海维特进行了大量试验后找到了最佳方法，发明了新一代乒乓球。

联想是转移的前提条件，借鉴是事物发展规律的形式探讨，类比能力是联想的手段和方法。联想、转移、借鉴、类比等能力是创新思维能力中不可缺少的组成部分。

联想思维分接近联想、类比联想、对比联想、链锁联想和跨跃联想。

（1）接近联想——时间和空间上互相接近的事物间形成的联想。例如，门捷列夫发现元素周期律后对未知元素位置的判断。

（2）类比联想——以类比思维为基础，从类似的事物中受到启发，从而解决当前问题的思维方法，又分结构类比、功能类比、形象类比等。

（3）对比联想——它是借助于对不同事物的功能、结构、外观、质量或事物的原因、过程、结果的比较而进行的一种形象思维方式。例如，数学中的正数与负数、物理学中的作用力与反作用力、化学中的化合与分解、生物学中的遗传与变异等。

（4）链锁联想——从某事物出发，一环扣一环地产生一系列联想后付诸实施。

（5）跨跃联想——从某事物出发，突然联想到与之没有任何关联的另一事物，从而使思维活动大跨度跳跃，引出新设想的思维方式和创造活动。

3.4.2 直觉思维和灵感思维

1. 直觉思维

直觉思维是指对一个问题未经逐步分析，仅依据感知迅速做出判断的思维方式。或对疑难事物百思不得其解之时，突然有的“灵感”、“顿悟”和“预感”等都是直觉思维。直觉思维是一种心理现象，它在创造性活动的关键阶段起着重要的作用。直觉思维具有自由性、灵活性、自发性、偶然性、不可靠性等特点，直觉思维在创造性活动中有着非常积极的作用，可帮助人们做出创造性的预见。例如，达·芬奇凭借他的直觉思维，超越时代地预见到100年以后才由伽利略用实验证明的惯性原理。居里夫妇靠着大胆的直觉发现了放射性元素镭。更有人把爱因斯坦关于科学原理的思想简述为：经验-直觉-概念和假设-逻辑推理-理论。直觉是人们在生活中经常应用的一种思维方式。

1）直觉思维的特点

（1）直觉是对具体对象的直观、整体上的把握，没有直观对象难以产生直觉。

（2）直觉凭以往的知识和经验直接猜到问题的精要，是用敏捷的观察力、迅速的判断力对问题做出的试探性回答，再用经验思维、理论思维进行证明。

（3）直觉产生的形式是突发的和跳跃的。它在大脑功能处于最佳状态时出现。例如，密尔顿·雷诺滋曾经做过汽车修理工，做过建材生意，做过股票报价机，都以失败告终。他靠生产海报印刷机赚了一些钱。1945年他到阿根廷旅游，无意间发现了“圆珠笔”，他凭直觉认为这种笔很容易普及。回到美国后，他找到懂技术的工程师加以改良，圆珠笔能在水中的纸上画出清晰的线。于是构想了一句宣传词：“它能在水中写字”。后来获得了巨大成功。

2）直觉思维的局限性

直觉是对具体对象的直观把握，容易局限在有限的范围内。另外，个人主观色彩浓厚，结论缺乏科学性。爱因斯坦说过：“根据直接观察所得出的直觉结论常常是不可靠的，因为它们有时会被引到错误的线索上去”。

3）怎样培养直觉能力

（1）要有坚实和宽泛的基础知识。其判断不是凭主观意愿，而是凭知识规律。

（2）要有丰富的生活经验、丰富的学习工作经历，解决过各种复杂问题，直觉思维才能迅速、灵活、机智。

（3）要有敏锐的观察力，能审视事物，快速看清事物的全貌。

2. 灵感思维

灵感思维是不知不觉中突然发生的特殊思维形式。它是长期思考的问题受到某些事物的启发后忽然得到解决的思维过程。灵感思维是人脑机能对客观现实的反映。钱学森认为：所谓灵感是人们在科学研究或艺术创作中的高潮突然出现的、瞬时即逝的短暂思维过程。例如，奥地利作曲家舒伯特和朋友走进小酒馆，看到一本莎士比亚诗集，翻读了几遍之后突然嚷道："旋律出来了！没有纸怎么办？"朋友把桌子上的菜单拿给他，霎时他像着魔似的写了起来。15 分钟后，《听，听，那云雀》写成了。人们在创新活动中常伴有灵感发生。我国心理学家曾对 25 位中国科学院院士做过调查，在科学创造中灵感发生频繁的占 4%（1 人），比较经常发生的占 12%（3 人），时有灵感的占 40%（10 人），偶有灵感的占 28%（7 人），从未有灵感的占 16%（4 人）。

1）灵感的特点——灵感具有通常思维活动所不具备的特殊性质

（1）灵感的突发性。

灵感是不期而至、突如其来的。灵感出现的时间、条件都难以预知。例如，爱因斯坦一次坐在朋友家桌子边和主人讨论问题，突然来了灵感，他拿出了笔，但找不到纸，就迫不及待地在朋友家的新桌布上写下了公式。

（2）灵感的兴奋性。

灵感的兴奋性是指人脑在灵感闪现后处于兴奋状态。人脑被激发时伴随情绪的高涨，甚至进入忘我状态。例如，阿基米德洗澡时发现了浮力定律，他兴奋地忘记穿衣就跑到街上狂呼。

（3）灵感的跳跃性。

灵感的跳跃性是一种直觉的非逻辑思维过程。在生活中常常触景生情，使问题得到突然解决。由于创新活动中对问题长期的探索，智力活动已达到白热化的状态，经外界的刺激会猛然受到启发，产生跳跃式灵感。

（4）灵感的创造性。

灵感获得的思维成果，常常具有创造性。它的闪现是模糊的、粗糙的、零碎的，需要思维活动加以整理。

2）灵感产生的条件

（1）长期的思维活动准备——它是人脑创新思维的产物，长期思考是基本条件。

（2）兴趣和知识储备——广泛的兴趣和丰富的知识有利于灵感的出现。

（3）思维能力方面的准备——包括观察、注意、记忆、想象等方面的能力。

（4）乐观镇静的情绪——愉悦的情绪能增强大脑的感受力。

（5）摆脱习惯性思维的束缚——突破思维定势。

3）灵感产生的方式

（1）思想点化常在阅读或交流中发生。例如，达尔文从马尔萨斯"人口论及其对未来社会的进步的影响"中读到"繁殖过剩而引起竞争生存"时，大脑突然想到：在生存竞争的条件下，有利的变异会得到保存，不利的变异则被淘汰，也就是适者生存。由此促进了生物进化论的思考。

（2）原型启发是针对自己研究对象的模型启发而产生的灵感。例如，英国工人哈格里沃斯某一天和往常一样，为发明纺纱机的问题伤了一整天脑筋，傍晚他疲倦地站起来打算休息一下，不小心踢翻了妻子原来水平放置的纺车，变成了垂直状，但纺锤仍然在转。就这样新型纺纱机研制成功了，纺纱效率得到了极大的提高。

（3）形象发现是文艺创作中的常用方式。例如，意大利文艺复兴时期的著名画家拉斐尔，想构思一幅新的圣母像，但很久没有完成。一次散步中，他看到一位健康、淳朴、美丽、温柔的姑娘在花丛中剪花，这一形象吸引了他，立即着手创作了“花园中的圣母”。

（4）情景激发是一种触景生情的灵感思维方式。例如，有一作家经过农村生活的体验写出了经典之作，几年后想改写却找不到感觉，当他又回到农村，受到农民的语言、感情的激发，很快产生了创作灵感。

（5）无意遐想，即遐想式灵感在创新活动中是常见的。例如，获诺贝尔奖的遗传学家摩根，有一次突然产生了一个大胆的猜想：海水的酸度可能会增进某些深海生物的生殖力。当时他找不到酸，就立刻到旁边杂货店买了一只柠檬，把柠檬汁挤进缸内，实验证明他的想法是正确的。

（6）潜意识是下意识的信息处理活动。由潜意识产生灵感的情况更为复杂，有的是潜知的闪现、有的是潜能的激发、有的是创造性梦境活动。例如，法国一个军用机场上，一位叫桑尼尔的飞行员正在用水枪冲洗飞机。这时有人突然在他背后重重地拍了一掌，回头一看是只硕大的狗熊，他立刻转过身用水枪对准了狗熊。但因用力过猛，水枪落地，而狗熊已经扑上来了。这时他紧闭双眼，用力跳上了机翼并大声呼救，机场的警卫哨兵赶过来击毙了狗熊。事后大家疑惑不解，桑尼尔居然没经助跑就原地跳上了机翼，后来桑尼尔做了多次试验再也没能跳上去。这就是潜能的激发。又如，剑桥大学的胡钦逊教授对各学科中有创新思维的科学家的工作习惯进行了调查，发现有70%的科学家从梦中得到过帮助。日内瓦大学对69位数学家做过类似的调查，其中51位数学家认为睡眠中对于问题得到过帮助。道尔顿、卢瑟福、丁肇中等都有梦中显智的现象。

人们在日常生活或创新过程中，通常是逻辑思维主导，但也有时不按逻辑思维而按非逻辑思维。人们的思想自由驰骋，大脑中存储的各种信息不受思维定势的制约，自由组合成各种新的信息、形象、事物等，其中有些就可能形成独创性发明成果。在这个过程中，一种自觉性的直觉思维活动很关键，它虽然非常短暂，经常在一念之间完成，但凭借的是已有知识和经验对问题解答的领悟，直觉思维是可以培养提高的。开展创新活动必须有形象思维、直觉思维等非逻辑思维的参与，这种非逻辑思维也是创新思维的主要方式。

创造发明是科学技术进步的最主要途径，而具有创新思维是人们创造发明的前提。加强各种创新思维的培养，使人们掌握基础知识和基本技能的同时，培养其创造性思维方法，使之成为创新型人才是关键所在。在工程技术领域，如何运用逻辑思维和非逻辑思维是非常重要的课题。在创造性活动中，问题的提出和问题的解决方法需要思维的发散与收敛并适时地采用一些直观的形象思维与直觉思维。逻辑思维与非逻辑思维交替使用，形象思维与直觉思维的产物常常需要逻辑思维的检验和证明。发散思维具有流畅性、变通性和独特性，能触类旁通、随机应变，不受思维定势的束缚。从不同方面、不同角度、不同层次对同一问题进行求同和求异，使问题能够获得多个解决方案。收敛思维是发散思维的升华，并在发散思维基础上展开，收敛思维与发散思维有机地结合，则问题得到解决。主动地从工程实践中发现问题和解决问题，强化人们的思维能力，将知识运用于各领域研究与应用具有重要价值。

3.5 本章小结

本章介绍了创新思维的基本概念和创新思维的本质、特点及结构模式。对创新思维积极的求异性、多维的灵活性、新颖的独特性、宽泛的知识结构等特点进行了总结归纳。阐述了逻辑思维与创新思维的相关性和逻辑思维的普遍性、严密性、稳定性、层次性等特征及形式、方法、运用等内容。

创新思维中的发散思维又称辐射思维、放射思维、扩散思维或求异思维，发散思维是决定创造力的主要标志之一，它是对人们思维定势的一种突破，是启发大家从尽可能多的角度观察同一个问题，所采用的思维方法不受任何限制的思维活动。文中介绍了发散思维的思维流畅性、思维变通性、思维独特性等特点、形式和应用。发散思维的形式包括平面思维、立体思维、横向思维、逆向思维、侧向思维、多路思维、组合思维等。创新思维中的收敛思维也称聚合思维、求同思维、辐集思维、集中思维，它是创新思维的另一种形式，是为了解决某个问题将各种信息重新组织、使思维集中指向中心点、向问题的相同方向思考，依据已有的知识和经验，得出恰当的结论或解决方案。收敛思维具有集中性、程序性、比较性等特点。其方法包括目标确定法、求同思维法、求异思维法、分析综合法、聚焦法等。

文章还介绍了形象思维、直觉思维和灵感思维。形象思维是借助于头脑中的表象进行比较、分析、综合、抽象、概括并具有生动性和实感性的思维活动，它是凭借事物的表象进行多回路、多途径创新的思维活动。形象思维包括形象性、普遍性、创造性等特点。它一般需要经过形象感受、形象储存、形象判断、形象创造、形象描述五个相对独立和相互关联的环节。而直觉思维是指对一个问题未经逐步分析，仅依据感知迅速做出判断的思维方式，直觉思维具有自由性、灵活性、自发性、偶然性、不可靠性等，它在创造性活动中有着非常积极的作用，可帮助人们做出创造性的预见。灵感思维是不知不觉中突然发生的特殊思维形式，它是长期思考的问题受到某些事物的启发后忽然得到解决的思维过程，它具有突发性、兴奋性、跳跃性、创造性等。本章内容还对各种创新思维方式进行应用举例和思考训练。

思考与训练

1. 某城市发生了一件汽车撞人逃逸事件。该城市只有两种颜色的车，蓝色的车占15%、绿色的车占 85%，事发时有一名现场目击者，他指证是蓝车，但是根据专家在现场的分析，当时条件下能看清楚的可能性是 80%，那么肇事车是蓝车的概率到底是多少?

2. 爱因斯坦的问题。问题的前提是：第一，有五栋五种颜色的房子；第二，每一位房子的主人国籍都不同；第三，这五个人每人只喝一种饮料，只抽一种牌子的香烟，只养一种宠物；第四，没有人有相同的宠物、抽相同牌子的香烟、喝相同牌子的饮料。

提示：第一，英国人住在红房子里；第二，瑞典人养了一条狗；第三，丹麦人喝茶；第四，绿房子在白房子左边；第五，绿房子主人喝咖啡；第六，抽 PALL MALL 烟的人养了一只鸟；第七，黄房子主人抽 DUNHILL 烟；第八，住在中间那间房子的人喝牛奶；第九，挪威人住第一间房子；第十，抽混合烟的人住在养猫人的旁边；第十一，养马人住在抽 DUNHILL 烟的人旁边；第十二，抽 BLUS MASTER 烟的人喝啤酒；第十三，德国人抽 PRINCE 烟；第十四，挪威人住在蓝房子旁边；第十五，抽混合烟的人的邻居喝矿泉水。

问题：谁养鱼?

3. 12 个乒乓球的难题：有 12 个乒乓球，其中有一个不合规格，但不知是轻是重。要求用天平称三次，把这个坏球找出来。怎么称?

4. 图的顺序。按照下面三个图的顺序，第四个图应是 A、B、C、D、E 中哪一个图?

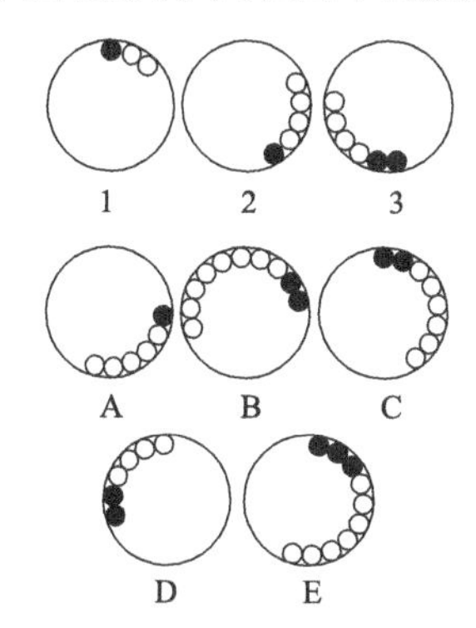

5. 根据下面所提供的信息，找出率先完成马拉松比赛的前八名运动员的名字和名次：

（1）肖恩位列第四，在约翰后面，但跑在桑德拉之前。

（2）桑德拉的名次在李安后面，但他跑在罗伯特前面。

（3）约翰的名次在里克后面，但跑在阿历克斯之前。

（4）安妮比阿历克斯落后两个名次。

（5）李安的成绩是第六名。

6. 请用发散思维的方法改进雨伞。雨伞存在的问题如下：

（1）容易刺伤人。

（2）拿伞的那只手不能再派其他用途。

（3）乘车时伞会弄湿乘客的衣物。

（4）伞骨容易折断。

（5）伞布透水。

（6）开伞收伞不够方便。

（7）样式单调、花色太少。

（8）晴雨两用伞在使用时不能兼顾。

（9）伞具携带收藏不够方便等。

7. 模糊思维（多路思维）。有一个人早上骑车从甲地去乙地，在乙地住了一夜，第二天早上又骑车从乙地回到甲地。请问：可不可能有一个地方是这个人在前后两天往返途中的同一钟点经过的？

提示：思考这样的问题，不适宜进行精确的分析和计算，而适宜运用发散思维。

8. 升斗量水（换个角度思维）。一长方形的升斗，它的容积是 1 升。有人也称为立升或公升。现在要求你只使用这个升斗，准确地量出 0.5 升的水。请问应该怎样办才能做到这一点呢？

9. 月球飞鸟（换个角度思维）。月球上的重力只有地球上的六分之一。有一种鸟在地球上飞 20 千米要用 1 小时，如果把它放到月球上，飞 20 千米要多少时间？

10. 乘电梯之谜（换个角度思维）。有个男子住在十三层，他每天必搭电梯到一层，但回来时只搭到四层，然后再爬楼梯上去，为什么？

11. 横向解决方案（横向思维）。在美国的一个城市里，地铁里的灯泡经常被偷。窃贼常常拧下灯泡，这会导致安全问题。接手此事的工程师不能改变灯泡的位置，也没多少预算供他使用，但他提出了一个非常好的横向解决方案，是什么方案呢？

12. 量容积（横向思维）。有一个药瓶，上面有刻度，可以从刻度上看出里面的药水的体积。但是这个刻度并不是从瓶底到瓶顶的，而且瓶子的口处比下面小，怎样能量出瓶子的容积呢？

13. 通过桥洞（逆向思维）。美国著名作家马克 · 吐温，原名叫萨缪尔 · 兰亨 · 克莱门斯。他没有成为作家之前，曾经在密西西比河做过水手，他经常随船运送货物经过一座大桥。有一次，船载着一台高档的机器，要经过大桥的时候，他听到二副焦虑地喊道："马克 · 吐温！"（"马克 · 吐温"是"水深"的意思）。原来，上游连降暴雨，水位涨到了两噚（英美计算水位的旧称，一噚为 1.829 米）船长听到呼喊，立即下令抛锚。因为水涨船高，一时无法通过桥洞。这个时候，船长一筹莫展，马克 · 吐温却想出了一个奇特的变通方法，既没有卸下船上的机器，也没有等到水位下降，货船因此而顺利地通过了。后来，他成了作家。用这段经历为自己起了笔名。马克 · 吐温是用什么办法使货船顺利通过桥洞的呢？

14. 经营思路（逆向思维）。1945 年，美国一家小工厂的厂长威尔逊，看准了蓬勃发展的各类信息事业对新的复印技术的渴求，他重金聘请专家潜心研究，终于发明了一种当时最先进的高质量的复印机。在获得专利后，他交由赛罗克斯公司负责生产。当时美国社会尚未出现复印机租赁业务，这一服务项目还不完全合法。威尔逊把他的成本只需 2 400 美元的新式复印机定价为 2.95 万元，高出成本 11 倍。美国政府有关部门认为定价过高，禁止其出售。人们听说此事后也纷纷指责他贪得无厌，其实威尔逊明明知这样的定价会被禁止出售。而他在复印机禁止出售后，便获批准了开展复印机的租赁业务，并大大受到广大用户的欢迎。威尔逊从复印机的租赁服务中实际获得的利润比他当时如果出售复印机所可能获得的利润，高出了数十倍之多。

请问：威尔逊为什么要故意将出售复印机的价格定格得那么高？

15. 圆珠笔的漏油问题（逆向思维）。1938 年，匈牙利人拉德依斯拉奥 · J. 拜罗发明了圆珠笔。由于有漏油的毛病，这种笔风行了几年，便被废弃了。1945 年，美国人米鲁多思 · 雷诺兹发明了一种新型圆珠笔，也因漏油的毛病而未获得广泛应用。为了解决圆珠笔的漏油问题，许多人都循着常规思路去思考，即从分析圆珠笔漏油的原因入手来寻找解决办法。漏油的原因很简单，笔珠由于写了2万多字后磨损而蹦出。油墨也就随之流出。因此，人们首先想到的就是增加笔珠的耐磨性能。于是，许多国家的圆珠笔商投入大量经费进行研究，甚至使用耐磨性能极好的不锈钢和宝石来做笔珠。耐磨性能问题得到了解决，但又出现了新的问题，由于笔芯头部内侧与笔珠接触的部分被磨损，又产生了漏油的问题。正当人们对圆珠笔漏油的问题一筹莫展的时候，日本的发明家中田藤山郎非常巧妙地解决了圆珠笔的漏油问题。他是这样思考的：既然增加笔珠的耐磨性不能实现，那么，不如干脆放弃努力增加笔珠的耐磨性，而把圆珠笔的字数控制住，不就能解决漏油的问题了吗？

你知道他这一简单有效的办法是什么吗？

16. 下图是四家公司的年利润表。根据图中的信息，找一找，从2003年到2007年这五年中，哪一家公司的总利润最高？

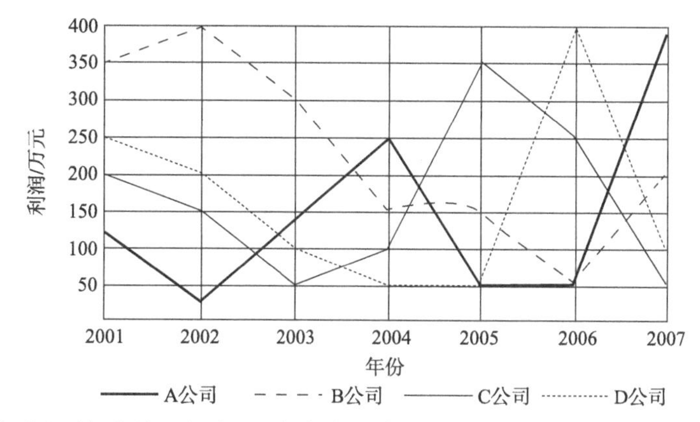

17. 一个人在纽约看见一辆新型公交车，如下图所示。车现在还没有开，你能分辨出车将向哪个方向行驶吗？

18. 世界著名的益智问题专家斯图亚特·科芬曾经出过这样一道题目：有一个半圆形的槽，槽里有两个小球，被一块隔板隔开。槽的两端分别有一个凹陷处可以容纳小球，如下图所示。你能够让两个小球同时滚进凹陷处中吗？

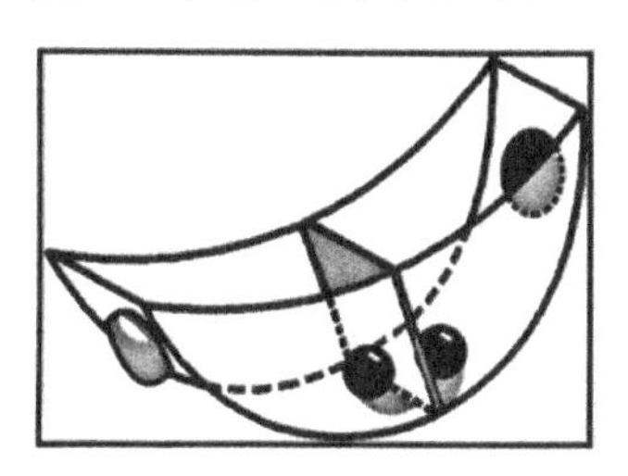

19. 如下图所示一块立方体。能否选择某一角度的切面同样把它一切为二，使得所得的截面是一个正六边形？

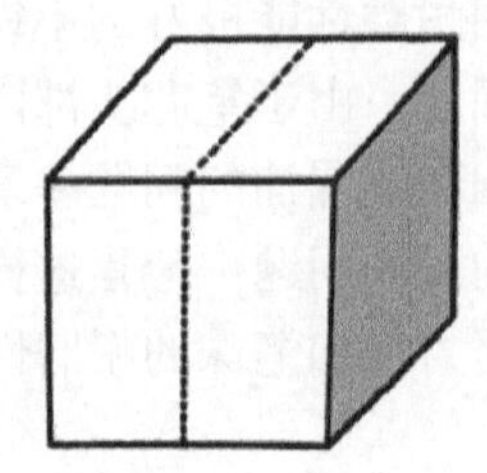

20. 按照前三个图的顺序，第四个图应该是 A、B、C、D、E 中的哪一个图？

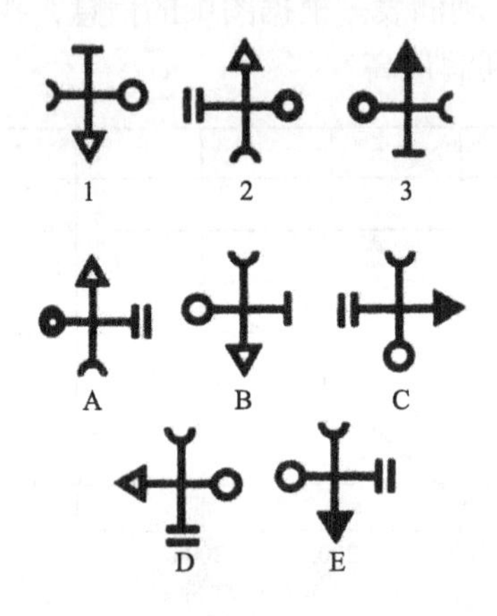

21. 如果从不同方向进行观察。下面这四个剖面中哪一个是不可能出现的呢？

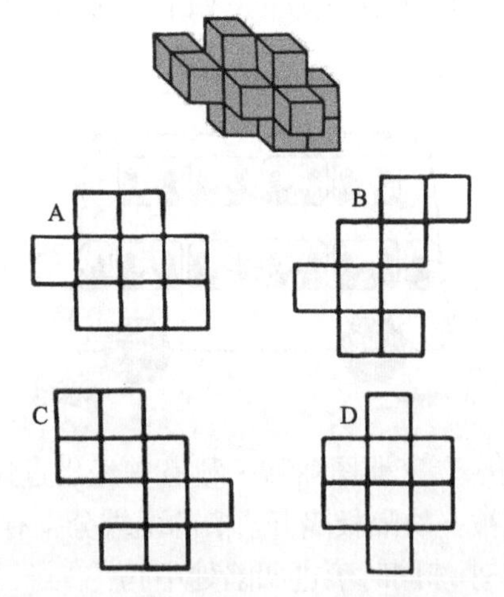

22. 一场山洪冲毁了森林边上的小桥，连钢筋水泥做成的桥墩也被冲到下游去了。森林管理员想在原处重新建桥，这就需要把桥墩搬回来。他们开来两只大船，准备拖走在下游深水处的桥墩。几个工人把绳子系在桥墩上，可是桥墩太重了，他们拉绳子累的筋疲力尽，桥墩却连动也不动。怎样才能把沉重的桥墩从河底的泥沙中拔出来呢？大家都发了愁。后来一个老工人想了办法，把桥墩拖到了上游。他想的是什么办法？

23. 要弄清一台机器的内部结构，却没有任何有关的图纸资料可以查阅。这台机器里有一个由100根弯管组成的密封部分。现在要弄清其中的每一根弯管各自的入口与出口，你能否想出一个简便易行的有效办法来？例如，往每一根弯管内灌水；用光照射的办法；用在唐太宗出题考藏王松赞干布的特使禄东赞的故事中，禄东赞所用的类似的方法，让蚂蚁之类的小昆虫去钻一根一根的弯管。这些办法虽然都是可行的，但都很麻烦费事，要花的时间和要付出的代价都不少。现在还有第四种方法，你能用两只粉笔和几支香烟解决这一道难题吗？

24. 算出心中的数。相传有一天，诸葛亮把将士们召集在一起，说："你们中间不论谁，从1~1 024中任意选出一个整数，记在心里，我提出10个问题，只要求回答'是'或'不是'。10个问题全答完以后，我就会'算'出你心里记的那个数。"诸葛亮刚说完，一个谋士站起里说，他已经选好了一个数。诸葛亮问，"你这个数大于512？"谋士答到："不是。"诸葛亮又向这位谋士提了9个问题。谋士都一一作答。诸葛亮最后说："你记的那个数是1。"谋士听了极为惊奇。因为他选的那个数正好是1。你知道诸葛亮是怎样运算的吗？

第3章辅助学习案例

第3章创新思维与技法在产品设计中的应用

第3章创新思维在艺术设计教学中的运用

第3章大学生创新思维能力形成影响因素的实证分析

第3章工业设计之创新思维方法浅析

第3章论创新思维的本质

第4章 问题发现

4.1 引言

第2章和第3章分别论述了创意产生的心理过程和思维特征。就创意产生本身而言，其实质是发现和解决问题的过程。其中，问题发现是创意产生的基础，有句著名的西方格言“如果我们能意识到问题的出现，就已经将问题解决了一半”，这充分说明了问题发现的重要性。“发现”是当和别人看到相同事物的时候，却想到了别人未曾想到的东西。想要做到这一点，除了前面章节中提到的好奇心等人的内在因素外，还可以通过一系列的方法来实现。本章将重点介绍创意产生过程中的问题发现方法。

4.2 问题与发现问题

4.2.1 问题是什么

无论是在工程实践还是在日常生活中，我们总能遇到各种各样不顺利的情况，通常我们将这种阻碍目标实现的事件称为问题，其实这里所谓的问题源于一种落差，即事情或事物发展方式不同于他们所期待的方式。因此，所谓问题其实就是：目标状态与现实状态之间的落差，如图4.1所示。

可以看出，只要能确定事物的目标状态与现实状态之间的差距，就确定了其存在的问题。而事物的现实状态是客观存在的，那么只要能明确对事物期待的目标状态，问题即可确定。当目标状态越高，其与现实状态的差距就越大，问题解决也就越困难；相反，当目标状态越低，其与现实状态之间的差距就越小，问题解决也就越容易。所以，合理确定问题的关键在于对事物目标状态的确定。需要注意的是，这里所说的目标状态并非事物最终的理想解决方案，只是能够满足利益相关者使用需求的一个目标状态。

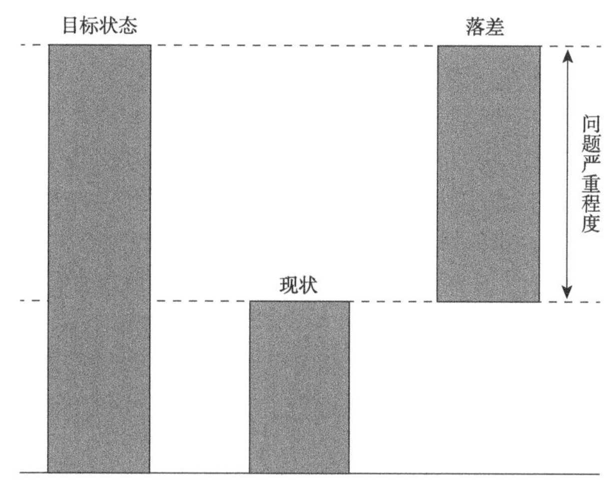

图 4.1 问题=目标状态−现状

【案例 4.1】

你刚吃完丰盛的早餐，坐在了教室里自己最喜欢的位子，正准备上自己最喜欢的一节课，这时你的幸福感可能十分强烈，这时貌似没有什么问题存在，不过如果你稍微思考一下，就可能发现很多现实和理想之间的差距，如表 4.1 所示。

表 4.1 案例 4.1 中现实状态与目标状态的“差距”

现实状态	目标状态
椅子太硬了	舒适的椅子
桌子上有很多不喜欢的涂鸦	干净整洁的桌子
教室里的大屏幕被教师桌遮挡了一部分	大屏幕不被遮挡
房间里有点冷	房间里很温暖
太靠前面了，老师擦黑板的粉笔末有可能落到自己身上	没有粉笔末
…	…

4.2.2 问题的特征及分类

1. 问题通常具有以下某个或多个特征

（1）问题是在特定情境下发生的。对于同一个产品，若应用情境不同，问题就可能不同。如某款 5 英寸（1 英寸=0.025 4 米）智能手机待机时间是 10 小时，对于家庭主妇而言，其通常对影视视频感兴趣，且随时可以对手机充电，所以对其而言，手机的问题只是“屏幕不够大”；但对于长期出差的商业人士而言，其对屏幕尺寸没有过高的要求，所以其问题是“手机待机时间短”。

（2）问题本身可能是不固定的。随着对问题的深入了解，可用的信息增多，对问题的认识可能会发生变化。

（3）对解决方案的构想会影响对问题的认识和定义。对解决方案的构思方式会很大程度上影响问题的确定。

（4）问题可以以矛盾的形式展现出来。冲突是矛盾的激化，在解决问题的过程中，会出现很多的冲突与矛盾，要想从根本上解决问题，这些冲突和矛盾必须要解决。

（5）尝试给出问题的解决方案，是一种很好的理解问题的方法。因为在评估所提出的解决方案的过程中，你会发现有很多的限制条件限制了解决方案的实施。

（6）对于问题而言，没有固定的解决方案，可能会有很多方案都可以解决该问题。

（7）问题是无穷尽的。问题往往是无尽的链条，一个问题的解决往往会导致新的问题产生，如此循环往复过程中，推动产品/服务性能的提高和发展。

（8）可分解性。当问题较为复杂或较难解决时，可以将设计目标状态拆解为多个子目标状态，这样也就将问题分解为多个子问题，对子问题的解决往往比对复杂综合问题的解决简单得多。

（9）问题往往具有关联性。对于复杂工程系统问题，其包含多个子问题，这些子问题和子问题之间，具有一定的关联性，一个问题的解决会影响其他问题的状态。

2. 按照不同的评判依据，问题的分类不同

根据问题解决的难易程度可以分为发明问题（inventive problem）和常规问题（routine problem）。解决问题是使产品/服务由初始状态通过单步或多步变换实现或接近理想状态的过程。如果实现变换的所有步骤都已知，则称为“常规问题”，如果至少有一步未知，则称为“发明问题”。解决常规问题的设计是常规设计，解决发明问题的设计是创新设计。

根据问题描述及求解路径是否明确，可以分为结构良好问题和结构不良问题。对于结构良好问题，问题的当前状态和目标状态以及求解路径或方法都是已知的，一般应用有限的概念、规则和原理即可解决，如计算火箭飞行轨道。而结构不良问题要复杂得多，其问题本身的描述并未提供解决问题的信息，问题当前状态和实现目标是模糊的，用于决策的信息不完整、不准确或不明确，其概念、规则、解决问题所需的原理不确定或不一致，如未来汽车的设计、企业发展目标的实现、如何安全处置废弃核燃料等。

根据解题是否需要个人知识经验等信息的综合运用，可分为典型问题（typical problems）和非典型问题（non-typical problems）。典型问题可以依据特定的规则或程序即可获得问题的解。例如，求解某 n 阶方程的根是一个典型问题，我们只要知道适当的公式，即可计算得到问题的解。而对于非典型问题，除了解题方法外，还需要求解路径边界外的某些知识元素，需要利用问题解决者自身的知识和智慧才可能将其解决。例如，某自行车链轮设计，关于链轮的参数设计我们的设计手册中也提供了相应设计方法，但在实际设计过程中，需要设计者考虑的实际因素会很多，所以需要依靠设计者的知识经验反复选择推敲某些设计参数，完成方案设计。

根据问题被发现的难易程度，分为显性问题和隐性问题。有些问题显而易见，如某款智能手机无法满足待机时间超过一天的使用者的需求；而有些问题是隐藏的，需要一定的分析、检测才能发现，如某些疾病早期并未有明显症状，这种情况下除非进行全面体检，否则很难发现疾病的存在。

根据问题发生的时间轴线，问题可以分为发生型问题、探索型问题和假设型问题。所谓发生型问题是由于过去某种原因的存在，出现了大家不想看到的结果，也可以说是目前的实际状况与之前的预期目标发生偏离的状况。而探索型问题目前的实际状况与之前的预期目标间不存在偏离，但制定了新的目标，致使目标与现实之间出现了某种人为制定的差异。简单来说发生型问题是对“情况如何了”的描述，而探索型问题是为了实现“怎样做才能更好”这一目标。假设型问题是在某种假设性条件下可能发生的问题。例如，“汽车爆胎了”属于发生型问题；“如何保证汽车10年内不发生爆胎”则属于探索型问题；“如何在汽车严重超载和车胎磨损严重的条件下保证车胎不发生爆胎，则属于假设性问题”。

4.2.3 问题发现是创意产生之门

【案例4.2】

刮胡刀的产生与发展

很久以前，没有人刮胡子。后来人们发现留胡子在生活中会有诸多不便，于是开始自己刮胡子或者请人帮忙刮。在装有一次性刀片的“安全剃刀”出现之前，常常有人在磨剃刀的时候割伤自己。安全剃刀发明之后，一次性刀片不用打磨，男人不再会因为磨刀而受伤了，可他们的妻子或女佣经常在处理垃圾的时候遭殃。小孩有时候会翻出未经处理的一次性刀片，因此他们被割伤也很常见。

后来，人们造出了上面有小槽的药箱，用来回收用过的刀片。在这种药箱普及的地方，至少妇女和儿童相对安全了。但在几十年的时间里，男人取下刀片扔进小槽的时候经常刮伤手指。数以百万计的男人、女人看着自己的鲜血滴在干净的毛巾上，想到：“没有别的办法来处理刀片了吗？真是太糟糕了。如果有更好的办法其他人一定早就想出来了。一定是我太笨手笨脚了。”

但是后来某一天，真的有人发明了一种方法。新刀片用小包装分装好销售，用过的旧刀片取下来后也装回小包装里，小包装可以循环使用。这个发明并不复杂，很快出现了不少模仿者。如此看来，问题的关键就在于首先意识到问题的存在，或者让设计者意识到有问题存在。

但实际情况是：人类的适应能力非常强，几乎可以容忍任何形式的不协调，除非他们意识到容忍问题不是唯一的办法，这时其对产品目标状态提高了，自然问题也就来了，但随之新的创意即将产生。因此，如果能正确发现和确定问题，可以说问题已经解决了一半，对于创意产生，如果我们连自身所面临的问题都没发现，就等于停在了起跑线上！

当然，对于问题仅仅有模糊的认识是不够的，要想真正解决问题，获得好的创意，必须对问题有深入的了解和认识。例如，到底是谁碰到了问题，该问题的利益相关者还有哪些，造成问题的根本限制因素是什么，等等。只有将问题分析清楚，才能“对症下药”，真正解决问题，才有可能产生好的创意。关于分析和确定问题的方法，我们将在本章后面的内容中做出详细介绍。

4.3 问题发现的障碍因素

问题的发现，首先要掌握问题的构成要素。问题的构成要素包括目标状态、现状以及事物由现状到达目标状态的限制因素，这里的限制因素是导致问题产生的原因。只有明确了现状、目标状态以及二者之间的限制因素，才能明确地定义出具体且准确的问题。所以本节将从问题存在的几个要素，即目标状态、现状以及二者之间的限制因素等几个方面，分析问题发现过程中的障碍因素。

4.3.1 无法确定目标状态

事物的现实状态与目标状态之间有落差才会有问题。当事物的目标状态不明确，自然也就谈不上确定的问题。所谓“目标状态”，是企业或个人认为某件事物应该达成的“理想状态”或者“目标”。如果这个“目标”是模糊的，那么不管你是否已经对现状感到不安或不满，都无法准确地认识到其与现状之间的落差，自然也就认识不到问题了。所以该类问题是不知事物还有变得更好的可能或者不知该如何让其变得更好。正如开篇案例所述情景，人们虽然屡次受到剃刀或刮胡刀的伤害，但由于熟悉的环境造就了人类超强的“适应能力”，这种对熟悉环境的“适应”使人们对刀片“目标状态”的认识变得模糊不清，人们认为即使出现划伤等事件也是由于自己不够小心，没有意识到“刀片”还有更理想的状态存在，也自然谈不上发现问题了。所以在相当长的时间内，人们都在使用这种一次性刀片。又如，当今手机作为一种集通信、娱乐、商业等于一体的设备，已经和我们的生活密不可分了。但正因为我们对手机的熟悉和“适应”，使我们很难确定出具体且更好的目标状态。

【案例 4.3】

纸币易混淆的问题

当一位中国游客第一次拿到很多美元纸币时（图 4.2），发出了这样的抱怨：“所有面值的纸币都差不多大小吗？很难分清楚面值啊！它们的颜色还都一样，人们找零钱的时候不会犯很多错误吗？”美国收银员露出了尴尬的表情，他默默地想多少错误算是很多？因为他的确有若干次将 5 元纸币错当 10 元纸币的经历。

这是问题吗？当然是。但为什么美国人一直未能发现这个问题呢？因为他们早已经慢慢“适应”了这种情况，即使出现了把 5 元纸币错当 10 元纸币的错误，也会像“自然法则”一样理所当然地接受，没有人意识到这些纸币的设计目标应该是比当前状态更为

图 4.2 美元纸币样例

理想的设计方案。所以，人们会自然地把问题归咎为当事者太不小心了，应该更仔细一点的，而忽略了“钞票本身就很容易混淆”这一问题本身。

4.3.2 未能正确掌握现状

即使有明确的“目标状态”，但对“现状”的认识错误或太肤浅，也会导致难以发现存在的问题。有时候事物的“现状”和“目标状态”看似基本一致，但是随着时间发展，现状会发生变化，从而导致“变化后的现状”与“目标状态”之间发生偏离，从而产生问题。这是由于事物本身可能存在潜在的缺陷因素，但这种缺陷并未在一开始就表现出来，而是随着时间的发展和产品/服务的应用，才会逐渐暴露。所以当人们对于这些潜在缺陷因素缺乏足够认识的时候，就很难正确把握事物的现状，自然也就不会认识到问题的存在了。

也正因为潜在问题的缺陷尚未暴露，这时设计人员往往受到侥幸心理、思维惯性和逆反心理的影响，从而很难对产品做仔细全面的验证分析，使得本来就隐藏的问题更加难以发现。试想谁会愿意自我否定，从心底认为自己设计的产品有问题呢？而对于使用者，只要是不过分妨碍自己使用，谁又会关心这件产品是否完美呢！这些情况都导致了产品潜在的问题很难被发现。

【案例 4.4】

打印机校正工具的问题

一家大型计算机公司研发出了新型打印机，与之前任意一款机器相比，它速度更快，印刷也更精准。有新技术作保障，提高打印速度是很容易的，但工程师团队在确保打印精准度上遇到了一些麻烦。打印出的成行的文字有时歪歪斜斜，有时虽然每一行文字是平直的，但是在表格纸上的位置会时不时跑偏。每进行一项新的打印测试，工程师们都要花大量时间来测量输出稿的准确性。

团队中最年轻也是最聪明的工程师丹·德林提出，应该设计一种工具，用来在打印纸上标记出一个 20 厘米的间距，做印记、打孔或者其他方式都行。以得到的标记作为基准线，就可以快速而准确地找出印得不整齐的地方。

于是几名组员开始仔细考虑设计工具。然而大多数人都陷入了这样一种思维定势：在纸上做标记就是要把标记印上去。他们都是经验丰富的打印机设计师，产生这样的想法是很自然的。丹·德林跟打印机打交道比较少，他想出了一个出人意料而且高效的创意，最终成品是如图 4.3 所示的铝条，上面装有小针可以准确地在定点上扎出间距是 20 厘米的小孔。

图 4.3　新“测量”工具

这样一件工具制作起来很容易，而且结实耐用，精确度高，因此为设计师们节省了大量的时间。丹·德林的经理对此十分满意。几周下来，新工具的功劳有目共睹，经理决定推荐丹·德林参评一项公司的特别奖。他还从店里定制了一件这样的工具放在办公室里，这样就可以一边研究它一边写报告了。不幸的是，他没像上图那样把这件工具侧放在桌上，而是让它靠两条“腿”立着，如图 4.4 所示。

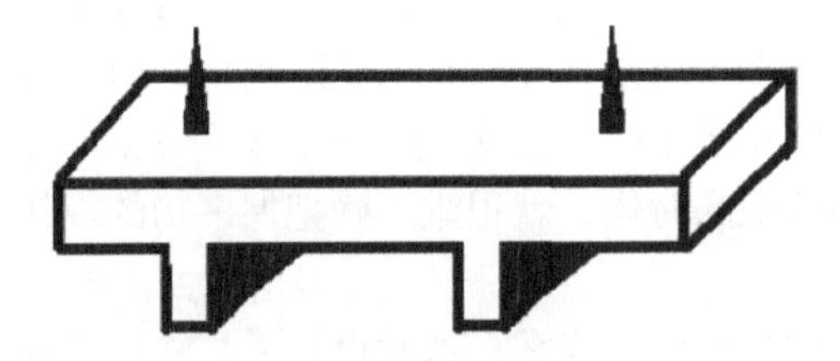

图 4.4　针头朝上放置的工具

有一天，丹·德林的经理把丹·德林叫进办公室，正要和蔼地说起丹·德林即将到手的大奖，可惜正在这时，整个部门的人都听到了经理发出的一声惨叫，他的臀部被扎出了间距恰好为 20 厘米的两个洞。所幸他有足够厚实的皮下脂肪。尽管如此，本来要发给丹·德林的奖就在经理被扎的那一瞬间化为泡影。

该案例就是未能对产品的现状做出准确地把握，因此没有发现产品存在的潜在问题。该种现象存在的关键就在于，没有人愿意承认自己设计的产品有问题，更不会愿意“努力尝试”去否定自己的设计。而作为产品的使用者，只要目前不出现问题，谁又回去认真思考“将来”是否可能出现问题，或者当他人使用时会不会出问题呢？这几个因素就导致了产品的潜在问题是不易被发现的。

4.3.3　未发现问题的本质

除上述两种情况外，还有一种情况也是我们经常遇到的，即事物的现状以及要达到的目标状态都是明确的，但导致现状与目标状态之间差距存在的限制因素是不明确的。也就是说，我们确定问题的存在，但不知道导致问题产生的根本原因是什么。这无论在生活中还是在企业中都是经常能遇到的问题。在企业中，很多设计人员往往由于设计经验的缺乏或者迫于外界环境的压力，总是在尚未弄清楚现状与目标状态之间限制因素的情况下，就急于给出问题的解决方案，结果往往找出再多的解决方案也无法将问题从根本上解决，甚至毫不对症。

究其原因，一个问题经常是由多种不同层次的原因引发的结果。也就是说，一些原因会影响另外一些原因，最终形成表象问题。人们往往容易被这些所谓的“表象”所迷惑，而忽视隐藏在表象背后的深层次的原因。但隐匿在表象问题背后的深层次原因才是导致问题存在的“最本质的制约因素”，即根本原因。正因如此，才会导致即使在现状与目标状态都明确的情况下，仍不能准确确定问题的情况普遍存在。

所以对于该类问题，我们要做的是深入挖掘出导致问题存在的根本原因，即确定导致目标与现状之间差距存在的根本限制因素，从而“对症下药”的解决问题。如果只掌握表面问题，不能深入挖掘出问题存在的本质制约因素，即使以此为起点“解决”了问题，那么所得到的解决方案也只能是将问题换个方式而已。

【案例 4.5】

木材分割问题

一家锯木厂在将木材分割成不同尺寸时，时常遇到分割尺寸不准确的棘手问题。“专家们”针对这一问题设计了制造专门量具、捆装切割等一系列的解决方法，但问题始终存在。在全面评估该情况之后，受命找出偏差原因的团队终于发现了问题的根源：空调系统的低质量运行造成了空气温度和湿度的大幅变化。这样一个棘手的问题最终在调节空调系统设置后被圆满解决了。

在该案例中，前期一系列错误解决方案的产生就是因为未能发现隐藏在表象问题背后的根本原因。根本原因往往具有隐蔽性，需要经过深入的分析才能被发现。人们因为设计环境压力、缺乏设计经验或由于设计经验丰富而过于自信等原因，往往不经过系统的分析就轻易相信表象问题，从而忽略了问题的本质，那么无论解决问题过程付出多少艰辛也都是徒劳了。所以对于该类问题，我们要做的是确定导致目标状态与现状之间差距存在的根本限制因素，只有这样才算是真正的“发现”了问题，也只有如此才能真正“对症下药”地解决问题。

4.3.4 问题是无尽的链条

只要目标状态和现实状态之间存在落差，问题就如影随形。而当人们通过改变现实状态“解决”一个问题的时候，常常会制造出一个或几个新的问题。简单来说，“每一个解决方案都可能是下一个问题的来源”。所以从这个角度来说，问题是无尽的链条，只要最终的理想解决方案不产生，人们就永远处于解决问题的过程之中。

该类“新方案实施后可能产生的问题”，是随着新的解决方案的实施而出现的，方案实施之前问题并不显露，所以这也是该类问题难以发现的原因之一。

【案例 4.6】

继续上述案例 4.4，为了解决测量测试稿行间距的问题，丹设计了一种新的工具。新的工具圆满解决了上述问题，但与此同时带来了新的问题——存在“可能扎伤接触者”的危险。这就是一个问题的解决，带来了新的问题！

当经理被新工具伤害之后，这个新工具被再次改进了，它的两条“腿”被打磨成了圆形。这下，工具没办法再用“腿”站立，针尖朝上这种危险的情况就不会再发生了，如图 4.5 所示。

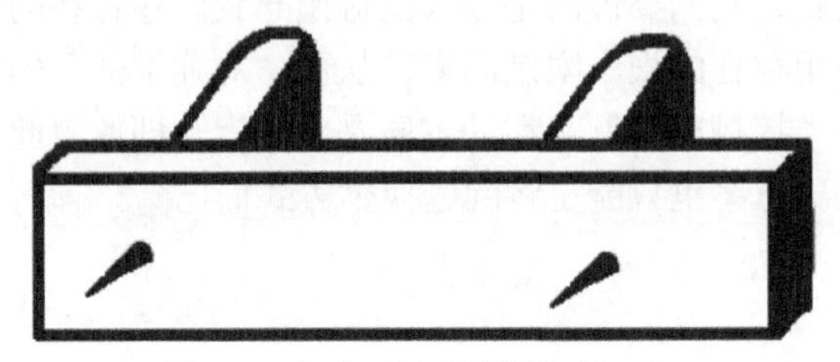

图 4.5　改造后的“圆腿”新工具

我们永远都没办法避开问题，问题、解决方案、新问题循环出现，构成了“无尽的链条”。这种解决了当前问题，但是却带来新问题的解决方案是一种“半效解”。其虽然不是完美的解决方案，但其避开了当前问题带来的不良影响，将矛盾的焦点成功转向了其他方面，这有可能使产品成功进入使用者的可接受范围。而且不断提出解决方案的过程，也是对问题认识逐渐清晰化的过程。所以从这个角度而言，“问题—半效解—新问题”这个无尽的链条不仅使人们对问题的认识逐渐加深，也推动了产品的发展和进步。如何在新问题产生之前，尽量提早预测出该类问题的存在，从而避免该类问题造成的不良影响，是发现该类问题的意义所在。

4.3.5　复杂工程问题

在企业运营过程中，需要解决的问题可能不是单纯的某个技术问题或管理问题，而是复杂的工程问题。对于复杂工程问题而言，其问题本身是模糊的。说其模糊，是因为解决问题的目标不具体，且其往往包含多个技术问题，甚至是管理问题，这些技术问题之间相互关联，针对这些技术问题的解决方案间相互冲突，是典型的结构不良问题。在这种情况下，确定复杂工程问题所包含的技术问题是什么？该如何厘清这些技术问题之间的关系并确定解决复杂工程问题的切入点，是非常复杂和困难的过程。所以，针对复杂工程问题的分析确定，我们以一个独立的小节来做介绍。

工程问题之所以是多个子问题相互关联的综合性问题，是因为问题往往涉及多个利益相关者，各利益相关者的需求可能涉及多方面的技术、工程和其他因素，各利益相关者的利益并不完全一致，这也就导致了一件产品同时存在多个设计目标，且这些目标之间存在相互冲突的可能性。也正由于设计目标众多，且目标之间存在关联，所以单个设计目标的实现，往往会构成其他设计目标实现的限制因素，即一个问题的解决，导致新的问题产生。多个问题与问题之间环环相扣，相互关联。想要在众多相互关联的问题中，准确地找出关键问题作为解决问题的切入点，需要系统的问题分析方法，这部分将在本章4.4小节中做具体的介绍。

【案例4.7】

某运动品牌的制造商，正在为其产品和服务寻求新的提议，其希望设计一款新产品，能够以从根本上增强任何年龄阶段的人的跑步/步行等运动体验，以传播更健康的生活方式。

该产品要达到的设计目标如下。

- 刺激人们随时随地去追求他们的健身目标。
- 能够告知人们关于他们的运动表现和身体状况等信息。
- 能够将健身活动转化为愉悦的社交体验，以刺激使用者有更健康的生活方式。
- 提供产品定制的可能性。

该产品主要的设计约束如下。

- 产品应该轻便耐磨。
- 向用户提供关于其身体状况的信息必须可靠。
- 必须保证用户的个人隐私，保证信息不泄露。
- 用户的信息不能相互干扰（避免信息过载）。

该问题是一个复杂的工程问题，也是典型的结构不良问题。其涉及了产品用户、制造厂商、技术支持方（设备操作系统、网络技术平台等）、国家质量及安全监管部门等多个利益相关者。各个利益相关者对于该产品的需求不同，如产品用户希望该产品轻便耐磨、电池耐用、价格低廉、体积小、外形美观等；而制造厂商希望操作系统兼容性高、品牌形象好、用户对品牌忠诚度高、盈利市场范围大、制造成本低等；国家监管部门则希望该产品对使用者无害、对环境无害、不存在信息泄露等安全问题。当这些利益相关者的需求被转化成设计目标时，会形成多个技术问题，而这些技术问题的解决方案是相互冲突的。例如，为了增加电池的使用时间，设计者将电池容量增大，但是这造成了产品的重量和体积增加；为了使产品轻便耐磨，可以使用一种新型材料，但是这又造成了制作成本的增加；等等。

因此，这些子问题是相互关联、环环相扣的一个问题网络。想要彻底解决此类复杂工程问题，需要进行深入的问题分析，确定该问题网络中的关键冲突问题作为问题解决的切入点。对于如何对该问题进行问题分析，后面的小节中将会延续该案例做出具体介绍。

4.4 问题发现方法

4.4.1 视觉转换法

很多时候是我们自己忽略了问题的存在！当对一个事物最初的陌生感和新鲜感褪去

时，人们所共有的适应能力就会忽略原本的不协调之处，这时我们对事物的目标状态认识是模糊的，问题自然也就被掩盖了。而且随着对某事物熟悉感的增加，发现问题的能力也会逐渐减弱。

那么如何才能在熟悉的环境中发现问题呢？正如前面所说，我们之所以会忽略问题的存在，往往是因为对事物太过熟悉而导致忽视或未认清事物有更好的目标状态。所以，只要转换一下自己的视角，让自己站在“不熟悉”的环境中，发现问题就会简单得多。视觉转换法的具体操作方法如下：

- 遍历所有可能的产品使用者角色：尝试成为产品所有可能的面向对象，置身其中“体会”产品使用过程中可能存在的问题。
- 变换使用者所处的可能情景：在产品所有可能出现的时间、空间维度考虑产品所有可能的应用情景。
- 将自己“放大”或“缩小”置身于产品应用情境之中：人为放大所有可能出现的情景和应用过程。
- ……

【案例 4.8】

雨伞是我们生活中的必备品，相信所有的人都使用过，但是你能发现现在雨伞存在的问题吗？在我正式提出这个问题之前，相信很多人都没有觉得我们经常使用的雨伞会有什么问题。

应用上述视觉转换法，明确雨伞所有可能改进的目标状态，从而发现问题。

（1）尝试变换使用者的角色：如果是小孩儿，雨天拿伞出门会怎样？如果是没有手臂的残疾人呢？如果是盲人又会怎样？

（2）尝试变换使用者所处的情景：如果在大雨的天气，你在超市购物后，拿着雨伞进入自己停在路边的汽车时会怎样？在大雨天，你拿着伞想进入没有房檐的建筑物的门时会怎样？当买菜归来，当风雨交加时，雨伞还会好用吗？如图 4.6 所示。怎么样？相信你已经发现很多问题了吧？

图 4.6　雨伞的问题情境

只有发现了上述问题，才有可能去解决问题，创意才有可能会产生。如图 4.7 所示的设计，都是针对上述问题的创意作品。

所以，转换视角是发现新问题的重要途径！

图 4.7 创意雨伞

【案例 4.9】

你可以拿一本书试试，不考虑书的内容，只看它的结构设计，并且不断变换角度思考问题所在，直至至少找到 10 个在阅读时带来不便的地方，而这些地方你平时已经熟视无睹了。例如，某同学在几分钟里想到了以下这些：

- 暂时放下书时很难让他保持原状。
- 因为没法只带上书的某一部分，即使知道只用得上书的一部分，也不得不带上整本书。
- 书的装订方法让读者觉得太厚重，但对于长期保存来说有太容易磨损。
- 如果不用手扶着，书就会自己合上。
- 书页很容易被撕破。
- 有些书页粘连在一起。
- 纸张太光滑，反光刺眼。
- 每一行的文字太长，换行时有时会回到同一行或跳行。
- 页边距太窄，不够写批注。
- 缺少一个把手类的东西，不方便携带。

书本设计这样一项古老而且成熟的设计中都可以找到这么多的不协调之处，试想其他方案又有多大可能是完美无缺的呢?

4.4.2 反向提问法

对于潜在问题，最困难的部分就在于发现问题的存在！设计师的设计过程一般是在需求拉动下，成功情景导向的设计。也就是说，设计师在设计过程中，头脑里想象的是产品在一般情境下的成功情景，所以大脑在这种情况下会受思维惯性和逆反心理的影响而自动“规避”或者不愿“承认”产品在某种特殊情境下可能存在的问题。恰恰这时，问题就产生了。

例如，前述案例 4.4 中丹·德林制作新工具的例子，当丹·德林设计了新的工具，考虑的是如何满足工作时测量测试稿行间距的需求，考虑的产品应用情境是工程师们在工作中时的情境，而且产品应用效果证明了新工具的效率。所以对于丹·德林而言，他自己不会或者“不愿意”去认真思考产品是否还存在其他问题，是不是存在某种特殊的漏洞。所以，产品本来潜在的问题就这样被“回避”了。

逆向提问法可以最大限度地避免这种思维惯性和逆反心理的不良影响，该方法将设计者置于产品的对立面，尝试去破坏产品应用时的成功情景，把被动分析问题变为主动创造问题。具体实施步骤如下：

- 按产品工作流程（或使用步骤）、产品可能相关者等逐步构造产品应用的所有可能情景。
- 尝试构建在上述情景中问题产生所需的条件，破坏产品的成功或无害应用情景，即我需要施加什么条件，才能使产品不方便或不能使用、可靠性变差，对使用者、周围环境产生有害效果。
- 分析以上问题产生条件存在的可能性。
- 确定潜在问题。

【案例 4.10】

在前述例子中，丹·德林设计了一种快速测量输出稿准确性的新工具，测试效率迅速提高，但后来其对经理的误伤事件证明了该工具具有一定的危险性，所以丹·德林对这个新工具进行了改进，设计成了如图 4.5 所示的圆腿工具。那么这个改进后的新工具是否仍然存在潜在问题呢？下面我们应用上述反向提问法做一个简单分析。

（1）构造产品可能的应用情景。

首先，该工具可能的相关者有丹·德林（工具设计者）、制造工人（工具制作者）、打印机测试工程师（工具使用者），除此之外有可能接触到该工具的还有部门经理、客户等。这里我们仅选取“工具使用者”来分析。

按照工具的使用步骤，可能有如下情景：①工程师打印测试文稿；②文稿打印后，工程师从桌上拿起工具；③手持工具测试打印文稿行间距；④测试完毕，将工具放置回桌面；⑤记录测试结果。

（2）构建问题产生所需条件，破坏产品成功情景。

对于上述情景②，可以让工具棱边锋利，划伤使用者；由于工具尖端侧向放置，所以可以分散工程师注意力或使其疏忽，在拿取工具过程中被工具的尖端划伤。

对于上述情景③，可以将测试纸张和非测试纸张叠放在一起，让工具在测试过程中扎透测试纸张，在非测试纸张上留下痕迹……

对于上述情景④，工具放回桌面后，将工具和测试纸张等相邻放置，增加操作者在其他操作过程中被尖端划伤的机会。

（3）分析以上问题产生条件存在的可能性。

对于上述情景②：第一，工具为铝制，可以将工具棱边打磨圆滑，所以由于锋利棱边而划伤操作者的问题不会出现；第二，测试工程师由于操作繁忙等原因很可能存在注意力不集中的情况，这时由于工具尖端侧向放置，很可能在抓取工具过程中误伤自己，所以这是一个潜在问题。

对于上述情景③，测试过程中很可能存在将被测试纸张放置于非测试纸张之上的情况，且使用该工具的力度大小完全由操作者掌握，所以很可能出现“在非测试纸张上留下痕迹”这一问题。

对于上述情景④，由于新工具锋利的尖端客观存在，且测试工程师很难避免偶尔的疏忽因素，所以上述问题是很可能发生的。

（4）确定潜在问题。

基于上述分析，确定存在“测试工程师在抓取、放置新工具过程中可能被误伤”和“测试稿件行间距过程中容易造成其他纸张划痕”这两个潜在问题。

发现产品存在的潜在问题，并将之解决是解决问题最有效的方式，能把问题带来的损失降到最低，并促使新的创意产生。

4.4.3 根原因分析法

一个问题经常是由多个不同层次原因引发的结果。解决问题的关键对策就是消除隐藏在最底层的真正的根原因，即问题的本质。解决表象问题有可能会提供一些症状短期的缓解，但是不会产生持久的解决方案。且仅仅消除症状的解决方案往往会使情况变得更加糟糕，因为问题依然存在，而且本来易于监控的症状却不容易辨认了，最终根原因迟早会通过另外一种方式以另外一个问题形式显露出来（图4.8）。

下面介绍几种简单的问题根原因识别工具。

1. 因果图法

因果图是用于分析问题及其产生原因之间关系的图示技术。它将头脑风暴法和系统分析结合起来，形成一种非常有效的方法。因果图应用的主要目的就是理解是什么原因导致了问题，从而帮助设计者分析导致表象问题的最根本原因。

1）因果图构建步骤

- 使用白板或者其他大的面板，在一个大箭头的右末端写出问题。给那些可能出现

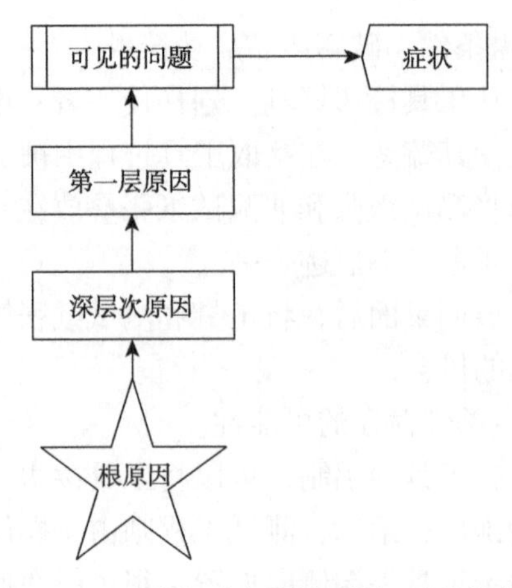

图 4.8　“隐藏”在问题背后的“根原因”

的原因留出空间，不要太在意对称性和图形效果。注意要清晰地确定和描述问题，以便进行目标明确的分析。

- 识别问题原因的主要类别，并在指向大箭头的分析末端写下这些原因。注意在画图时，留有充足的空间去写想法和原因，在分析阶段不要着急把图做得很整洁。
- 运用头脑风暴法，在图形的可能区域写下所有可能的原因。使用简洁的描述。每一次只能针对一个主要类别的问题进行，在所有相应位置写下属于多个类别的原因。
- 分析这些识别出的原因，确定最有可能的根原因。

2）因果图构建模板

因果图构建模板如图 4.9 所示。

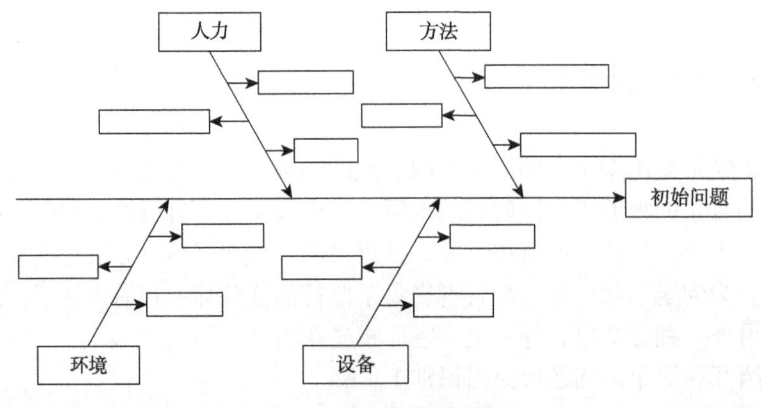

图 4.9　因果图构建模板

【案例 4.11】

一家提供有线电视服务的公司发现员工有很高的旷工率，尤其是在安装和服务部门，而且这种现象已经持续了一段时间。这种现象不仅造成了公司资金的损失，而且还惹怒了顾客。

所以公司的高层下决心要改变这种现状，在改进这种现状的步骤中，人力资源经理和几名服务人员首先试着就为什么会有如此高的旷工率进行了头脑风暴会，产生了许多想法，在这些想法中，有一些是创造性的，有一些与其他相比可能是不现实的。在对这些想法分类后，挑选出那些很可能是相关的或是可以纠正的原因，在图上对这些原因进行分类，并对类别进行分析。最终的结果如图 4.10 所示。这种结果促使该公司考虑实施一些培训项目，调整奖金系统和提高服务人员所用设备和工具的质量，最终上述问题得到了明显改善。

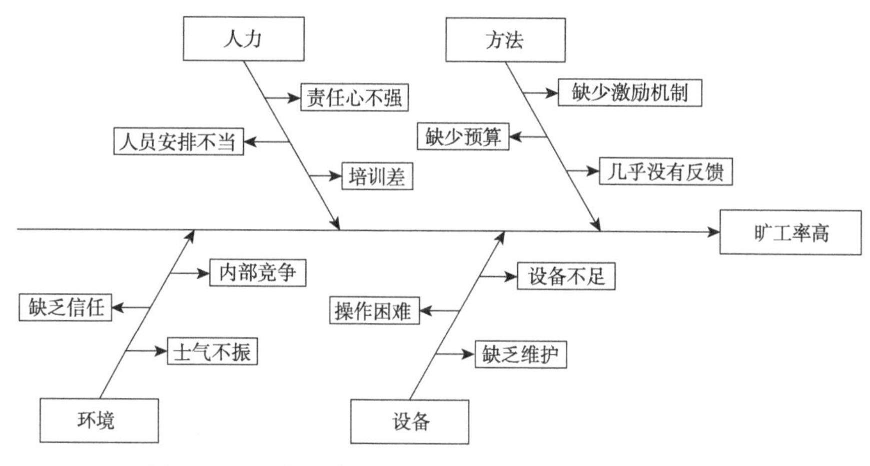

图 4.10 因果图示例——有线电视公司旷工率高原因分析

2. 5why 法

5why 法也称为五问法，也就是对一个问题点连续以多个“为什么”来自问，以追究其根本原因。这里 5 是一个概数，并不真的限定为 5 次。5why 法的关键所在：鼓励解决问题的人要努力避开主观或自负的假设和逻辑陷阱，从结果着手，沿着因果关系链条，顺藤摸瓜，直至找出导致原有问题存在的根原因。

1）5why 法使用步骤

- 确定分析起点，可以是一个问题，也可以是已识别出但是需要进一步分析的原因。
- 运用头脑风暴等方法，找出其实点背后更深层次的原因。
- 对于已识别的每一个原因，都要问“为什么这是原始问题的原因”。
- 在白板上描写出由不同原因组成的链条，作为文本的顺序。
- 对于每个问题的新答案，继续问同样的问题，直至没有新的结果答案为止。这很有可能就是问题存在的根本原因。

2）5why 法模板

注意：通常情况下，在询问“为什么”的时候，因为是发散性思维，有时很难把握询问和回答在受控范围内。

例如，这个工件为什么尺寸不合格？因为装夹松动；为什么装夹松动？因为操作工没装好；为什么操作工没装好？因为操作工技能不足；为什么技能不足？因为人事没有考评（图 4.11）。类似这样的情况，在 5why 法分析中，经常发现。所以，我们在利用 5why 法进行根原因分析时，一定要把握好一些基本原则：

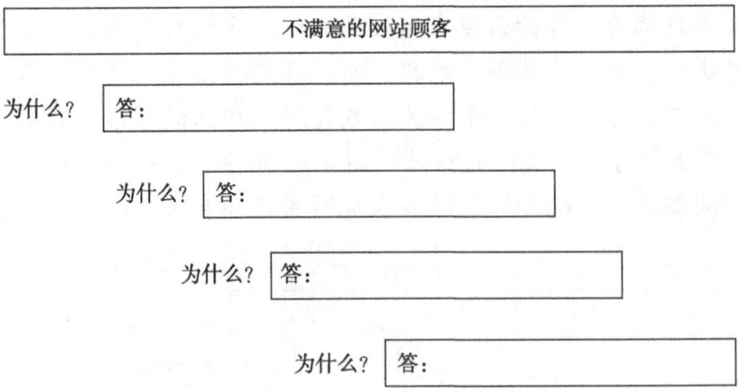

不满意的网站顾客

为什么？ 答：

为什么？ 答：

为什么？ 答：

为什么？ 答：

图 4.11　5why 法模板

- 回答的理由是受控的。
- 询问和回答是在限定的一定的流程范围内。
- 从回答的结果中，我们能够找到行动的方向。

【案例 4.12】

有一家在快速增长的网站设计和编程领域的小型商务公司，目前已经从仅有 25 名员工的家庭式作坊变成拥有许多大公司客户的企业。以前，该编程团队因其独特的网页设计和图形的创新使用便利了网站搜索，受到了许多赞誉。然而，最近越来越多的客户对网站表达了不满。他们抱怨网站的功能、布局或文本的低级错误、设计和整个网站完成的延迟等。

后来情况已经演变成：员工面临越来越多的问题，认为这份工作不再像以前一样有趣了。一些中坚技术人员指责公司目前的研发不能与时俱进。另外一些人认为大多数问题源自缺少高素质的编程人员。

为找到这些正在威胁公司未来发展的问题症结，公司成立了一个合作团队，并且使用了 5why 法工具对问题产生的原因展开分析。其结果却出人意料，导致问题产生的根本原因是设计人员承担了太多的项目，这和人们以往的认识截然不同。试想，如果该团队在解决问题时，不是消除的这个根本原因，而是盲目的解决那些自以为的“问题”，如更换某些中坚技术人员或者将原有技术人员替换为高素质技术人员，那么问题永远也不会消除（图 4.12）。

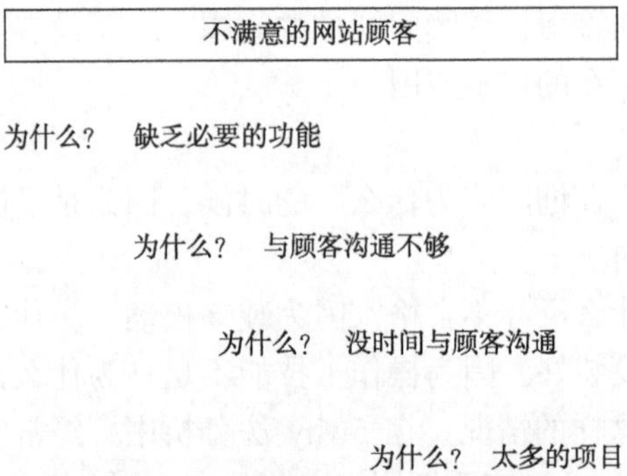

不满意的网站顾客

为什么？　缺乏必要的功能

为什么？　与顾客沟通不够

为什么？　没时间与顾客沟通

为什么？　太多的项目

图 4.12　5why 法示例——网页设计公司

【案例 4.13】

据说美国华盛顿广场有名的杰弗逊纪念大厦，如图 4.13 所示，因年深日久，墙面出现裂纹。为能保护好这幢大厦，有关专家进行了专门研讨。

图 4.13　杰弗逊纪念大厦

最初大家认为损害建筑物表面的元凶是侵蚀的酸雨。专家们进一步研究，却发现对墙体侵蚀最直接的原因，是每天冲洗墙壁所含的清洁剂对建筑物有酸蚀作用。为什么墙体需要使用清洁剂清洗呢？因为墙壁上聚集了大量的鸟粪。为什么会有这么多鸟粪出现在墙壁上呢？经分析，是由于大厦周围聚集了很多燕子。为什么大厦周围会聚集如此多的燕子呢？经分析发现原因是大厦的墙壁上聚集了很多燕子爱吃的蜘蛛。问题又来了，墙壁上为什么会出现如此多的蜘蛛呢？经分析发现是由于墙壁上聚集了很多蜘蛛爱吃的飞虫。那为什么会有如此多的飞虫呢？经分析发现飞虫在这里繁殖特别快。为什么飞虫在此繁殖速度加快呢？经分析发现，尘埃在从窗外射进来的阳光作用下，形成了刺激飞虫繁殖生长的温床。到此，问题已经分析清楚了，导致问题存在的最根本原因竟然是阳光的照射（图 4.14）。

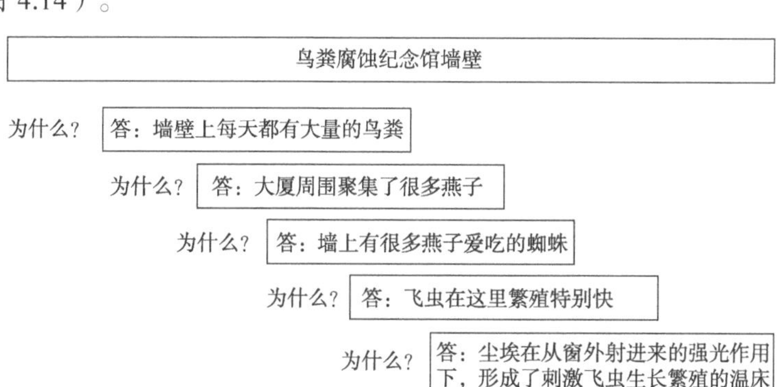

图 4.14　杰弗逊纪念馆问题 5why 分析过程

所以，解决问题的结论是：拉上窗帘！该方案节省了数万美元的维修费，而且杰弗逊大厦至今完好无损。

除了这几种工具之外，还有诸如矩阵图等很多根原因识别工具，这里考虑到它们比较复杂，而且需要繁多的计算，所以这里暂不介绍。

4.4.4 系统功能分析与裁剪

1. 系统功能分析

系统功能分析是通过对系统组成元件之间的相互作用关系逐一进行分析，来“精确”定位出系统中问题出现的“部位”。这种方法在一定程度上能够帮助设计者确定出系统问题出现的原因，从而在后续解决问题过程中能够“对症下药”，得出正确的解决方案。

1）系统层级

系统是由两个或两个以上的元件结合形成的，能够完成一定功能的有机整体。系统中各个元件相互作用，共同实现使用者所需要的功能，所以系统的组成元件是相互关联的。在设计过程中，我们可以把研究对象看做一个系统，如一辆汽车、一台电脑、电脑主机，甚至一个水杯等都可以看做一个系统来研究。

系统可能由一个或多个子系统组成。子系统是系统的组成部分，其可以完成或辅助完成系统所实现功能的一部分功能。

产品系统处于环境之中，与环境存在能量、物质及信息的交换。相对于系统，环境由多个超系统组成，每个超系统与系统都存在输入或输出关系。由于超系统不是我们的研究对象，所以在设计过程当中，超系统一般是不能被“改变”的。

系统对环境的输出称为制品，制品属于超系统元件，是整个系统的作用对象，是系统存在及运行的目的。

例如，汽车的功能是“移动人或物体”，当我们把汽车作为我们研究的技术系统时，路面、雨水等都属于超系统元件，而车轮则可以看成技术系统的子系统，而系统的作用对象是“人或物体”，所以这里的“人或物体”则是制品。

2）功能

功能是指一个元件改变或保持了另外一个元件的某个参数的行为。描述方式如图 4.15 所示。

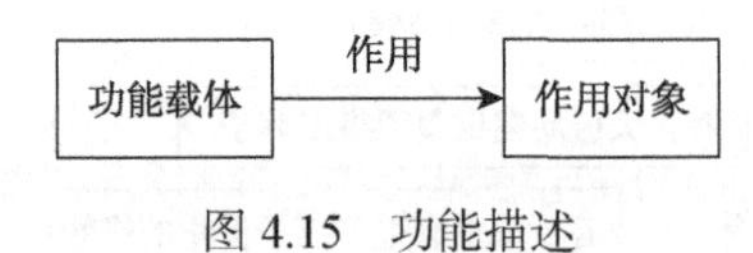

图 4.15 功能描述

功能的载体是指执行功能的元件，作用对象是作用的接受者，其某个参数由于功能的作用而得到了改变或保持。例如，热水器加热水的功能描述如图 4.16 所示，其中热水器是功能的载体，水是作用对象，热水器对水进行加热，改变了水的温度。

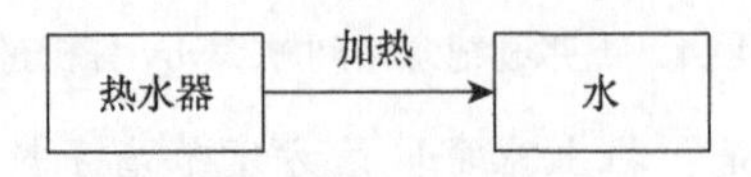

图 4.16 热水器加热水功能描述

3）功能分类及符号表示

按照元件在系统中所起作用的好坏，将其功能分为有用功能和有害功能。如果功能是我们期望的功能，那么这个功能就是有用功能；与我们所期望的功能相反的功能，就是有害功能。值得注意的是，一个功能在系统中到底是有用功能还是有害功能是根据我们的目标来判断的。例如，空调的制冷功能是有用功能还是有害功能呢？这需要依据我们的具体目标来确定。在夏天我们需要凉爽的空气，那么这时候制冷功能是有用功能；但是在冬天，当我们需要更加暖和的环境时，这时的制冷功能就变成有害功能了。

当有用功能刚好能达到我们期望的水平，这种有用功能我们称为“标准有用功能”；当有用功能所达到的水平低于我们的期望值，那么其有用功能的作用是不足的，我们称为“不足功能”；当有用功能所达到的水平超出了我们的期望值，这种情况也是我们不希望看到的，我们称该类功能为“过剩功能”。例如，在上述例子中，人体感觉在20~30℃的环境中是比较舒适的。那么在夏天空调制冷的过程中，如果制冷后的而温度超过了30℃，那么空调的制冷效果没有达到期望值，所以其制冷功能是不足的；如果制冷后的温度低于了20℃，如达到了0℃以下，那么此时空调的制冷效果是过剩的。

因此，综上所示我们将功能按照实现效果分为四种类型，标准有用功能、不足功能、过剩功能、有害功能。其符号表示如图4.17所示。

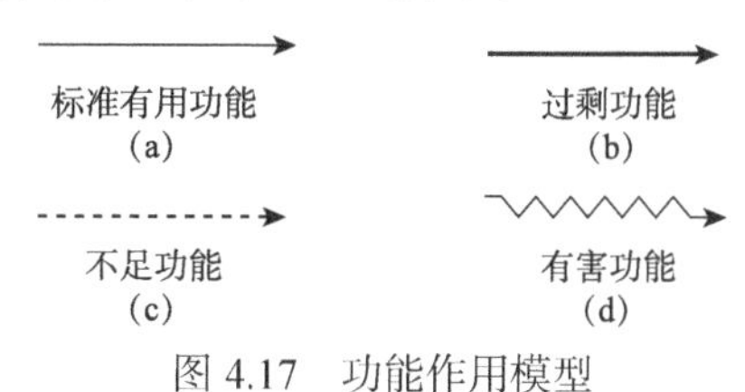

图4.17　功能作用模型

4）系统功能模型

（1）确定系统组成元件。

元件是组成系统或超系统的物体，如自行车的车轮、车闸、手把、脚蹬等都是自行车这个技术系统的组成元件；自行车行驶在路面上，路面则属于自行车这个技术系统的超系统元件。自行车的目的是“移动人”，所以这里的“人”是自行车的作用对象，所以人属于制品。按照该种思路，分别确定出系统元件，超系统元件及制品分别是什么，以清单形式列入表4.2。

表4.2　系统及超系统组成元件列表

元件类别	元件列表
制品	系统的作用对象
系统元件	元件1，元件2，元件3……
超系统元件	超系统元件1，超系统元件2……

（2）元件间相互作用分析。

系统通过元件之间的相互作用完成其功能，系统存在问题则说明系统中某个或某几个元件之间的相互作用出现了问题。因此，若要明确系统存在的问题，就需要认识到系统组成元件之间的相互作用。

逐一识别并列出第一步骤中所列出的系统组成元件、超系统元件及制品之间的相互作用。为了分析全面，不漏掉某些细节，可以通过填写下面矩阵（表 4.3）完成该部分的分析。

表 4.3　组成元件作用关系分析矩阵表

元件	元件 1	元件 2	元件 3	元件 4	…
元件 1		作用 1（标准有用）	×	作用 2（有害）	…
元件 2	作用 3（不足）		作用 4（标准有用）	×	…
元件 3	×	×		作用 6（标准有用）	…
元件 4	×	作用 7（标准有用）	×		…
…	…	…	…	…	

注：由于元件本身不存在相互作用关系，因此，矩阵对角线对应的空格应为空

具体步骤如下：

- 将第一步骤中得到的元件分别写到矩阵的第一行和第一列方格中。
- 两两分析第一行和第一列组成元件之间是否存在作用关系。如存在，将作用关系写入该行和该列对应的方格中，并标注功能类型（标准有用功能、不足功能、过剩功能或有害功能）；若不存在则划“×”。
- 检查除对角线外的所有空格是否全部填满。若填满，则元件间作用关系分析完成；若未填满，则检查是否漏填。

（3）构建系统功能模型。

为了能够直观的将上述功能分析结果显示出来，我们需要将上述元件间的相互作用关系图形化表示出来。这样一来，系统问题之所在也就显而易见了。我们用 符号表示系统元件，用 符号表示制品（系统的作用对象），用 符号表示超系统元件。

按照上述分析结果，将各个元件按照作用关系连接，即可得到如图 4.18 所示的图形。我们将这种表述系统功能分析的图形称为“系统功能模型”。从图 4.18 可以看出，超系统元件对系统元件 4 作用过剩，元件 4 对元件 3 产生了有害的作用 10，元件 3 对元件 2 产生了不足的作用 9，元件 2 对制品的作用 4 不足，这时系统存在的问题以及这些问题存在的具体“部位”就一目了然了。而且，若结合实际情况分析，很可能容易得出“由于超系统对系统元件 4 的过剩作用导致了后续一系列有害和不足作用的产生”，如能够得出此结论，那么后面解决问题的关键点就确定了，问题解决也能够“对症下药”了。

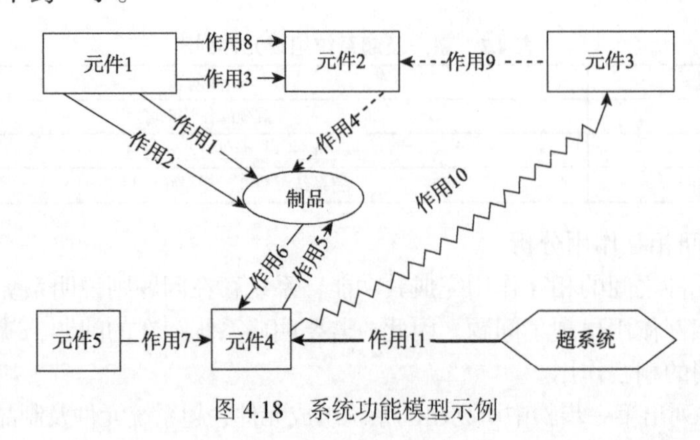

图 4.18　系统功能模型示例

注意：

- 系统功能分析过程中，系统组成元件划分的“层级”由设计者根据设计需求自行掌握。如果选择的层级过高，可能会漏掉某些细节，从而找不到问题的根源；如果选择的层级过低，则会出现系统组成元件过多而导致后面构建的系统功能模型会过于复杂，分析起来会特别费力。对于层级划分技巧的掌握，要多加练习才能掌握其中技巧。
- 系统功能分析的结果不是唯一的，不同的设计者设计需求不同，对系统认识不同，所构建的系统功能模型也可能是不同的。

【案例 4.14】

众所周知，每天刷牙是保持我们口腔健康的重要途径，试考虑在不使用牙膏的前提下，建立该技术系统功能模型。

按照上述步骤，构建该技术系统功能模型过程如下：

步骤 1：确定系统组成元件。

牙刷作为技术系统由“牙刷头”和“牙刷柄”组成，其作用是去除牙齿上食物残渣，所以该技术系统的作用对象是“食物残渣”，“牙齿”是超系统，如表 4.4 所示。

表 4.4 牙刷系统及超系统组成元件列表

元件类别	元件列表
制品	食物残渣
系统元件	牙刷头、牙刷柄
超系统元件	牙齿，使用者（手）

步骤 2：元件间相互作用分析，分析过程如表 4.5 所示。

表 4.5 牙刷组成元件作用关系分析矩阵表

元件	食物残渣	牙刷头	牙刷柄	牙齿	使用者（手）
食物残渣		×	×	腐蚀（有害）	×
牙刷头	分离（不足）		×	×	×
牙刷柄	×	固定（标准有用）		×	×
牙齿	存留（有害）	导向（标准有用）	×		×
使用者（手）	×	×	定位(标准有用）	×	

注：由于元件本身不存在相互作用关系，因此，矩阵对角线对应的空格应为空

步骤 3：符号表示系统组成元件及元件间作用关系，构建系统功能模型，如图 4.19 所示。

【案例 4.15】

某宠物喂食系统，由供料盆、供水盆、物料、水等组成，如图 4.20（a）所示。在该

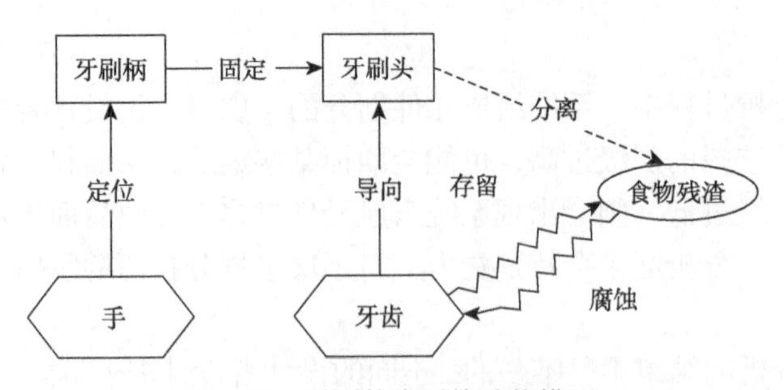

图 4.19　牙刷技术系统功能模型

喂食系统当中，水在盆中会慢慢滋生细菌，所以需要人定期更换，如图 4.20（b）所示；宠物食料会吸引蚂蚁等昆虫，当受到该类昆虫的污染时，也需要人及时更换，如图 4.20（c）所示。尝试构建该宠物喂食系统的系统功能模型，确定该系统中的具体问题。

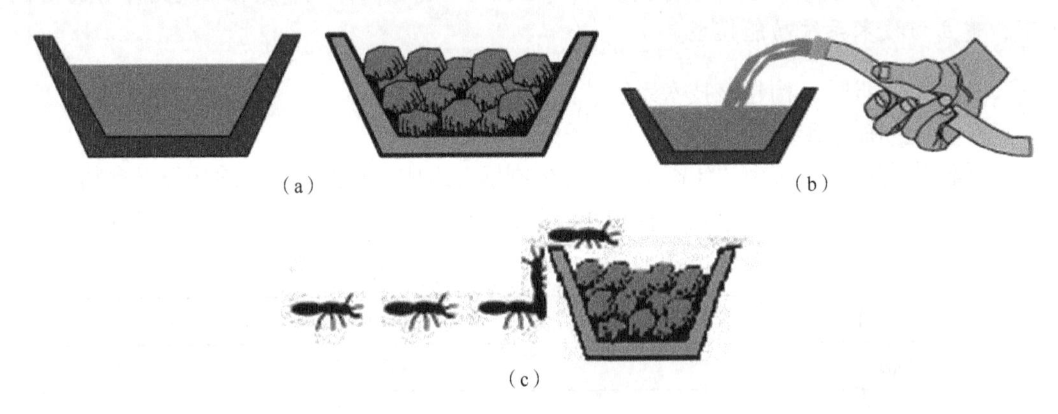

（a）　（b）　（c）

图 4.20　宠物喂食系统

按照上述功能模型构建步骤，构建该宠物喂食系统功能模型过程如下：

步骤 1：确定系统组成元件。

由于该宠物喂食系统的作用是为宠物供给物料和水，所以“物料和水”是系统的作用对象，即制品。该系统由供料盆和供水盆两元件组成。该系统在工作过程中，宠物可能会倾覆供料盆或供水盆，还可能将物料从物料盆中抓撒至地面，这时地面的物料会引诱大量蚂蚁等昆虫，从而使盆中物料被破坏，水在供料盆中会滋生细菌，这些都需要人对其进行更新，所以“宠物”、“蚂蚁等”、“细菌”和“人”是该宠物喂食系统的超系统，如表 4.6 所示。

表 4.6　宠物喂食系统及超系统组成元件列表

元件类别	元件列表
制品	物料、水
系统元件	供料盆、供水盆
超系统元件	人、蚂蚁等、细菌、宠物

步骤 2：元件间相互作用分析。

供料盆和供水盆能够分别容纳“物料和水”，供料盆能够对蚂蚁等昆虫起到一定的阻挡作用。供水盆中水是静止的，当水中滋生细菌后，供水盆会聚集更多细菌。宠物进食或玩耍时可能将物料盆中的物料抓撒出来，甚至将供料盆和供水盆倾覆。当人发现物料和水被污染或倾覆时，会更换新的物料和水。水和物料都是用来供养宠物的，被污染或倾覆的物料和水一旦更新不及时，就不能很好供给宠物食物。因此，此系统中物料和水对宠物的供给是不足的。具体分析结果如表 4.7 所示。

表 4.7 宠物喂食系统组成元件作用关系分析矩阵表

元件	物料	水	供料盆	供水盆	人	蚂蚁等	细菌	宠物
物料		×	×	×	反馈信息（标准有用）	引诱（有害）	×	供养（不足）
水	×		×	×	×	×	滋生（有害）	供养（不足）
供料盆	容纳（标准有用）	×		×	×	阻挡（不足）	×	×
供水盆	×	容纳（标准有用）	×		×	×	聚集（有害）	×
人	放置（标准有用）	放置（标准有用）	×	×		清除（标准有用）	清除（标准有用）	×
蚂蚁等	污染（有害）	×	×	×	反馈信息（标准有用）		×	×
细菌	×	污染（有害）	×	×	反馈信息（标准有用）	×		×
宠物	抓撒（有害）	×	倾覆（有害）	倾覆（有害）	×	×	×	

第三步：符号表示系统组成元件及元件间作用关系，构建系统功能模型，如图 4.21 所示。

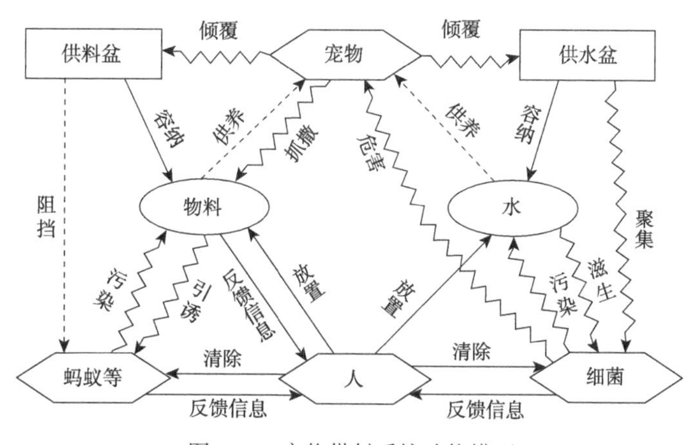

图 4.21 宠物供料系统功能模型

2. 裁剪法

裁剪法既是一种分析问题的方法，也是解决问题的方法。其作为分析问题的方法能够帮助设计者规避掉系统原有问题，从一个新的角度去重新认识和构建系统问题，使复杂且模糊的问题变得清晰简单。这一点，对于复杂工程问题的分析解决尤为重要。

裁剪方法的应用建立在对系统功能分析基础之上，通过对系统组成元件的功能分析，确定系统裁剪元件并利用系统已有资源完成系统有用功能重新分配。裁剪方法的实施包括两个步骤：裁剪系统元件和系统功能重组。其中，第一个步骤是确定系统中那些“问题元件”，并将其裁剪。这些“问题”元件的去除，其对系统产生的不良影响也随之去除，系统原有问题将不再存在。只是与此同时，这些元件本来的“有用功能”也随之一并“消失”了，这时系统问题发生了变化，我们重新“构造”了问题，但是问题变得更加清晰了。

对于系统“重构”问题的优劣，主要在于是否正确确定了系统裁剪元件。根据设计目标的不同，产生系统问题的最根本元件、耗费成本最高的元件、系统中价值最低的元件等都有可能成为系统的裁剪元件。下面介绍几种裁剪元件确定的方法。

（1）因果链分析。

因果链分析法和本章的 5why 法以及因果图法类似，都是由结果追溯原因的方法。因果链分析是以系统现有问题为初始点分析，逐层分析造成上一级问题的可能原因，直至不能分解或者分解到不可控因素为止。这里的不可控因素是指设计者自身无法或无权限去更改的因素。例如，造成“汽车启动性能下降”的因素是“室外温度过低”，“室外温度”是设计者无法去改变的，所以属于不可控因素。

一般而言，因果链分析通常能分析出大量的负面因素，这些负面因素有些是共同存在才会导致上一级问题发生，因此是“and”的关系；有些因素之一存在即可导致问题发生，那么这些因素之间是“or”的关系。在分析所得的大量负面因素中，许多负面因素往往来自于少数的最关键负面因素，当关键负面因素被排除，其所导致的一系列问题将都随之解决。所以因果链分析的目的是确定出系统的关键负面因素，当所有可能负面因素分析完成之后，需要选择出其中的关键负面因素作为解决问题的切入点和关键点。因果链分析图如图 4.22 所示。需要注意的是，为了保证设计的可控性，因果链分析最后的落脚点应该对应系统中的某个具体问题，而不能是某些不可控因素。

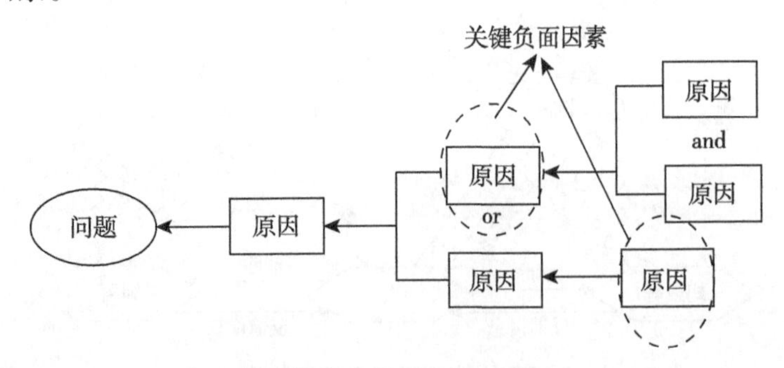

图 4.22　因果链分析图

（2）成本分析。

成本分析是将系统中元件的成本做出比较，综合成本较高者将作为裁剪元件优先被删除。成本是指系统中元件的原料、制造、产品装配及运营等产品全生命周期中所耗费的成本。对产品制造商而言，其关心制造成本、使用者关心运营成本、有关部门关心回收或处理成本。作为设计者，要根据设计目标不同，选择要考虑的成本因素。成本分析表示例如表 4.8 所示的基于成本分析的裁剪优先权。

表 4.8 基于成本分析的裁剪优先权列表示例

系统元件	成本	裁剪优先权
元件 1	4.15	2
元件 2	2.17	4
元件 3	4	3
元件 4	9	1

（3）功能等级分析。

功能等级与功能模型中各元件的连接状况有关，由功能的位置与制品的接近程度来决定。元件的功能等级越低的作为首选裁剪元件。功能等级定义规则如下。

规则 4.1：假定元件是直接作用在制品上，则其作用的功能等级是 B(basic function)；

规则 4.2：假如元件作用在产生基本功能的元件上，则其作用功能等级是 A_1（auxiliary 1）。

规则 4.3：假定元件作用在产生阶层为 i−1 的辅助功能(auxiliary function)的元件上，则其作用的功能等级是 A_i（auxiliary i）。

规则 4.4：假如元件作用在超系统，则其作用的等级是 A_1。

图 4.23 为根据规则 4.1~规则 4.4 定出的某一系统的功能等级。

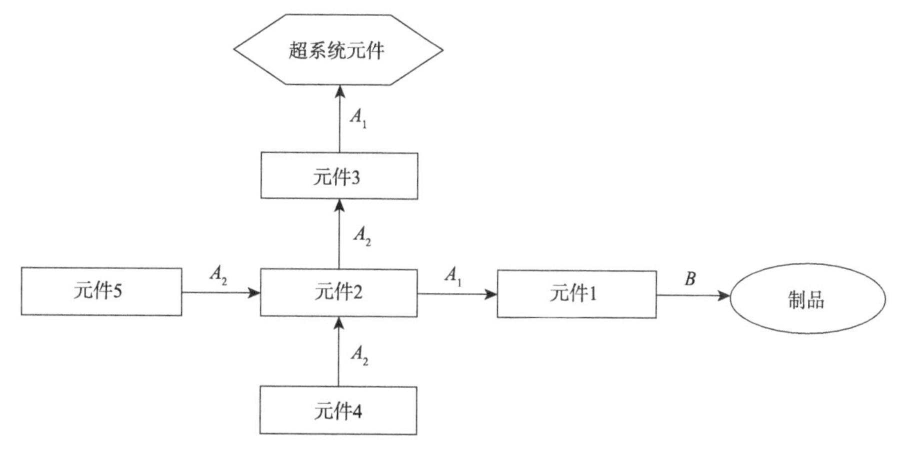

图 4.23 系统的功能等级

功能等级的计算规则如下。

规则 4.5：设定功能等级最低的功能，其值等于 1。

规则 4.6：Rank（A_{i-1}）= Rank（A_i）+1。

规则 4.7：Rank（B）= Rank（A_1）+2。

规则 4.8：对于作用多个功能元件的功能，其等级为所有作用之和。

根据规则 4.5~规则 4.7，计算图 4.23 的功能等级数值如图 4.24 所示。

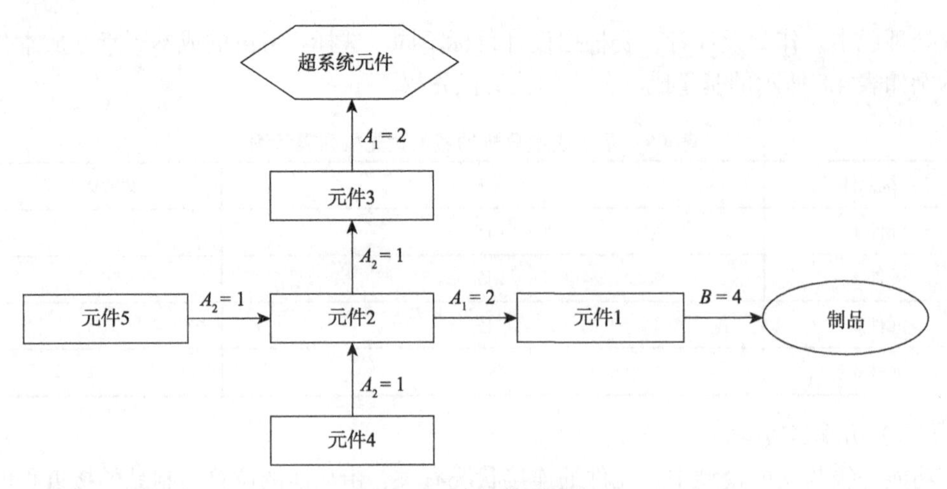

图 4.24　功能等级数值

根据规则 4.8，各功能元件的功能等级数值如表 4.9 所示。

表 4.9　功能元件的功能等级数值

元件	功能等级数值
元件 1	4
元件 2	2+1=3
元件 3	2
元件 4	1
元件 5	1

最后，将功能等级数值最高者调整为 10，其他功能等级按照比例改变，并依据大小顺序排列，表 4.9 得到的最终功能等级如表 4.10 所示。

表 4.10　功能元件的最终功能等级数值

元件	功能等级数值	裁剪优先顺序
元件 1	10	4
元件 2	7.5	3
元件 3	5	2
元件 4	2.5	1
元件 5	2.5	1

值得注意的是，以上的方法仅仅是确定初始裁剪元件的方法，但裁剪往往是一个动态的过程，当元件被裁剪后，若设计者无法得出满意的解决方案，往往会以此为切入点继续裁剪与之有连接关系的其他元件。

【案例 4.16】

某牙刷厂家想要降低其现有牙刷的成本，以占领中低消费人群市场，其现有产品结构如图 4.25 所示。但是牙刷本身结构简单，又不能过分降低其性能，所以该厂设计人员经过很长一段时间都没有给出合适的解决方案。试采用裁剪法重新构造问题，并尝试给出解决方案。

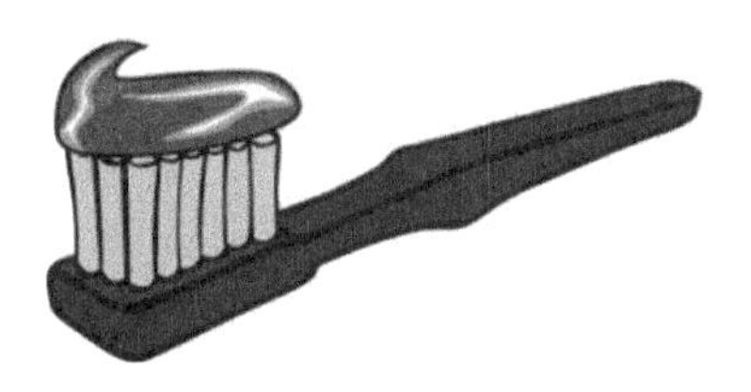

图 4.25 该牙刷厂现有产品示意图

首先，案例 4.14 中已分析并构建牙刷的系统功能模型，如图 4.19 所示。采用上述功能等级分析法，确定牙刷技术系统中功能等级最低的元件作为裁剪元件。牙刷系统功能等级分析结果如图 4.26 所示，很明显牙刷柄功能等级低于牙刷头功能等级，由于该系统只有两个元件故不再列表分析，确定牙刷柄为裁剪元件。将牙刷柄裁剪，裁剪后牙刷的系统功能模型如图 4.27 所示。

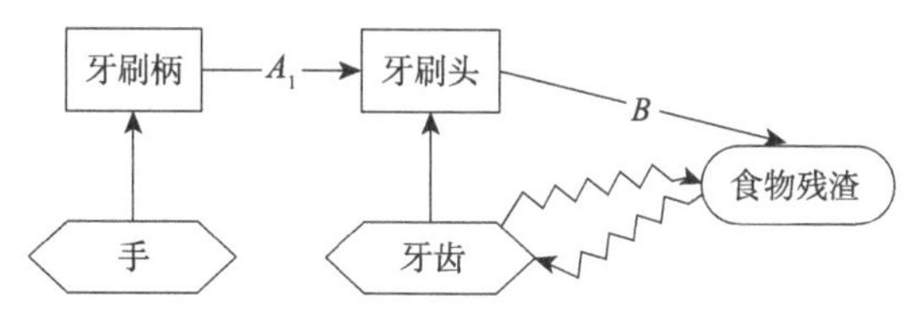

图 4.26 牙刷组成元件功能等级分析

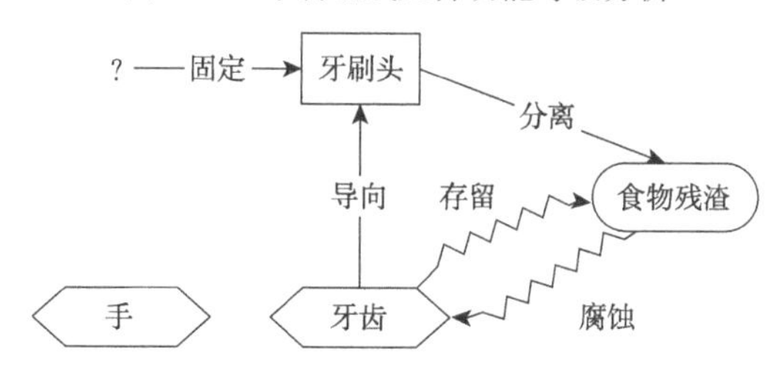

图 4.27 裁剪后系统功能模型

牙刷柄被裁剪后，系统问题被重构为“如何固定牙刷头”？这时设计人员很容易想到了如下方案，用人的手指这一免费的资源来替代牙刷柄的功能，设计方案如图 4.28 所示。该方案大大降低了产品成本。

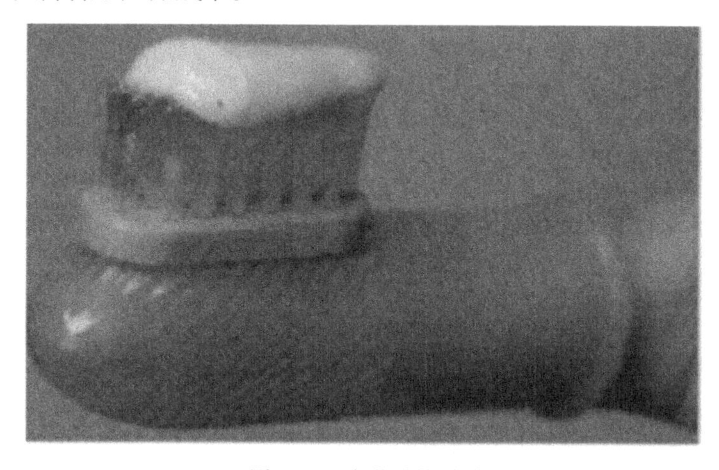

图 4.28 改进后的牙刷

【案例 4.17】

如图 4.29 所示，某油漆涂装系统中，零件行左侧吊装进入油漆池，充分沾满油漆后从系统右侧吊离。当油漆池内的油漆液面随着油漆的使用下降到一定高度后，油漆池右侧的浮球抬起，浮球带动连杆摆动从而控制油漆池外侧的泵体电源开关打开，系统左侧泵开始工作将油漆桶内的油漆抽到油漆池内。当油漆注入一定高度后，油漆接触浮球，使浮球下沉，浮球带动连杆摆动从而控制油漆池外侧的泵体电源开关关闭，泵停止向油漆桶内抽出油漆，油漆注入停止。该系统现在的问题是空气会干燥黏附在浮球感应器上的油漆，使得感应器无法正确测量储存桶内的油漆液面位置，造成油漆补充过多而溢出。

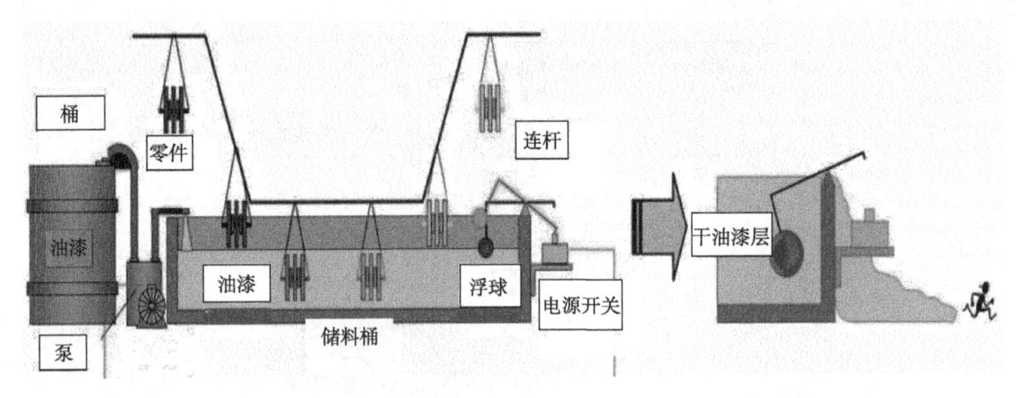

图 4.29　油漆涂装系统

该油漆注入系统的功能模型如图 4.30 所示，可以看出元件间不足和有害作用较多，问题较为复杂。经过分析可以确定，问题产生的主要部位在于“浮球附着了油漆”和“空气干燥了油漆”。显然，这时解决问题的入手点在于如何去除浮球上的油漆或者如何使浮球上的油漆不凝固。沿着这个思路，应该给出怎样的解决方案呢?

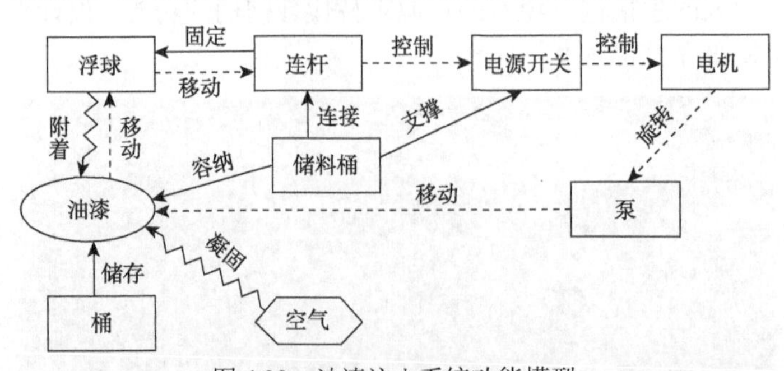

图 4.30　油漆注入系统功能模型

首先确定系统初始裁剪元件。案例利用因果链分析来确定产生系统问题的根本元件作为系统初始裁剪元件。分析过程如图 4.31 所示：油漆溢出可能由于切换器故障、浮球无法正确检测、连杆故障、切换器无法控制四个因素之一导致。结合系统功能模型可以确定，此案例中造成油漆溢出的主要原因是，由于“浮球无法正确检测”。“浮球无法正确检测”是因为浮球上附着了厚厚的油漆使浮球过重导致。而浮球之所以会黏附很厚的油漆是因为浮球材质本身易黏附油漆并且环境中的空气会干燥浮球表面的油漆。所以系统的关键负面因素为“浮球会附着油漆”，因此浮球是初始裁剪元件。

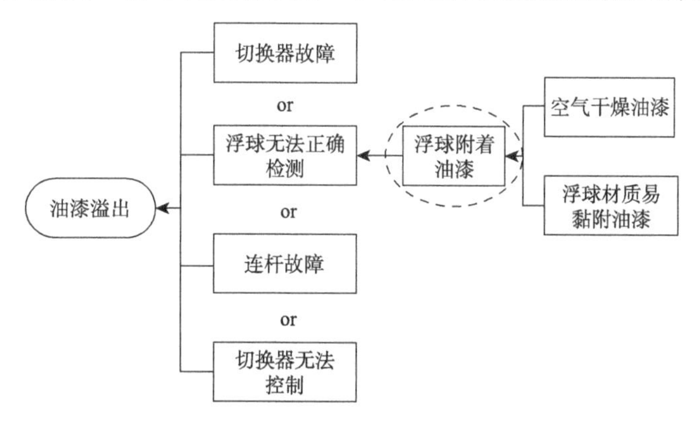

图 4.31 油漆灌装系统因果链分析图

将浮球裁剪，浮球裁剪后浮球对油漆的“附着”等作用随之消失，这时系统原有的问题也随之消失，取而代之的是连杆无法“移动”的问题。经系统资源分析，系统内及超系统内未找到其他现有元件替代执行“移动连杆”的功能，故将连杆一并裁剪，如图 4.32 所示。按照此规则继续裁剪直至裁剪如图 4.33 所示，系统问题进行了重构。

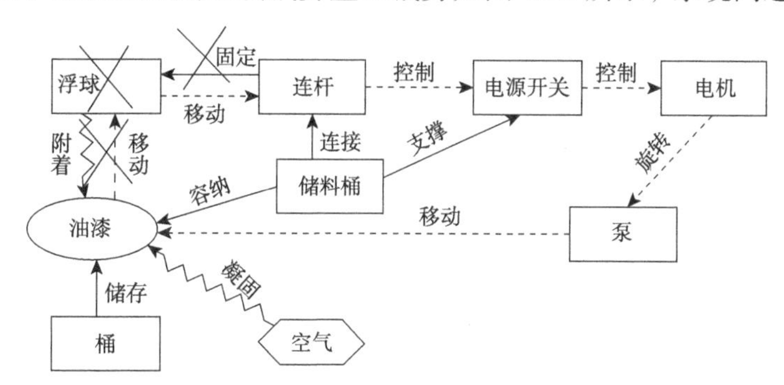

图 4.32 裁剪初始裁剪元件（浮球）后的系统功能模型

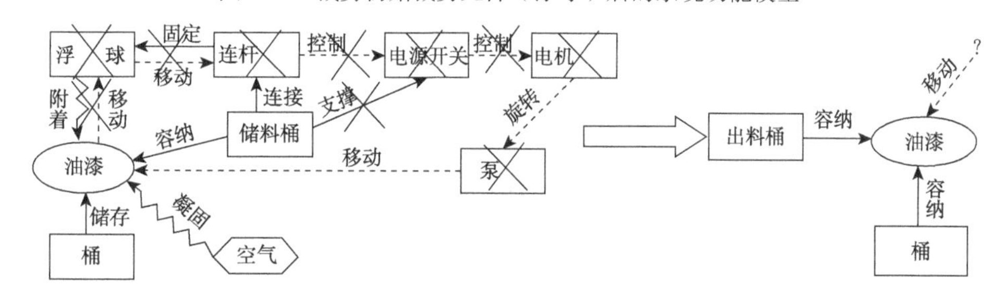

图 4.33 系统裁剪后系统功能模型

这时，系统的问题变成了如何“控制移动油漆”。此时再去解决问题，已经和未裁剪前时的解决思路大不相同了。

设计者按照此思路给出了如下解决方案：方案示意图如图 4.34 所示，把油漆桶加高使其底部高于油漆池，将油漆出口管的口端与储料桶内所需保持的油漆液面齐平。当储料桶中油漆被工件消耗低于出口管时，桶内油漆在重力作用下流出供给储料桶。当油漆供给到一定程度，储料桶中油漆液面高于油漆出口管的端面时，大气压将油漆压回油漆桶内，防止其流出，以此实现油漆实时自供给。

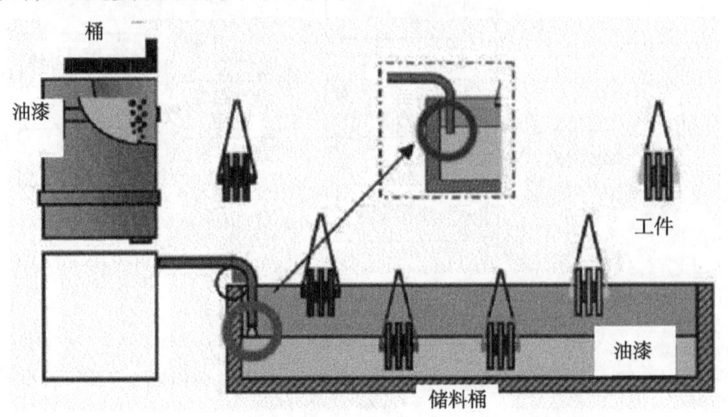

图 4.34　油漆涂装系统改进后方案

4.4.5　系统问题网络构建与冲突确定

正如 4.3.5 小节所述，对于复杂工程问题，其往往涉及多个利益相关者，各利益相关者的需求可能涉及多方面的技术、工程和其他因素，且各利益相关者的利益并不完全一致，所以当这些需求转化为设计要求时，其相互之间的冲突也就出现了。且由于设计目标众多，且之间存在关联，一个问题的解决（单个设计目标的实现）往往会导致新的问题产生，多个问题与问题之间环环相扣、相互关联，所以只有通过系统的分析，理清各问题间的关联关系，确定其中的关键冲突点，才能有效、准确地制定问题求解策略，从而得到完备的解决方案。

本小节将从复杂工程问题的利益相关者确定、利益相关者需求获取、基于需求的设计目标确定、基于概念图的问题网络构建以及基于问题网络的冲突确定等方面，系统地讲述面向复杂工程问题的问题分析及确定过程。

1. 基本概念

首先介绍系统问题网络构建及冲突发现过程当中涉及一些基本概念。

1）利益相关者

要分析和解决问题，则必须首先了解与其有紧密关联的利益相关者（个人或组织），包括企业、产品使用者、合作方、竞争对手、监管机构、行业协会等。我们需列出问题所处环境内的所有利益相关者，从而全面理解他们之间的关系。这有助于我们了解各利益相关者如何从该环境中获取利益，各自的需求以及彼此之间的关系。与此同时，这也能帮助我们思考，一旦创新成果出炉、环境生变，各方利益相关者会受到哪些影响，创新方案能否在市场获取成功等。

【案例 4.18】

20 世纪 90 年代，音乐产业经历了一场有趣的变革，对所有利益相关者都产生了影响。当时，音乐产业的主要利益相关者包括音乐家、唱片公司、分销商、零售店和消费者；间接利益相关者则有图形艺术家、印刷公司、包装公司和音乐推广机构等。整个行业构架以录制歌曲的实体唱片销售为基础（图 4.35）。1999 年，在线音乐网站 Napster 横空出世，提供点对点的音乐分享服务，让人们得以自由分享音乐——这也与逐渐盛行的社交网络趋势相得益彰。这一改变对传统唱片业产生了巨大的影响，相关利益方反应很激烈。然而，唱片公司虽然试图努力抢回地位，却错过了行业变革的有利时机。当苹果公司更进一步推出 iPod 和 iTunes 时，音乐产业再度变革，所有利益相关者的角色又一次发生变革。

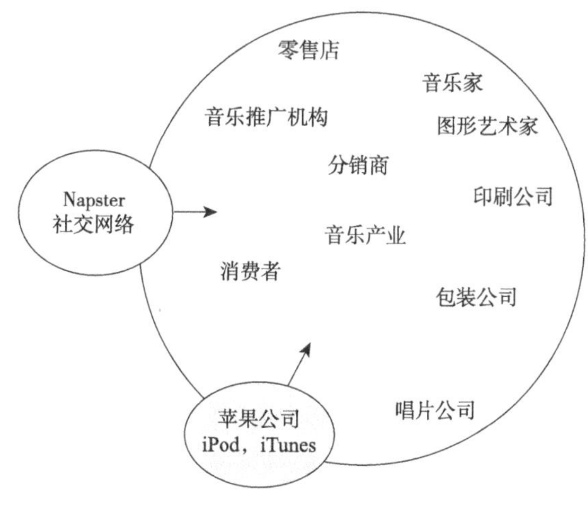

图 4.35 音乐产业利益相关者分析图

确定利益相关者对设计者来说是一个“艰巨”的任务。不仅如此，作为设计者不但要明确产品/服务的利益相关者，还必须能够准确判断利益相关者所期望的目标。需要注意的是，一个产品的利益相关者有很多，选择与产品/服务有“直接”关系的部分来分析。这些利益相关者将直接对设计产生影响。

一般情况下，对于一件产品或一项服务的利益相关者分析，可以从最终用户、技术实现、公司商业运营及政策监管几个方面展开分析，如表 4.11 所示。根据其可以确定关于产品/服务的基本利益相关者。

表 4.11 产品/服务的利益相关者

面向人	面向功能	面向市场	面向政策法规
最终用户	技术实现	公司商业运营	政策监管
他们设定产品/服务应如何“积极”影响人的生活质量，即他们的活动和精神状态	他们设定了“必须”的性能和所要设计产品/服务的整体质量/效率	他们设定了解决方案的成本/金融/基于市场的特征，该解决方案的实现是获利的基础，并且符合投资者的商业使命	它们规定了产品/服务中须根据规则和标准进行检验的部分

2）需求和设计要求

需求是从产品/服务的利益相关者角度提出的，对于产品/服务能够满足自己某些需要的意愿。产品设计过程中要考虑所有利益相关者的需求，使用者在购买产品时，其需要的是产品所能提供的功能，制造商（经营者）在满足消费者功能需求的前提下需要达到获益的效果（降低设计成本、制造成本等），而环境及社会又对经营者和消费者有一定的约束作用（环境无害、可回收等）。

作为人类，我们解决问题是为了将我们不期望的事物状态改变成为我们所期望的状态。而作为设计者，我们要尝试找到问题的解决方案，来创造新的技术、商业模式等改变的机会。但是在解决问题之前，我们首先要确定具体且准确的问题，这就要求必须明确具体的设计目标状态。设计目标来源于用户和产品各利益相关者的需求，由于用户需求具有模糊性和不确定性，必须将自然语言的用户需求描述，转化为产品设计中所需的设计要求，才能确定具体的产品目标状态。

设计要求是为了满足利益相关者需求的具体的产品特征或者工程措施，是产品的具体目标状态。各利益相关者提出的需求具有一定的模糊性和不确定性，设计者需要将其转化为一系列可量化评价的设计指标，即具体的"设计要求"。只有确定了"具体的"设计要求，才能将问题具体化，也才能判断解决方案是否能满足需求。

在分析复杂系统问题时，可以确定关于产品/服务的基本利益相关者及其需求，设计者需要将这些需求转化为具体的设计要求，并最终确定一个"详细"规范的列表：将产品/服务的利益相关者、需求以及具体技术要求等与设计活动相关的方面，深入且规范地描述出来。确定需求和设计要求的过程是对"产品存在的问题"深入分析和探索的结果。

具体步骤如下：

步骤 1：选定某个产品/服务作为研究对象。

步骤 2：确定该产品/服务的利益相关者。

步骤 3：确定详细的分析清单：需求描述、利益相关者、技术要求。

需要注意的包括以下内容。

- 尽量使用可量化的技术要求：这将是你评价解决方案好坏的标准。
- 对于同一个需求，可以定义多个技术要求。
- 不同的利益相关者可能有相同的需求。
- 根据定义，利益相关者至少会有一个需求。
- 随着对问题分析的深入，可能会发现新的利益相关者。

【案例 4.19】

如在上述 4.3.5 小节的案例 4.7，该产品/服务的"利益相关者—>需求—>设计要求"分析如下：

（1）利益相关者分析。

利益相关者 1：产品制造商。

作用：设计需求的发起人，将检查和批准设计方案是否可行（投资方）。

期望的目标：希望增加其产品/服务，如果有获取利润的可能，将与其他公司建立新的业务合作伙伴关系并最终获取经济效益。

利益相关者2：运动爱好者。

特征：年龄25~40岁，有强烈的运动的意愿。他们通常独自或组成小组运动，且每周至少三次。他们通常使用专业的运动相关设备。

作用：购买者和使用者。

期望的目标：装备能够持续监控他们的健身进度，避免受伤，具有时尚性。

利益相关者3："业余"运动者。

特征：年龄18~60岁，懒惰，他们通常单独、不定期运动，最多每周一次。

作用：购买者和使用者。

期望的目标：他们希望装备能够刺激和推动他们能够经常和频繁跑步锻炼，但他们不想因此带来压力。他们也想要一个真正容易使用和穿戴舒适的装备。

除此之外，产品/服务的利益相关者可能还有国家质量和安全监督部门、运动者的朋友和家人、制造商的技术合作伙伴、专业医疗的提供者等。这里不再逐一列出。

（2）利益相关者需求及技术要求转化分析。

照上述方法，分析上述案例中的利益相关者、需求及技术要求，如表4.12~表4.15所示。

表4.12 基于用户的"需求-技术要求"分析

需求	利益相关者	技术要求
不妨碍"我的"健身活动	运动者	避免与人体产生磕碰、无负重感等，需现场测试分析确定
不妨碍正常的社交活动及交流	运动者	用户一直与社交平台保持连接
具有时尚性	运动者	具有独特性和市场上其他产品外形不同
具有较高的定制可能性	运动者	用户可以根据自己的运行水平自定义产品特性/功能。 产品形状反映用户的人体测量数据
容易使用	运动者	图形化的用户操作界面（需测试） 用户可以在不需要咨询手册的情况下设置产品

表4.13 基于产品功能技术支持的"需求-技术要求"分析

需求	利益相关者	技术要求
可穿戴	制造商 运动者	重量较轻：<30克 易穿戴：最多不超过2个步骤
防水	制造商 运动者	水滴、水分和汗液测试合格（国标）
不间断连接信号	制造商	与智能手机蓝牙连接
平台之间的兼容性强	制造商 技术合作伙伴	测试手机IOS，Android，Windows系统的兼容性
电池使用寿命长	运动者 制造商	充电一次可以在正常模式下使用一周
数据准确	制造商 运动者	在10千米的跑道上，最大允许190米的误差；实现健身目标（现场测试）
较高追踪能力	运动者 制造商	在GPS、加速度计、陀螺仪、罗盘、心率传感器等中可用跟踪功能

表 4.14　基于商业运作的“需求–技术要求”分析

需求	利益相关者	技术要求
提供定制的可能性	制造商	6 种颜色，区分男士/女士版本，每个版本又都有入门级、中档、高端三个版本
加强用户对品牌的忠诚度，提升品牌形象	制造商	开发专门围绕新产品/品牌建立的营销活动
盈利的市场范围大	制造商	入门级<400 元，中档版<800 元，高档版<2 000 元

表 4.15　政策监管的“需求–技术要求”分析

需求	利益相关者	技术要求
数据安全性	政策制定者	通过密码和用户认证进行数据访问；数据必须加密
材料不能损害人体皮肤	政策制定者	材料符合国家安全标准

（3）概念图。

概念图（conceptual maps）是组织和表达知识的一种图形化工具。其通过二维节点描述重要的概念和概念之间的关系，一幅概念图一般由“节点”、“连接”和“有关文字标注”组成，如图 4.36 所示。

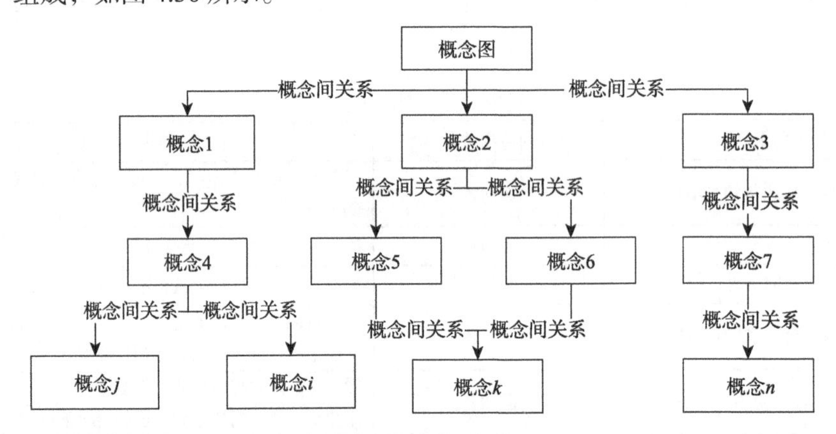

图 4.36　概念图示例

节点：由几何图形、图案、文字等表示某个概念，每个节点表示一个概念，一般同一层级的概念用同种的符号（图形）标记。

连接：表示不同节点间的有意义的关系，常用各种形式的线连接不同节点，以此表达构图者对概念的理解程度。

文字标注：可以是表示不同节点上的概念的关系，也可以是对节点上的概念详细阐述，还可以是对整幅图的有关说明。

（4）冲突。

当问题不可调和，便演化成了冲突，冲突是问题的激化，是矛盾的极端化表现形式，是必须要解决的问题。在设计过程中，冲突通常表现为对产品系统中同一个参数有两种相反的要求。例如，某用户既需要桌子重量轻一些，以方便移动；又希望桌子强度高一些，以更耐用。设计师在设计过程中发现，为了让桌子重量轻一些，须使桌板尺寸减小；但是为了满足增加桌子强度的要求，又须使桌板尺寸增大。这种为了达到不同的设计要求，对产品的同一参数提出了相反要求的问题，便是冲突问题。

实践证明：

• 在解决一个问题之前，我们应该首先发现隐藏在其中的冲突。

• 冲突应该被彻底解决而不是简单的方案折中。

• 克服冲突是技术进化的内在驱动力。拒绝折中方案，真正解决冲突往往会产生突破性的解决方案。

所以，发现设计中的“冲突”，是从根本上解决问题的一种重要且有效的方法。

2. 基于概念图的问题网络构建

在复杂系统中，问题与问题之间并非孤立存在的，是相互联系的，问题网是由问题和半效解按照彼此之间的关系组成的一个网络，它是一个图的形式，如图 4.37 所示。图中问题或半效解作为图的节点，问题间的关系是结点之间的连线。

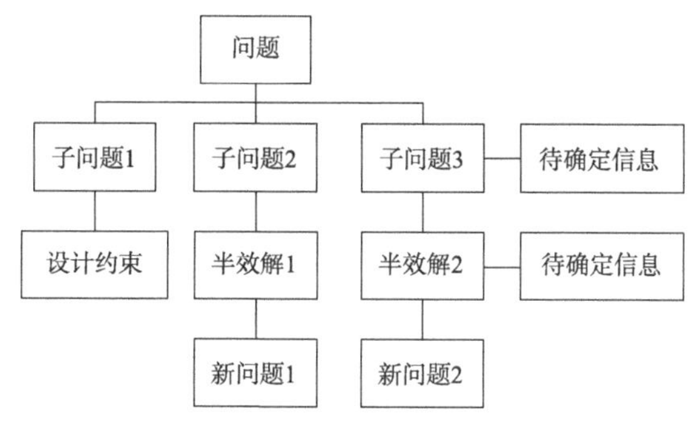

图 4.37 问题网络模型

问题网设置如下四种网络节点：

• 问题——Pb。

• 半效解——PS。

• 待确定信息——QE。

• 约束条件——Cnstr。

1）问题：Pb

任何我们感到不满意的地方，任何我们想实现的目标，都可以设置为问题。举例如下。

• 如何实现……有用功能？

• 产品未达到的性能要求。

• 产品产生的有害效应。

• 某种资源<*X*>过度消耗。

• ……

2）半效解：PS

正如前面所述，尝试确定问题解决方案的过程，是一种理解和分析系统问题的过程。因为对这些解决方案进行评估时，可能会有很多限制条件使方案是“不完美”的，它们仅仅解决了一部分问题，或者在解决问题的同时带来了新的问题。我们将这种“不完美”的解决方案称为“半效解”。半效解的提出，使问题逐渐清晰化，并使冲突的确定成为可能。

任何至少能部分解决问题的方案，任何我们认为至少可能解决一个问题的方案和任何实现半效解的具体措施，都可以设置为系统问题的半效解。以<主语+动词+补语>的形式描述。

3）待确定信息：QE

待确定的信息是指解决问题所需要的信息，在认识和分析问题时所必须要了解的信息。其可以通过以下途径获取。

（1）公司内部的相关信息检索。

- 来自于其他的部门或同事。
- 过去的经验。

（2）公司外部的相关信息检索。

- 专利、技术或科技论文。
- 顾客、市场、标准。

4）约束条件

在解决问题过程中，任何不能或不允许被修改的因素，都可以称为问题解决过程的约束条件。其可以通过以下途径获取。

- 规范和准则。
- 合同条款。
- 自然规律。

5）连接关系

（1）问题→问题（Pb→Pb）的连接关系有因果关系和分解关系两种，如图 4.38 和图 4.39 所示。

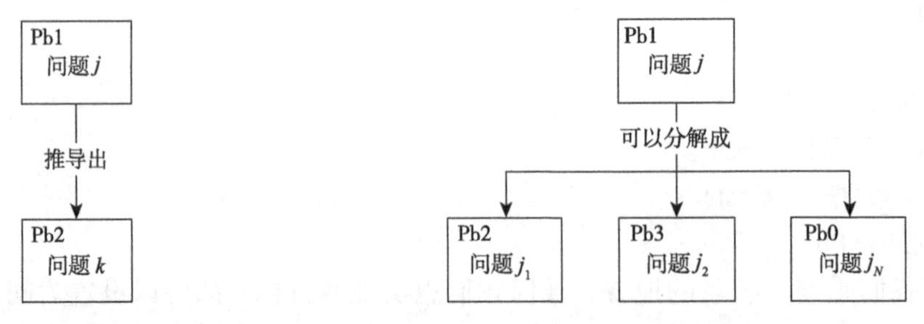

图 4.38　因果关系　　　　图 4.39　分解关系

（2）问题→半效解（Pb→PS）、半效解→问题（PS→Pb）的连接关系如图 4.40 所示。

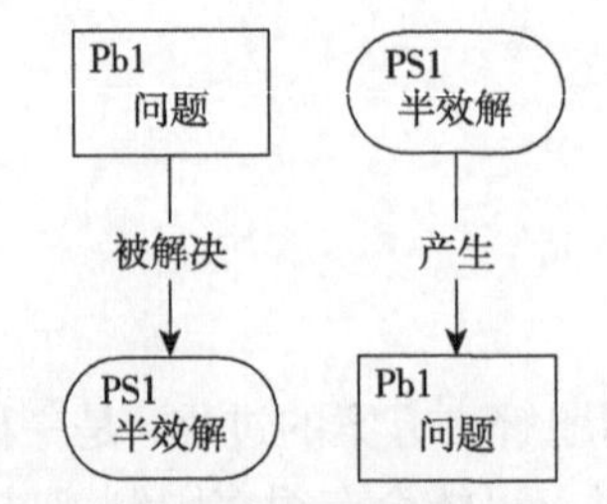

图 4.40　问题半效解的连接关系

对于复杂工程问题，利用概念图构建其问题网络是一种系统化分析问题的方法。其能够在半效解和问题产生过程中加深对问题的认识。将系统问题、半效解、设计约束等节点按照连接关系连接，构成一个大的“问题网络”，是以系统化的全局观点来分析系统子问题之间的联系，这便于帮助设计者理清思路，也是获取解决系统问题的入手点——系统关键冲突的基础。

构建系统问题网的具体步骤如下。

步骤 1：确定系统初始问题。对于复杂工程问题，可通过问题描述、利益相关者、需求、设计要求转化分析，确定系统初始子问题。

步骤 2：收集上一步骤中获取的所有初始问题以及对应半效解。用不同颜色区分问题和半效解，以使构图更加清晰和具有逻辑性。

步骤 3：确定问题和半效解之间的连接关系。

步骤 4：对于每一个半效解，分析确定其有无进一步产生问题以及待确定信息的可能性（如对系统产生的不足作用、有害作用等）。

步骤 5：对于每一个问题，运用所学知识尝试是否可以得到解决方案或者半效解。

步骤 6：返回步骤 4，直至没有新问题产生，即若确定构建的网络中，列出的问题已经涵盖了所有问题变体（替代解决方案）和进一步可能出现的问题，则完成系统问题网络构建。

【案例 4.20】

延续本小节的前述案例，建立该项目的问题和半效解网络。以部分“需求-技术要求”分析为例展开，完成问题网络构建过程（表 4.16）。

表 4.16 “需求-技术要求”分析（部分）

需求	利益相关者	设计要求
电池寿命长	使用者 制造商	装置不充电可持续正常工作至少一周
防水	制造商 使用者	装置防水性能达到水滴、水分和汗液测试标准（国标）

确定待解决问题及其解决方案。

（1）确定问题。

Pb1：“充电一次可连续正常使用一周”。

Pb2：装置防水性能满足水滴、水分和汗液测试要求。

确定问题的解。

Pb1：“充电一次可连续正常使用一周”。

PS1：装置在原有基础上增加一块电池。增加电池可以大大提高设备使用时长，满足充电一次，可正常使用一周的要求；但是与此同时带来了另一个问题，即装置重量增加（装置整体重量大于 30 克）。因此，该方案为半效解。

Pb2：装置防水性能满足水滴、水分和汗液测试要求。

PS2：在易渗透的接口处增加密封垫圈。增加密封垫圈，提高了装置的密封性能，能够达到水滴、水分和汗液测试要求，但是同时增加了装置的重量，装置整体重量大于30克。因此，此方案也为半效解。

（2）连接问题和半效解。

将上述问题和半效解连接，建立问题网络如图4.41所示。

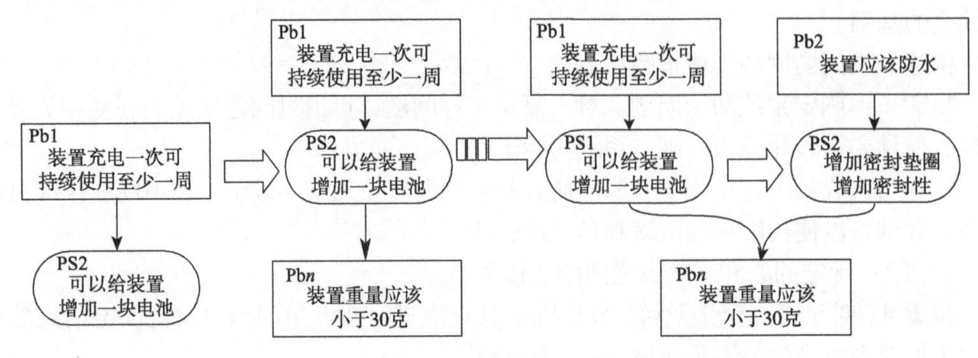

图4.41　某项目问题网络构建过程（部分）

以此类推，可以构建出项目的完整“问题网络”。一个项目完整的问题网络往往是庞大且复杂的问题网络。

3. 基于问题网的系统冲突确定

正如前面所述，发现系统中隐藏的“冲突”是从根本上解决问题的一种重要且有效的方法。所以我们要在解决问题前首先发现隐藏在其中的冲突，尤其是系统的关键冲突。上述“问题—半效解”问题网的构建，实际上是将系统中隐藏的冲突显性化的过程。基于系统问题网的冲突描述过程步骤如下。

1）冲突因素及特征确定

选取出问题网络中关键的“问题—半效解—新问题”链条，其中问题（现状不能满足设计要求）的存在会导致我们不期望的结果，记为R1；实施半效解后所产生的新问题，也会导致一个我们不期望的结果，记为R2。这两个不期望结果的出现，是我们对半效解中的某个元素的特征值有相反的要求导致的，这个元素的特征即为冲突特征。分析结果如图4.42所示。

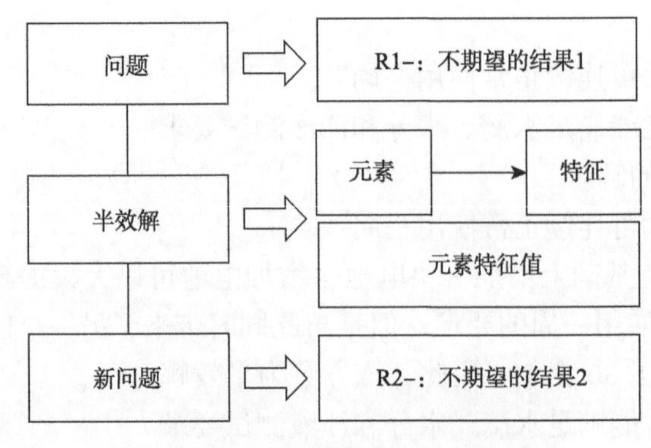

图4.42　冲突因素及特征确定

2）冲突形式化表达

确定冲突元素及特征后，将元素正向特征值造成的不期望的结果及达成的期望的结果，以及元素反向特征值造成的期望的结果和不期望的结果分别列出，如图 4.43 所示，其是对系统冲突的形式化表达。

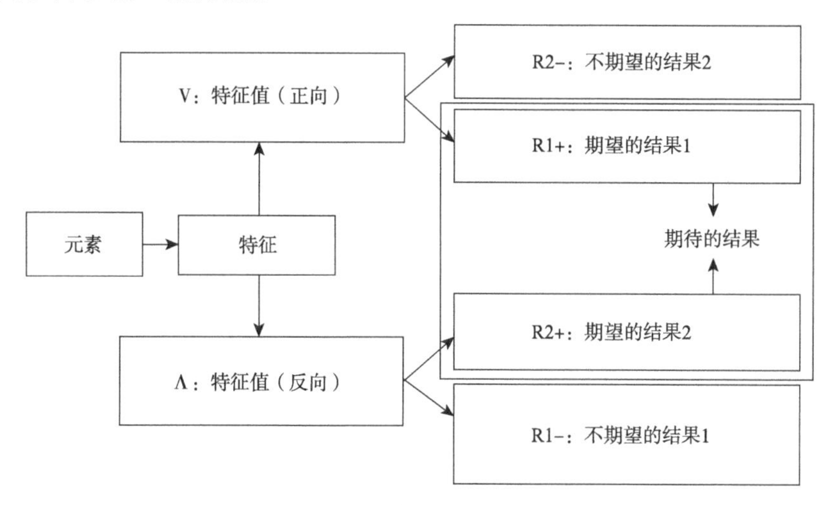

图 4.43　冲突形式化表达

为实现不同的目标，对于同一个元素的特征值有两种相反的要求，这是典型的冲突问题。系统冲突的确定是确定了系统中最尖锐的问题，系统关键冲突的获取是系统性创新解决方案产生的关键。对于冲突问题，TRIZ 理论中提供了专门的解决方法，如分离原理、发明原理、技术替代、资源分析等。关于解决问题的工具和方法，我们将在第 5 章“问题解决”中详细论述。

【案例 4.21】

按照上述方法，继续对本节案例进行分析。选取“问题—半效解—新问题”链，如问题是“如果装置不充电，将不能持续工作一周”。设计团队给出的解决方案是“给装置增加一块电池”。这显然是一个半效解，因为增加电池后，虽然设备可以达到“一次充电，持续工作一周”这一技术要求，却导致了装置的重量增加至 30 克之上，这就无法达到“装置重量轻”这个技术要求。造成冲突的关键因素是电池，特征是尺寸。分析结果如图 4.44 所示。

将冲突图形化表示，结果如图 4.45 所示。若电池尺寸增大（电池容量增大），则可实现装置一次充电可持续工作一周，但装置重量大于 30 克；若电池尺寸不变（容量不变），则可满足装置重量小于 30 克，但是装置一次充电无法持续工作一周。

如此，就确定了系统中的冲突。这时，按照冲突的形式不同采用 TRIZ 理论中发明原理、分离原理、技术替代、资源分析、ARIZ（Алгоритм решения изобретательских задач，即发明问题解决算法）等解题工具都可以辅助设计者获得系统的解决方案。

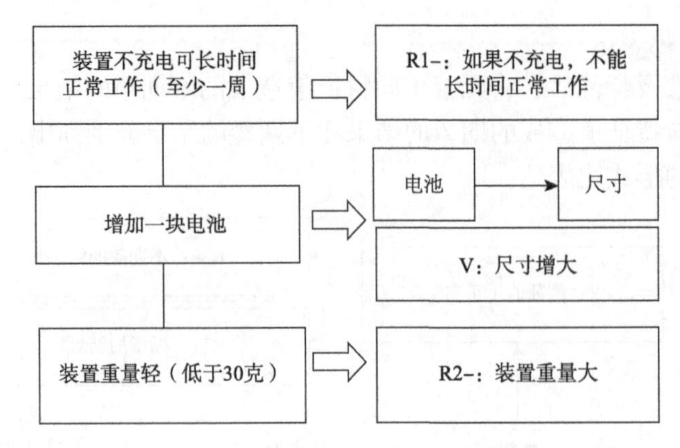

图 4.44　某项目某冲突因素及特征值确定

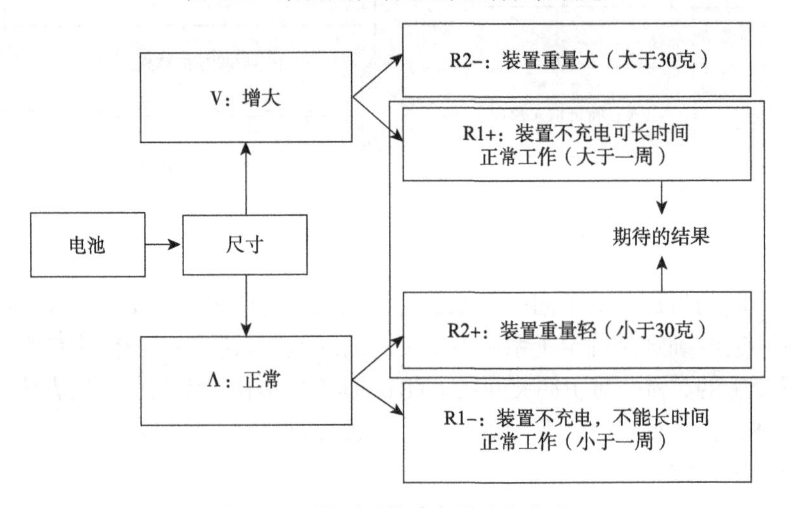

图 4.45　某项目某冲突形式化表达

把一个设计问题提炼为冲突，是一种确定根本问题的方法，同时也为产生新的、更好的解决方案提供了机会。分离冲突的需求是一种解决冲突问题的普遍策略。当分离原理不适用时（不能解决问题时），那么可能意味着系统需要进行大的改变，这时可以采用技术替代等方法来规避系统现有冲突，得到创新的设计方案。

4.5　本章小结

本章探讨了问题的定义、问题具有的特征及问题的类别，阐述了发现问题对于创意产生的重要性。从问题定义入手，分析了导致问题难以发现的一系列原因，并以此为基础，由浅入深地介绍了一系列系统的问题发现方法。

思考与训练

1. 绣花针是家家户户中都会使用到的物品，就是这样一个熟悉的物品是否也存在问题呢？请尝试用上述发现方法分析。

2. 选取周围熟悉的物品，尝试应用“视觉转换法”发现问题，并尝试给出解决方案。

3. 分析在第2题中你给出的解决方案，尝试采用“反向提问法”发现其中存在的问题，并尝试给出解决方案。

4. 将第2题和第3题中的步骤重复几次，体会“问题是无尽的链条”的含义。

5. 对本章中刮胡刀/女士刮毛刀的案例进行根原因分析，确定问题存在的根本原因，并尝试给出解决方案。

6. 以日常生活中的饮水机为例，对其进行功能分析，构建系统功能模型，尝试确定系统具体问题。

7. 构建饮水机系统功能模型后，尝试采用裁剪法重新构造问题，并尝试给出解决方案。

8. 尝试以“飞机场的改进项目”为项目背景，自己拟定项目需求，确定该项目的利益相关者及技术要求，构建其问题网络，并确定出关键冲突问题。

扫一扫

4.4 裁剪方法介绍

4.4 裁剪实例

4.4 问题网络建立案例

第4章拓展材料

第5章 问题解决

5.1 引言

在发现问题之后，如何克服思维惯性去解决问题是产生创意的关键步骤。本章分别通过收敛思维与发散思维的思路，对解决“结构良好问题”与“结构不良问题”的方法进行梳理。从基于认知的角度观察，问题的解决方法包括头脑风暴法（brian storming）、平行思维法、思维导图法等。当认知的局限性致使问题得不到解决时，建议采用基于技术的问题解决方法，如资源分析法、九窗口法、聪明小人法、冲突解决原理等发明问题解决的理论。

本章将分别对头脑风暴法、思维导图、平行思维法、TRIZ 方法、冲突解决原理、技术预测等解决问题方法进行介绍，应用其辅助产生创新设想，最终输出创意。

5.2 头脑风暴法

头脑风暴法是由美国企业家 Osborn 于 1939 年首次提出的一种激发创新创意产生的方法，也有学者将其翻译为“智力激励法”“脑力激荡法”等。

“头脑风暴”的原意是“突发性的精神错乱”，用来表示精神病患者处于大脑失常的状态。精神病患者的特征是言语与肢体行为在发病时无视他人的存在，奥斯本借用其来形容“让头脑卷起风暴，在自由的思维中产生如暴风雨般的设想”。

头脑风暴法主要强调高度充分的自由联想，一般通过举行特殊小型会议的形式完成，与会者毫无顾忌地提出各种想法，彼此激励，相互激发并引起联想，导致创意的连锁反应，产生更多的创意。其具体实施要点主要包括三部分内容：①头脑风暴小组的组成；②头脑风暴会议的原则；③头脑风暴法的实施步骤。

5.2.1 头脑风暴小组的组成

头脑风暴法可将成员分为两个小组，每组成员各为4~15人，每组各包括1名主持人。

首先，对头脑风暴法成员进行分组。第一组为“设想发生器”组，简称设想组。第二组为评判组，或称“专家”组。

设想组的任务是举行头脑风暴会议，提出各种设想。设想组的成员应具有抽象思维的能力和自由联想的能力，最好预先对组员进行创意方法的培训。专家组的任务是对所提出设想的价值做出判断，完成对设想的优选。评判组成员以有分析和评价头脑的人为宜。两组成员的专业构成要合理，应保证大多数成员是精通该问题或是该问题某一方面的专家或内行，同时也要有少数外行参加，以便突破专业习惯的束缚。应注意组员的知识水准、职务、资历、级别等应尽可能大致相同。高级干部或学术权威的参加，往往会出现对他们意见的趋同或是一般组员不敢“自由地”提出设想的不利情况。

其次，选择主持人。小组的主持人，尤其是设想组的主持人对于头脑风暴法是否成功较为关键。

为使得头脑风暴会议有效进行，更好地激发组员产生设想，对主持人提出了较高的要求。主持人要发扬民主作风，反应机敏、有幽默感，在会议中既能坚持头脑风暴法会议的原则，鼓励大家讲出自己的设想，又能调动与会者的积极性，使会议的气氛活跃。此外，主持人的知识面要广，对讨论的问题要有明确和比较深刻的理解，以便在会议期间能善于启发和引导，把讨论引向深入。

5.2.2 头脑风暴会议的原则

头脑风暴会议的氛围对会议的效果会产生直接的影响，构建自由、客观的讨论氛围是更多激发创新设想产生的有利条件。头脑风暴会议的原则可概括为以下四项内容。

1）自由畅想原则

要求与会者自由畅谈、任意想象、尽情发挥。不受熟知的常识和已知的规律束缚。想法越稀奇越好，因为设想越不现实，就越能对下一步设想的产生起更大的启发作用。错误的设想是催化剂，没有它们就不能产生正确的设想。

2）严禁评判原则

对别人提出的任何设想，即便是幼稚的、错误的、荒诞的设想都不许批评。不仅不允许公开的口头批评，就连怀疑的笑容、神态、手势等形式的隐蔽的批评也不例外。

这一原则也要求与会者不能进行肯定的判断，如“某某的创意简直棒极了”因为这样会使其他与会者产生受冷落感，产生“已找到圆满答案而不值得再深思下去”的错觉，也可能使与会者下意识倾向于向这个方向思考产生创意，从而遏制了更多创意的产生。

3）谋求数量原则

会议强调在有限时间内提出设想的数量越多越好。会议过程中设想应源源不断地被提出来。为了更多地提出设想，我们可以限定提出每个设想的时间不超过两分钟。当出现冷场时，主持人要及时地启发、提示或是自己提出一个幻想性设想使会场重新活跃起来。

4）借题发挥原则

会议鼓励与会者利用别人的设想开拓自己的思路，提出更新奇的设想，或是补充他人的设想，或是将他人的若干设想综合起来提出新设想。

5.2.3　头脑风暴法的实施步骤

头脑风暴会议的召开包括会议准备、明确问题、收集设想等多部分内容，通过对会议环节进行整理，可将头脑风暴法的实施步骤概括为以下几个步骤（图 5.1）。

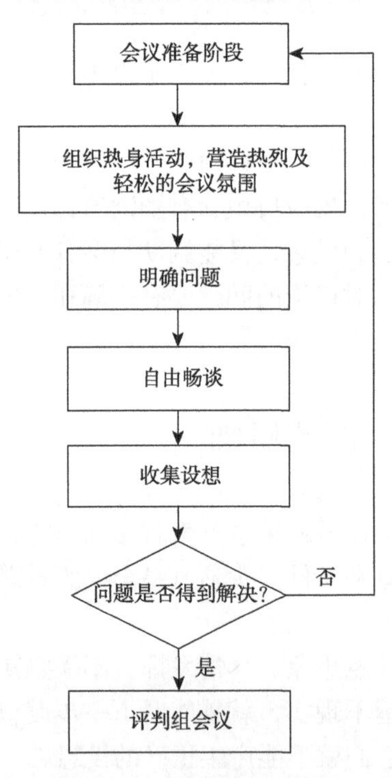

图 5.1　头脑风暴会议流程

步骤 1：会议准备阶段。准备阶段包括产生问题、组建头脑风暴小组、培训主持人和组员及通知会议的内容、时间和地点。

步骤 2：组织热身活动，营造热烈及轻松的会议氛围。为了使头脑风暴法会议能形成热烈和轻松的气氛，使与会者的思维活跃起来，可以做一些智力游戏，如猜谜语、讲幽默小故事等，或者出一些简单的练习题，如花生壳有什么用途?

步骤 3：明确问题。由主持人向大家介绍所要解决的问题。问题要提得简单、明了、具体。对一般性的问题要把它分成几个具体的问题。例如，“怎样引进一种新型的合成纤维”的问题很不具体，这一问题至少应该分成三个问题：第一，提出把新型纤维引入纺织厂的方法。第二，提出把新型纤维引进服装店的设想。第三，提出把新型纤维引进零售商店的设想。

步骤 4：自由畅谈。由与会者自由地提出设想。主持人要坚持原则，尤其要坚持严禁评判的原则，对违反原则的与会者要及时制止，如坚持不改可劝其退场。会议秘书要对与会者提出的每个设想予以记录或是做现场录音。

步骤 5：收集设想。在会议的第二天要向组员收集设想，这时得到的设想往往更富有创造性。

步骤 6：判断问题是否得到解决，如问题未能解决，可重复上述过程。在重复过程中，需要注意，若仍用原班人马时，要从另一个侧面用最广义的表述来讨论课题，这样才能变已知任务为未知任务，使与会者思路轨迹改变。

步骤 7：评判组会议。对头脑风暴法会议所产生的设想进行评价与优选应慎重行事。务必要详尽细致地思考所有设想，即使是不严肃的、不现实的或是荒诞滑稽的设想也应认真对待。

通过以上七个步骤，最终产生创意。那么，怎样才能开好“头脑风暴”会议呢？根据人们多年来积累的经验，总结了以下 10 条诀窍：

- 讨论题的确定很重要。要具体、明确，不宜过大或过小，也不宜限制性太强；题目宜专一，不要同时将两个或两个以上问题混淆讨论；会议之始，主持人可先提出简单问题做演习；会议题目应着眼于能收集大量的设想。
- 会议要有节奏，巧妙运用“行—停”的方法：3 分钟提出设想，5 分钟进行考虑，再 3 分钟提出设想……反复交替，形成良好高效的节奏。
- 按顺序“一个接一个”轮流发表构想。如轮到的人当时无新构想，可以跳到下一个。在如此循环下，新想法便一一出现。
- 会上不允许私下交谈，以免干扰别人的思维活动。
- 参加会议的人员应定期轮换，应有不同部门、不同领域的人参加，以便集思广益。
- 与会人员应包括不同性别的人员，以增强竞争意识和好胜心。
- 领导或权威在场，常常不利于与会者“自由”地提出设想，只有在充分民主气氛形成的局面下，才宜有领导或权威参加。
- 为使会议气氛轻松自然、自由愉快，可先热身活动一番，如说说笑话、吃点儿东西、猜个谜语、听段音乐等。
- 主持人应按每条设想提出的顺序编出顺序号，以随时掌握提出设想的数量，并提出一些数量指标，鼓励多提新设想。
- 会后要及时归纳分类，再组织一次小组会评价和筛选，以形成最佳的创意。

【案例 5.1】

主持人：我们的任务是砸核桃，要求砸得多、砸得快、砸得好，大家有什么好办法？
甲：平常在家里是用牙咬、用手掰、用门掩、用榔头砸、用钳子夹。

主持人：几十个核桃可以用这些办法，但核桃多了怎么办？

乙：应该把核桃按大小分类，各类核桃分别放在压力机上砸。

丙：可以把核桃黏上某种物质，使它们变成一般大的圆球，放在压力机上砸，用不着分类。

主持人：大家再想一想，用什么样的力才能把核桃砸开，用什么办法才能得到这些力？

甲：需要加一个集中挤压力，用某种东西冲击核桃，就能产生这种力；或者，相反，用核桃冲击某种东西。

乙：可用气动机枪往墙上射核桃，如可以用装泡沫塑料弹的儿童气枪射。

丙：当核桃落地时，可以利用重力。

丁：核桃壳很硬，应该先用溶剂加工，使它们软化、溶解……或者使它们变得较脆……要使核桃变脆，可以冷冻。

主持人：鸟儿用嘴啄……或者飞得高高的，把核桃扔到硬地上。我们应该将核桃装在袋子里，从高处（如在气球上、直升机上、电梯上等）往硬的物体（如水泥板）上扔，然后把摔碎的核桃拾起来。

甲：应该掘口深井，井底放一块钢板，在核桃树与深井之间开几道沟槽。核桃自己从树上摔下来，顺着槽沟滚到井里，摔在钢板上就会破裂。

乙：可以把核桃放在液体容器里，借助电，用水力冲击把它们破开。

主持人：如果我们运用逆向思维来解决问题，又会怎样？

丙：不应该从外面，应该从里面把核桃破开。把核桃钻几个小孔，往里面加压打气。

丁：可以把核桃放在空气室里，往里加高压打气，然后使空气室里压力锐减，因为内部压力不能立即降低，这时，内部气压使核桃破裂。或者使空气里的压力交替地剧增与锐减，使核桃处于变负荷状态下。

……

在头脑风暴法会议进程中，只用10分钟就得到了40个设想，其中一个方案（在空气压力超过大气压力并随即降到大气压力以下时，核桃壳破裂，核桃仁保持完好）获发明专利。

【案例 5.2】

在一起头脑风暴小组会议中，对于“如何方便有效地清洁窗户？尤其是高层建筑室外的窗户？”的问题，汇总到30余条设想，其中包括擦玻璃无人机、可遥控智能刮板、特殊反应试剂、免清洗玻璃贴膜、柔性卷帘式玻璃的研发、可翻转式玻璃的设计等。

你是否受到了启发？建议组织头脑风暴小组会议，产生你们的创新设想。

头脑风暴法是一种依靠集体的智慧提出新设想，进而产生创意的方法。它提供了一种有效的就特定主题集中注意力与思想进行创造性沟通的方式，在新技术研发、文艺创作、合理化建议等创意活动中都可以运用。

5.3 思维导图

思维导图又叫心智图，是由东尼·博赞发明的一种充分运用左右脑的机能，采用图文并茂的方式进行学习、记忆以及发散思维的有效工具。人的左脑主要负责语言，把我们通过视觉、听觉、触觉、味觉及嗅觉感受到的信息传入大脑中，再转换成语言表达出来；右脑主要用来处理节奏、音乐、图像、幻想等，能将接收到的信息以图像的形式进行处理，并且在瞬间处理完毕。思维导图工具，通过把各级主题的关系用相互隶属与相关的层级图表现出来，协助人们在科学与艺术、逻辑与想象之间平衡发展，开启了人类大脑的无限潜能，发散思维，进而产生创意。

5.3.1 思维导图的基本要素与绘制

1）思维导图的基本要素

思维导图通常是由一个中心主题向外发散而形成的，它的结构与发散性思维之间的有机属性可形象地采用蒲公英花头［图 5.2（a）］和箭袋树［图 5.2（b）］来表示。思维导图实例如图 5.3、图 5.4 所示。不难发现，这两个图传递了以下信息：主题、相关元素及其之间关系的形象表达。其中，位于图中央的主题即为中心主题，它是思维过程开展的核心，也是最初需要确定的要素。图 5.3 中的“火把节”、图 5.4 中的“常见助动词用法”分别为这两个思维导图的中心主题。

（a）

（b）

图 5.2 思维导图结构与发散思维有机属性的形象表达

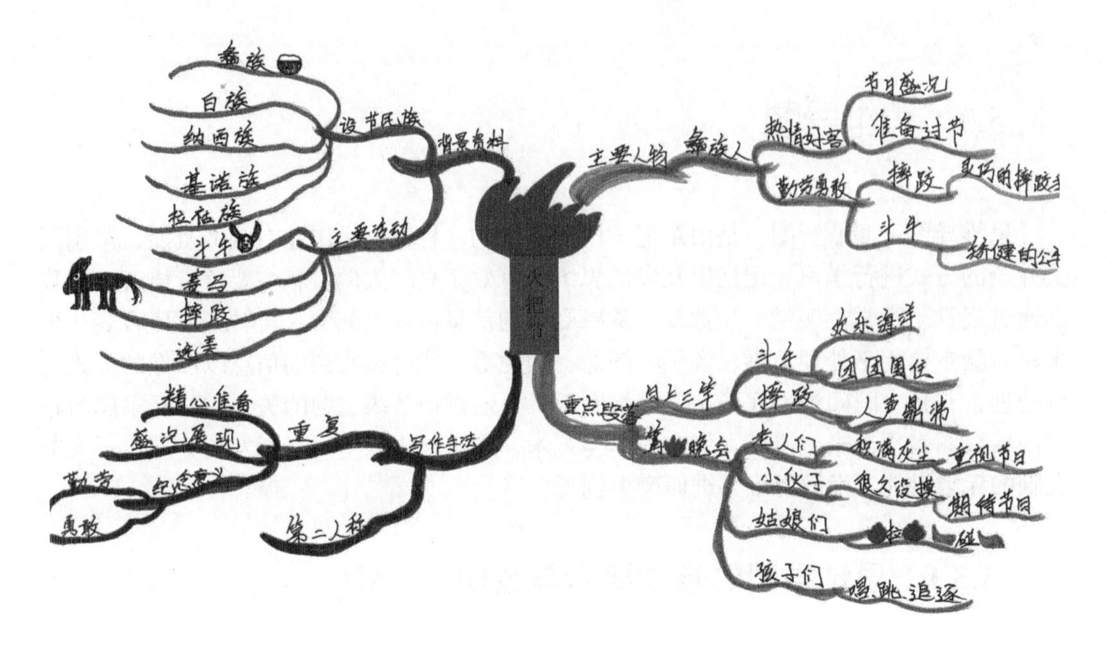

图 5.3　“火把节”主题下的思维导图

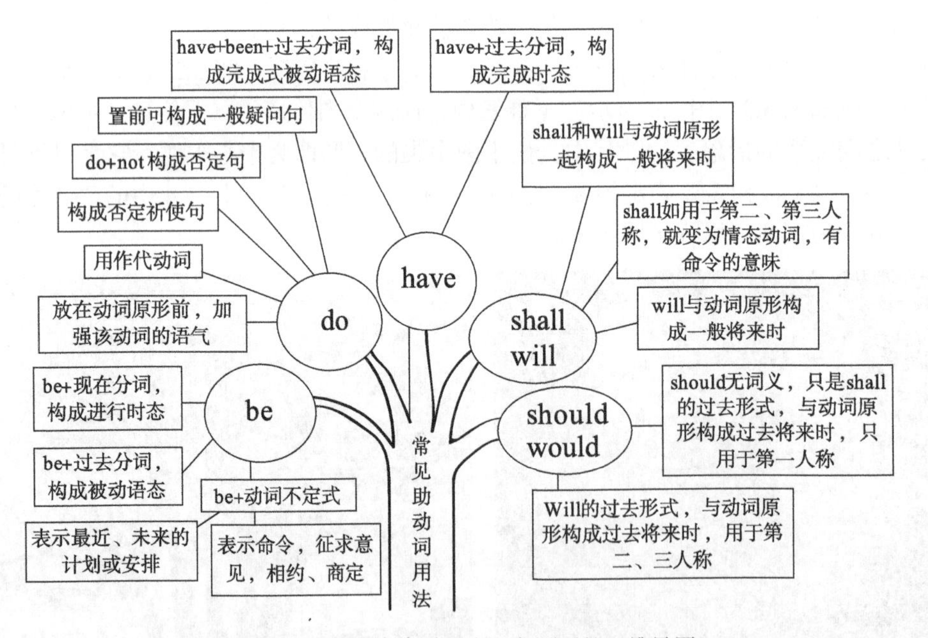

图 5.4　“常见助动词用法”主题下的思维导图

构成思维导图的第二个要素是与中心主题相关的关键词。绘图者围绕中心主题思考与其有关联的事物或概念，最终提取出关键词。关键词通常由词或短语组成，因此需要绘图者在纷繁的思考过程中进行加工与提炼，这一过程反映了画图者思维的清晰度与概括能力。

第三个要素是分支，是指关键词之间的纵向联系，用来表达关键词之间的层级关系或逻辑关系。每一个分支代表一个思考方向，分支越多，表示思维越广，思维的方向涉及范围较广；分支越长，则表示层级越多，思维越深入。

第四个要素是图像信息。有句话叫做“一图值千字”，原因是图像调动了大脑对色彩、线条、维度、想象等的技能，能够引发广泛的联想。思维导图采用多种颜色的图像表达信息，旨在激发大脑发挥潜能，为绘图者产生创新创意提供了更多的自由空间。

通常情况下，思维导图是包括以上所述的四项要素的，但也有的思维导图不包含文字或不包含图像，考虑到图像与文字结合使用，能够帮助我们开发大脑左右脑的潜能，因此，建议采用图文并茂的方式绘制思维导图。

2）思维导图的绘制步骤

思维导图的绘制可采用手画或计算机软件绘制，两者各有利弊。亲自用手画有利于加深印象、增强记忆，激发创意的产生；弊端是它对绘图者的绘画技能提出了一定的要求，而且修改起来比较耗时。采用计算机软件绘制思维导图，带有超链接功能，能够将思维导图与 PPt、Word 文档、音频、网页等链接，使思维导图的功能更加强大；弊端是绘图者没有亲手绘制，在记忆方面减弱。

在选择绘制方式之后，即可开始思维导图的制作了。绘制过程基本包括以下几个步骤：

步骤 1：绘制一个中央图像来表示中心主题。

步骤 2：选择合适的关键词，把它作为主要分支。在绘制若干分支时，每一个分支可采用不同的颜色，每一条分支上标注出关键词。在此阶段，应该把主要精力集中于需要处理的主题或问题上。

步骤 3：放开思路，由关键词产生联想，产生更多的相关词汇，并通过分支表示出它们之间的关系。在此阶段，你会发现随着思路的打开，新奇的想法会逐渐增多，因此产生的设想也会增多，问题解决的思路也会由此打开。

步骤 4：编辑并调整思维导图，使词汇之间的关系更加连贯。把思维导图视为一个解决问题的框架，伴随着思维导图的绘制过程，将会产生具有创造力的问题解决方法。

5.3.2 思维导图的应用

思维导图最早是作为一种记笔记的方法，通过采用图文并茂绘制的方式，加强绘图者的记忆。后来经过发展，人们将其应用于生活和工作的各个方面，如艺术创作、教育、演讲、管理、会议等，它能够帮助我们发散思维，在生活和工作中产生创新创意，更好地解决问题和完成工作。

【案例 5.3】

在某企业中存在着的问题：部门之间不能够合理利用资源，有效地协调并完成工作，如何能够增强部门各员工之间的团队合作意识，进而提高工作效率呢？

该问题属于企业管理问题，应用思维导图进行解决的过程如下：

（1）从公司的 8 个部门中分别选出 4 人，对这 32 人进行思维导图方面的知识培训。

（2）每一个小组选一个对象小组，在思维导图的中央绘制该对象小组的图像。

（3）中央图像画好之后，每个小组的这 4 位成员分别独自思考关键词，以挖掘他们对对象小组目前的认知。

（4）小组成员会合，为中央图像创作基本关键词，添加主分支。

（5）发散思维，添加子分支，并使用图像或文字表达出来。

（6）小组对思维导图满意之后，一起讨论他们对同事的了解之处和不了解之处。

绘制完思维导图后，各小组可查看其他小组的思维导图。这样，大家就能认识到各部门组织的基本原理，找到各种方式在公司内创造团结，如市场部与系统开发部意识到，他们若在工作中及时交换信息和观点，就会使工作更加有效地完成。

在应用思维导图发散思维，进而产生创意的过程还可采用自由联想发散法与强制联想发散法。自由联想发散法是指围绕中心主题自由展开联想，不讲究任何规则，没有任何顾忌，一直想到没有想法为止。强制联想发散法，是指将两种看上去风马牛不相及的事物或名称强制联想在一起，进行联想思维，进而产生创意。在创作过程中遇到问题，不知如何产生创意进行艺术创作时，通过采用自由联想或强制联想法，或者两种方法的结合应用进行思维发散，能够产生更多的创意，在激发创作灵感、完成艺术创作方面能够给予启发。

【案例 5.4】

中山大学现代教育技术研究所副所长王竹立教授应用思维导图搭建框架，并采用强制联想法产生想象，创作了一段以“中秋”为主题的故事。

王竹立老师通过查找原中秋诗中相关联词汇所对应的图片，并增添了几张联想到的图片，绘制出如图 5.5 所示的思维导图。

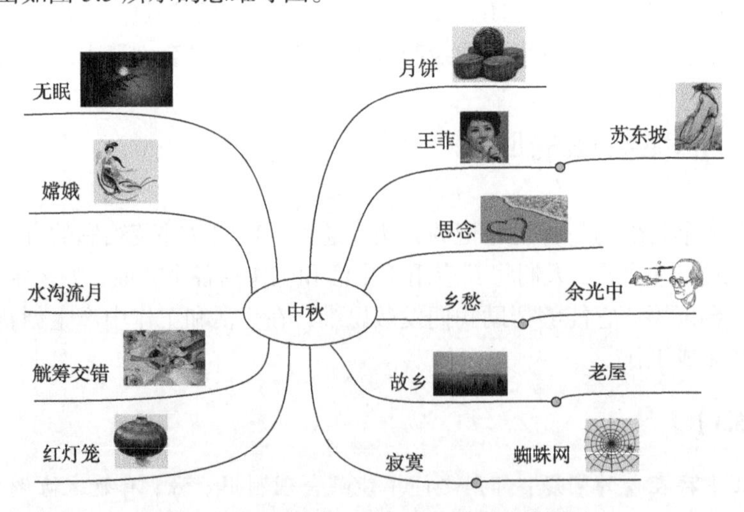

图 5.5　以“中秋”为中心主题的思维导图

王竹立老师应用强制联想法，最终创作出以下一段以“中秋”为主题的故事。

王菲独自一人在海边徘徊。用脚在沙滩上画了一个大大的心形。海浪不断冲上沙滩，一次又一次把那个心形抹去，她用高跟鞋的尖尖一次次重画。她终于累了，就走到岸上的一棵椰树下坐下，仰头望着圆满的月亮。

她望着月亮里的阴影，不由得想起了故乡的小路。小路的尽头通向一座破旧的老屋，老屋的屋梁上挂着大大的蜘蛛网，那是她出生的地方。

她忽然想回到儿时的故乡，回到自己出生的老屋里，非常非常地想。她仿佛看到月亮里就有自己的故乡。于是她向月亮下方的海面望去，看到海面上飘着一只小船。

她脱掉高跟鞋，赤脚走向那只小船。她爬上了那只小船，向月亮的方向划去。她划呀、划呀，不知划了多久、划了多远，可是月亮还是离她很远、很远，一点也没有靠近。

她低头一看，月亮就在水里。就用手去捞，没想到捞起了一个月饼。她正好饿了，吃起月饼来。不一会，月饼吃完了，她有点困，感觉身体变得轻飘飘的。一阵海风吹过，她居然飘了起来，向月亮的方向飞去。

她越飞越高、越飞越高，身上的衣服也变成了长长的水袖，她变成了飞天的嫦娥，就这么一直飞进月宫里！

她从月宫里往下看，看见地球的另一边有一个水乡。水乡的景色很美，到处都是小桥流水，水里有月亮的倒影。在一座拱桥边，她看到一位瘦瘦的诗人，正在一张宣纸上写下一首新词。她细细一看，那词是这样的：

明月几时有
把酒问青天
不知天上宫阙
今夕是何年
我欲乘风归去
又恐琼楼玉宇
高处不胜寒
起舞弄清影
何似在人间

转朱阁
低绮户
照无眠
不应有恨
何事长向别时圆
人有悲欢离合
月有阴晴圆缺
此事古难全
但愿人长久
千里共婵娟

她觉得这首词写得真好，不由得轻轻哼唱起来。她唱着、唱着，不知不觉睡着了。醒来之后，地球上已过了上千年。她看见大陆边有一个小岛，岛上有一群人在海边的屋子里喝酒，大家频频碰杯，气氛热烈。忽然，一位老者颤颤巍巍地站起来，向大家朗诵了一首自己创作的新诗。

小时候
乡愁是一枚小小的邮票
我在这头
母亲在那头

长大后
乡愁是一张窄窄的船票
我在这头
新娘在那头

后来啊
乡愁是一座矮矮的坟墓
我在外头
母亲在里头

而现在
乡愁是一湾浅浅的海峡
我在这头
大陆在那头

她注意到屋子外面走廊里挂起了红红的灯笼，一群孩子正在放鞭炮。原来人间又在过不知道第几百、几千个中秋节了。

思维导图采用图像与文字相结合的方式，经过边思考边绘制的过程，把我们的思维轨迹记录下来，与传统的思维方式相比，它能够方便我们看到思考的方向与路径，防止在原地走不出思维局限的状况发生，进而发散思维，产生创意。

5.4　平行思维法

平行思维（parallel thinking）法是由英国学者爱德华·德·波诺提出的一种创新思维模式。作为一种较为容易吸收的方法，平行思维法已在世界范围内引起了广泛关注，使用者包括来自不同国家、不同行业以及不同年龄段的人群，有诺福克学院（位于弗吉尼亚州的一所著名的学校）的 8 岁儿童，也包括在杜邦公司、IBM 公司等大型跨国公司中的高级管理人员。

5.4.1 平行思维的思考工具

任何组织或组织内的任何部分，都可以被看做一项流程。一项流程就是一个投入产出的转换过程，如图 5.6 所示。对于一般的管理，我们习惯应用流程管理概念，留意输入与输出之间的流程或者过程。而对于思维，同样可以应用过程管理的思想来管理思考，即需要建立思考的过程与秩序。思考与管理一样，最大的敌人就是复杂，因为这会导致混乱。如果思考方式简单明了，它就会变得比较高效且情趣盎然。

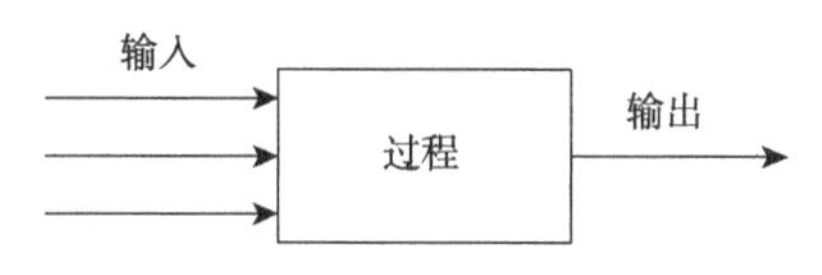

图 5.6 输入与输出转换过程图

应用平行思维的典型工具是六顶思考帽，它是一种概念简明、易于应用的思考管理工具。帽子的概念就意味着它是非常方便戴上也非常方便摘下的，因此，思考帽所代表的只是短暂的行为模式。

六顶思考帽的框架像是一种带有“自我监控”特点的“游戏”，其使用六顶颜色各异的帽子来比喻不同的思维方式。一个思考者每次使用一种颜色的帽子，然后无一例外地根据这顶帽子所指示的思维方式进行思考。各个观点并列地排放在一起，没有冲突，没有争论，也没有最原始的对与错的判断。六顶思考帽的目的是将思考的过程分解开，思考者便得以在单位时间内仅考虑一个方面的问题，而不是同时做很多事情，如同计算机的程序，一条指令只能完成一个动作或功能，每一个指令都会在一瞬间完成，当他们按照不同的次序排列，在程序编写完成之后，一个完整的程序将能够在很短的时间内完成复杂的工作。思考的过程分开，会使得思考过程清晰快捷，进而提高思考的效率。

在某个特定的时刻，每个人都必须使用当时所需要的思考帽。在你的组织中，越多的人熟悉这些术语，方法就越能发挥效果。在六顶思考帽的应用中，其最重要的意义在于，我们始终需要关注思考的步骤以建立过程的秩序。需要注意的是，平行思维的使用并没有绝对的正确顺序。尽管六顶思考帽的应用过程会提供一些常用的思考序列作为指导，但是试图记忆各种不同情境中所需要的思考序列是不适宜的。因为，将过多的时间用于回忆“正确”的思考顺序，而不是关注问题的本身。因此，建议在团队的思考过程中，先简单讨论一下“应该”采用的思考序列并记录下来，然后开始依照设定的次序，共同执行。而且，在某一思考序列中，一顶帽子可被多次使用或不被使用。因为随着问题的发展变化和思考者的改变，六顶思考帽的顺序也会发生变化。接下来我们分别来认识一下六顶思考帽的特点（图 5.7）。

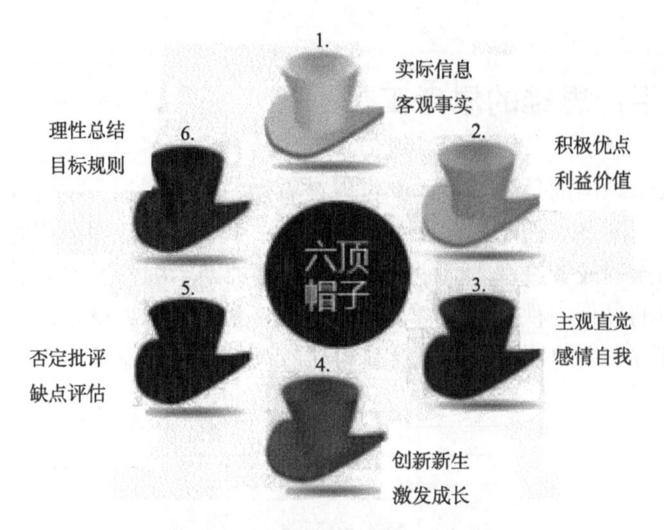

1. 表示白色思考帽；2. 表示黄色思考帽；
3. 表示红色思考帽；4. 表示绿色思考帽；
5. 表示黑色思考帽；6. 表示蓝色思考帽

图 5.7　六顶思考帽

1）白色思考帽

白色是中立而客观的。白色思考帽象征着信息或资讯。戴上白色思考帽的思考者关注客观的事实和数据，目的是获得纯粹的实情，中立地对待所有信息，不能掺杂个人的感情色彩。

白色思考帽通常用于思考过程的开始和结束。当我们面对一个问题时，为了获取到更多的客观信息，防止由个人主观因素所导致的结论出现偏差的情况发生，我们在思考问题之初，采用白色思考帽搜集信息，像法官一样公正，为后续思考营造环境与背景。在思考过程结束时，采用白色思考帽做一下评估，来判断我们所获得的结论与已有信息是否相符。

2）红色思考帽

红色是情感的色彩。红色思考帽象征着感觉、情绪。戴上红色思考帽，人们可以表达直觉、感受、预感等方面的看法。在这里需要强调的是，红色思考帽是让每个人都有权利把自己的感情自由地释放出来，而不是把它当做情感宣泄的工具。在某种程度上，情感的表达能够让我们更清楚地认识到事实的真相。在思考过程中，主持人可以把大家对某一问题的看法罗列出来，然后要求会议成员轮流戴上红色思考帽表达自己的观点。一旦主持人要求大家都用红色思考帽思考时，那么每个人都要表达自己情绪化的观点，把自己的所有想法都表达出来，否则就是不遵守游戏规则。同样，你也可以直接询问别人的感觉，而不用猜测了。

使用红色思考帽的意义在于让人们如实地表达自己的情感，而不是得出一个结论，因此，思考者无须对自己的感觉进行解释与修正。也许在会议结束时，你的感觉已经发生了变化。此外，红色思考帽还能够用来表达人们对会议本身的情绪，以调整会议的气氛，让讨论向更加有效的方向发展。

3）黑色思考帽

黑色思考帽象征着谨慎、批评以及对风险的评估。戴上黑色思考帽，人们可以运用否定、怀疑的看法，合乎逻辑地进行判断，尽情发表负面的意见，找出逻辑上的错误。这是思考的一个关键的部分，如果我们不打算犯错，不打算去做一些危及自己与伤害他人的事情，通过使用黑色思考帽，我们可以检验一件事情是否符合我们所掌握的信息、我们的经历、我们的目标、我们的策略、我们的价值观以及我们的道德规范等。

当大家戴上黑色思考帽思考时，每个人说的话都是对别人的怀疑和批判，因此很容易引起争论。争论是与六顶思考帽的规则相违背的，主持人应该维持秩序、避免争论，否则会失去黑色思考帽的价值。

4）黄色思考帽

黄色代表阳光与乐观。黄色思考帽象征着“正面的逻辑”。戴上黄色思考帽之后，思考者从正面思考问题，表达乐观的、满怀希望的、建设性的观点，每个人都可以同时看到各种利益以及价值。

在会议上，人们会提出很多建议，其中不乏出色的建议。遗憾的是，就连那些提出意见的人都意识不到自己所提建议的价值。戴上黄色思考帽，思考者可以提出提案或建议来解决问题，或者对提案或建议积极评估，或者对某项计划进行改进，最终目的是把事情做好，带来正面的利益，最终使提案的价值显现出来。

5）绿色思考帽

绿色象征着生机、生长，寓意着创造力和可能性。绿色思考帽用以指导创造性地思考。戴上绿色思考帽，思考者要扮演创造者的角色，要从旧观念中跳出来，努力提出新想法，或者对自己的意见进行修正和改进。

在绿色思考帽的指导下，我们寻找各种可供选择的方案以及新颖的设想，这些方案或设想并不一定都是可行的。戴上绿色思考帽后，思考者需要从旧观念中跳出来，努力提出新想法，或者对已有的意见进行修正与改进。

6）蓝色思考帽

蓝色是天空的颜色，笼罩万物。蓝色思考帽是指挥帽，负责控制和调节整个思维过程。它控制各种思考帽的使用顺序，规划和管理整个思考过程。蓝色思考帽可被理解为对思考的过程控制，并负责做出结论。

蓝色思考帽的重要职责在于监督大家遵守规则，戴上一顶思考帽之后就要按照那顶思考帽所要求的思考角度进行思考。

六顶帽子代表了六种思维角色的扮演，它几乎涵盖了思维的整个过程，既可以有效地支持个人的行为，也可以支持团体讨论中的互相激发。

六顶思考帽是应用平行思维的工具，也是团队沟通、产生创意的操作框架。其作用和价值表现在：这种思维区别于批判性、辩论性、对立性的方法，而是一种具有建设性、设计性和创新性的思维管理工具。它使思考者克服情绪感染，剔除思维的无助和混乱，摆脱习惯思维的束缚，以更高效率的方式进行思考，使各种不同的想法和观点能够很和谐地组织在一起。

5.4.2 平行思维的思考序列

在使用六顶思考帽产生问题解的过程中，可根据实际情况选择思考帽的使用顺序。在平行思维系统中，思考的序列有三种。

1）固定的序列

固定的序列是指在行动计划前，依次对每顶帽子出现的顺序和所分配的时间进行制定。

2）根据情况灵活调整的序列

在思考序列中，有时会根据事态的发展状况选择下一个思考帽的颜色，而不是完全按照预定的顺序进行。例如，在会议开始时，你可能先使用红色思考帽来释放情绪，如果发现得到的消息是思考者对观点或者议题的强烈反对，就需要用黑色思考帽来考虑反面意见的逻辑依据；反之，如果表现出思考者对某观点的强烈支持，就需要使用黄色思考帽来研究一下了。有时，一个会议因为没有进一步的信息而不能继续进行，这时或许需要引入白色思考帽来思考。

在思考过程中，我们通常会采用较为灵活的方法，而不是试图预测某一顶帽子可能产生的结果。需要注意的是，思考的序列不能无限制的灵活，否则会议的进程就会失去计划，探讨会变得没有头绪，不利于思考的过程管理。

3）发展的序列

发展的序列是指思考没有预定的思考序列。在思考时，首先选择第一顶思考帽，思考完成之后再选择下一顶。动态的思考序列并不意味着对思考失去控制。这种选择通常是由接受过培训的会议主持人来决定，也可以通过和与会者协商。需要注意的是，选择思考帽的人不应为支持某种期望的观点而安排思考序列，以免导致会议的结果被操纵。

在处理复杂问题的长时间思考过程中，很难预先建立完善的讨论计划，因而采用发展的思考序列就成为最有效的策略。

5.4.3 六顶思考帽的使用步骤

1）明确沟通目的

在这个过程中你要了解沟通的对象，以及所要沟通的问题。判断是要帮助对方解决一个问题，还是想建议他采取一个行动，或是要在销售中完成成交的动作？这是一个问题界定的过程。

2）建立六帽序列

根据你的目的、最终你要达到的结果来设计你的六帽序列。换句话说，一切以结果为导向，六帽设计好坏的前提是对六帽中的每一帽有深刻的认知。

3）六帽序列之问题转化

将对六帽的认知，通过问题很自然地流露出来，而且，最好是能让对方感觉不到你在使用技巧。六帽只是告诉了你一个思维方向，如何提问题、提什么样的问题取决于个人的转化能力。

当熟悉了以上步骤之后，就可以使用了。在沟通过程中，可采用一些建立彼此信任感的技巧，如有效倾听、适度的赞美和肯定；通过使用，你将获得极大的信息量，同样你会感到无限的乐趣和成就感。

4）纠偏，深度沟通

在发问的过程中，你要的答案他未必能完整地给出来，所以，我们沟通要以结果为导向，通过重复发问来达到纠偏的目的。只有通过不断地提问与纠偏，你的沟通目的才更容易达成。

【案例 5.5】

步骤 1：明确沟通的目的。帮助小杨自我分析找出主持中的不足，不断完善主持能力。用一句话概括其为：认识不足，寻求改进方法。

步骤 2：建立六帽序列。

步骤 3：六帽序列之问题转换。整个过程沟通对话如下。

提问：你能做一个简单的自我评价吗？你这次主持自我感觉如何？（红帽思维）。

回答：感觉还可以，感觉大家还是比较满意，比较认可的。

提问：你能举些例子，或者数据来证明你的感觉是对的吗？试举出三个出来好吗？（白帽思维）。

回答：①有 2 个同事来鼓励，表扬了我比以前好；②我有好几次把学员逗笑了，我看得出来是自然的；③结束时，还有 6~7 名学员主动和我握手呢，有的还主动和我交换了名片。

提问：你觉得这次主持，对你个人来说产生了什么样积极的因素（好处），对你有哪些帮助？（黄帽思维）。

回答：好处很多了，如锻炼了我的语言组织能力、即兴演讲能力、控场能力，还有情绪控制能力。

提问：你觉得表现得好的地方在那里，换句话说，那些地方是可以传承和发扬的？（黄帽思维）。

回答：首先，我设计的主持活动流程很有系统性，可以拷贝；其次，我采用的热场活动和破冰游戏，很快让学员放松，拉近了距离，效果超出了我的意料之外；最后，我精心设计的开场白，起到了很好塑造老师价值、挖掘学员需求、调动他们积极性和参与性的作用。

提问：同样的，你觉得还有哪些地方是欠妥的，或者说是需要改进的？你不妨好好回忆一下！（黑帽思维）。

回答：（思考了大概 5 分钟）我觉得自己不足的地方主要是，激情度还不够，不足够兴奋，没有达到巅峰状态；还有休息的时候，没有有意识的主动和学员接触（其实，这是一个很好和学员建立亲和力的机会），还有……（我看他大概说不出来了，我就把我看到的缺点指出了给他，就又问了一句，“你知道老师为什么会拖堂半个小时吗？”）。

答：喔，我知道了，下午的时候，我主持的时间太长了，连续做了两个破冰游戏，占了老师的时间。

提问：这样会给学员造成什么感觉吗？如果你是学员，你有什么感觉？（黑帽思维）。

回答：我可能感觉这个主持有点喧宾夺主，还有就是时间管理不善。

提问：那以上问题如何来改进呢？你有什么好的方法吗？（绿帽思维）。

回答：激情方面，我要学习一下自我激励的方法，再找一个学习的榜样（我给他介绍了一些方法，同时希望他以陈安之机构的主持为榜样，他欣然接受），第二个很好解决，下次主动出击，积极沟通；时间管理方面，我不能自以为是，主持前演练一遍，在流程上把时间分配好。

提问：如果时光可以倒流，这个培训可以重来的话，你认为如何做才能够做得更好？（蓝帽思维）。

回答：我会建议培训经理，在我们开课之前开个会，把分工再明细一点，尤其要注意细节。我把我主持的流程告诉大家，希望大家多给我提一些宝贵意见，我想我们培训的整体服务品质就会更好！

我想大家应该看出来了，以上1~6个问题，就是按红白黄黑绿蓝的顺序提问，产生逻辑的，这样思路清晰，有利于解决问题；这中间大家要掌握一种能力，就是六帽思维如何通过问题进行有效转化的。

步骤 4：开始使用，有效倾听。大家可以看出在整个沟通过程中，我多问少说，完全符合 80/20 定律。在这个过程中，问话技巧是很重要的，它是换帽的按钮。同时倾听，主要目的是建立信任感。

步骤 5：纠偏，深度发问。在整个沟通过程中，难免答非所问，尤其当你采用开放式问题时，这种情况比较容易出现，因为封闭式问题容易给对方产生压力，不太容易建立信任感。所以，你可以通过问题转换来纠偏，或者通过第二次或多次发问的形式，从而达到深度发问，深度沟通的目的。

5.5　TRIZ 方法

TRIZ 是将原俄文字母转换成拉丁文字母缩写（teorija rezhenija inzhenernyh zadach）的词头，其英文缩写为 TIPS（theory of inventive problem solving）。该理论是 Altshuler 等自 1946 年开始，在研究世界各国 250 万件专利的基础上，提出的具有完整体系的发明问题解决理论。20 世纪 80 年代中期以后，随苏联的解体，TRIZ 专家移居各发达国家，逐渐把该理论介绍给世界，对产品开发与创新领域产生了重要的影响。

TRIZ 作为解决发明问题的一种强有力方法，并不是针对某个具体的机构、机械或过程，而是要建立解决问题的模型及指明问题解决对策的探索方向。TRIZ 的原理、算法也不局限于任何特定的应用领域，它指导人们创造性解决问题并提供科学的方法和法则。因此，TRIZ 可以广泛应用于各个领域创造性的解决问题。本节选择 TRIZ 方法中的理想解（ideal final result，IFR）、资源分析、技术系统进化理论进行阐述，为解决问题产生创意提供方法。

5.5.1 理想解

TRIZ 理论认为所有的系统都是向“最终理想解”进化的，技术系统的进化是有规律可循的，通过发现并总结其中规律，并应用其指导系统的设计与改进，从而避免盲目的尝试和浪费时间。

1）理想化水平

理想化是客观存在的一种抽象，理想化的物体是真实物体存在的一种极限状态，在实际生活中是不存在的。任何一个产品在实现需求功能时，都会伴随一些负面作用的产生，理想化水平，可以表明产品（或系统）理想化的程度。为了对正、反两方面对系统的作用进行评价，给出了式（5.1）。

$$\text{Ideality} = \frac{\sum \text{UF}}{\sum \text{HF}} \tag{5.1}$$

式中，Ideality 为理想化水平；$\sum$UF 为有用功能之和；$\sum$EF 为有害功能之和。

由式（5.1）看出，理想化水平与有用功能之和成正比，与有害功能之和成反比。当在设计过程中，若增大分子，减小分母，会提高系统的理想化水平。

实际上，提高系统理想化水平的过程就是技术进化的过程，从这个角度分析，最便于应用的方式如式（5.2）。

$$\text{Ideality} = \frac{\sum \text{Benefits}}{\sum \text{Costs} + \sum \text{Harms}} \tag{5.2}$$

式中，Ideality 为理想化水平；$\sum$Benefits 为效益之和；$\sum$Costs 为代价之和；$\sum$Harms 为危害之和。

式（5.2）的意义表明产品或系统的理想化水平与其效益之和成正比，与所有代价及所有危害之和成反比。如何实现产品成本低，危害作用小和高效益，提高系统的理想化水平，是工程人员设计的目标。

2）理想解与最终理想解

理想解既是定义问题的工具，也是分析问题的工具。在工程实际问题中，对问题的定义、描述十分关键，准确地定义理想解能够打破工程设计人员的思维惯性，得到意想不到的设计方案。同时，理想解能够辅助指导设计人员分析问题，驱动设计人员向这个方向努力，进行产品的设计与研发。

理想解实现的过程就是提高理想化水平的过程，理想化水平提高的过程就是产品由低级向高级进化的过程，理想化水平为无穷大时，产品所处的终极状态即为最终理想解（IFR_{∞}），而进化的中间状态即为理想解，表现为本阶段产品的创新目标。

一般情况下，最终理想解很难或不可能实现，但理想解是可以实现的。产品是通过不断地实现理想解，向着最终理想解这个终极目标进化的，即产品进化的过程是推动理想解无限趋近最终理想解的过程。确定理想解的步骤如下：

（1）设计的最终目的是什么？

（2）理想解是什么？

（3）达到理想解的障碍是什么？

（4）出现这种障碍的结果是什么？

（5）不出现这种障碍的条件是什么？

（6）创造这些条件存在的可用资源是什么？

对于很多的设计实例，理想解的正确描述会直接得出问题的解，其原因是与技术无关的理想解使设计者的思维跳出问题的传统解决方法。通过对理想解的确定找到问题的解决方法是产生创新创意的又一指导工具。

【案例 5.6】

盲人 ATM

（1）设计的最终目的是什么？

答：盲人能方便快捷地完成存取款操作。

（2）理想解是什么？

答：快速、毫无误差地辨别出所有按键。

（3）达到理想解的障碍是什么？

答：盲人因为眼睛的缺陷，无法辨认按键。

（4）出现这种障碍的结果是什么？

答：易按错键。

（5）不出现这种障碍的条件是什么？

答：盲人不用别人帮助，仅凭触觉确认按键。

（6）创造这些条件的可用资源是什么？

答：盲人可以识别盲文就是可用资源。

图 5.8 为 2015 年 3 月兴业银行率先推出的盲人 ATM。通过设置特殊的标志，盲人朋友可以通过触摸找到耳机插孔位置，准确地插入并佩戴好耳机，倾听自助语音导航介绍的机具系统构造、密码键盘按键等使用注意事项。自助语音导航可以重听，也可以提前结束进入交易服务状态。当进入交易状态时，ATM 机的屏幕会自动关闭，以保护客户的银行卡信息安全。

图 5.8 盲人 ATM

【案例 5.7】

在实验室里，实验者在研究热酸对多种金属的腐蚀作用，他们将大约 20 个各种金属实验块摆放在容器底部，然后泼上酸液，关上容器的门并开始加热。实验持续约 2 周后，打开容器，取出实验块在显微镜下观察表面的腐蚀程度。由于试验时间较长，强酸对容器的腐蚀较大，容器损坏率非常高，需要经常更换，为了使容器不易被腐蚀就必须采取惰性较强的材料，如铂金、黄金等贵金属，但这造成试验成本的上升。应用最终理想解解决该问题的步骤如下：

（1）设计的最终目的是什么？

答：在准确测试合金抗腐蚀能力的同时，不用经常更换盛放酸液的容器。

（2）最终理想解是什么？

答：合金能够自己测试抗酸腐蚀性能。

（3）达到最终理想解的障碍是什么？

答：合金对容器腐蚀，同时不能自己测试抗酸腐蚀性能。

（4）出现这种障碍的结果是什么？

答：需要经常更换测试容器，或者选择贵金属作为测试容器。

（5）不出现这种障碍的条件是什么？

答：有一种廉价的耐腐蚀物体代替现有容器起到盛放酸液的功能。

（6）创造这些条件时可用的已有资源是什么？

答：合金本身就是可用资源，可以把合金做成容器，测试酸液对容器的腐蚀。

最终解决方法是将合金做成盛放强酸的容器。在实现测试抗腐蚀能力的同时，减少了成本。

5.5.2 资源分析

1）资源的发展历史

TRIZ 研究史上，最早提出资源的概念是在 1982 年，Vladimir Petrov 首先提出了技术系统超额供给的概念，认为技术系统所具有的某些能力通常大于需求，这些多余的能力就是系统中的可用资源。1985 年，G. S. Altshuller 引入了物质-场资源的概念。后来，在 1985 年举行的 Petrozavodsk TRIZ 会议上，Svetlana Visnepolschi 等对资源定义的进一步拓展进行了描述，除了物质-场资源，还包括其他类型的资源，如空间资源、信息资源、时间资源、变化资源等。Igor Vikentiev 和 Zinovy Royzen 分别提出了差动资源和变化资源的概念，差动资源是指由属性和参数的不同所产生的资源，如由电势的不同而产生了电压。变化资源是指由系统的变化所产生的资源。直到 2005 年，在 TRIZ 中，物理的、化学的、几何的还有其他方面的效应已经被认为是另一种提高系统理想化水平的方式，效应被认为是另一种类型的资源。TRIZ 资源已经经历了几十年的发展历程，目前，在工程实际问题中，将 TRIZ 资源广泛定义为：系统内部或外部，可被运用到最大潜力的一切事物的总和。

2）资源的分类

根据不同的标准，对资源有不同的分类，如图 5.9 所示。资源的不同分类，也正为可用资源的分析提供了指导，以通过对可用资源的查找与应用解决问题，进而产生创新创意。

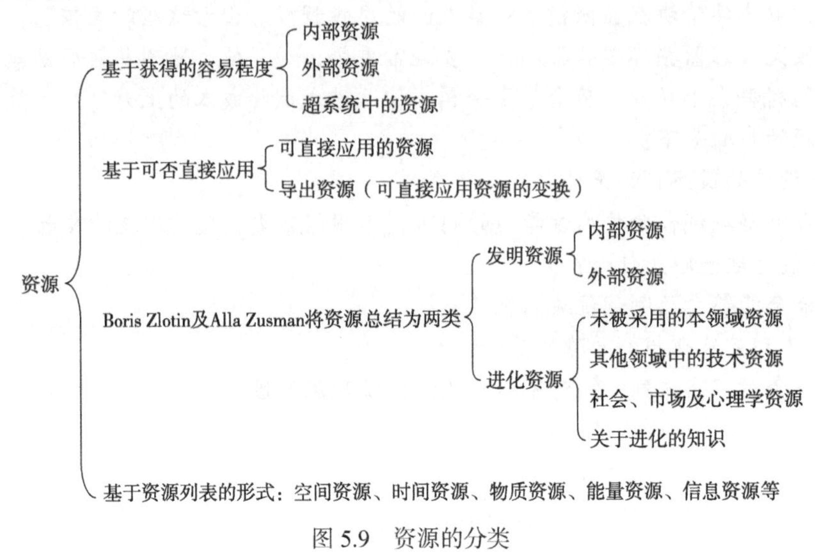

图 5.9　资源的分类

（1）基于获得的容易程度，资源可分为以下两类。

- 内部资源：从系统主要零部件内部获得的资源。
- 外部资源：包括系统外部的所有资源总和，如空气、阳光等。

（2）根据可否直接应用，资源可分为以下两类。

- 可直接应用的资源：在当前存在状态下可被应用的资源，包括物质资源、能量资源、信息资源、空间资源、时间资源、功能资源、人力资源等。
- 导出资源：通过某种变换，使不能利用的资源成为可利用的资源，这种可利用资源为导出资源，包括导出物质资源、导出能量资源、导出信息资源、导出空间资源、导出时间资源、导出功能资源。

（3）Boris Zlotin 及 Alla Zusman 将资源总结为两类。

- 发明资源：系统或其环境中可利用的物质（包括废物）或由这些物质所产生的新物质。发明资源又可分为两种。内部资源：在冲突发生的时间、区域内存在的资源；外部资源：在冲突发生的时间、区域外部存在的资源。
- 进化资源：由知识（包括理论、事实、设想、概念、设计、过程等）、能力、技巧等构成，这些知识、能力或技巧是进化的结果，而且能够使进化向前一步发展。进化资源涉及给定系统或其他系统进化的设想、概念及技术的与非技术的可能性，该类资源是直接进化理论及应用的核心。进化资源可分为四类。一是未被采用的本领域资源：系统自诞生之日起，在系统所在领域开发但未被采用的资源；二是其他领域中的技术资源：能用于本系统的其他领域技术资源，包括使能技术；三是社会、市场及心理学资源；四是关于进化的知识。

（4）基于资源列表的形式，资源可分为：空间资源、时间资源、物质资源、能量资源、信息资源、功能资源。

3）资源分析方法

分析系统资源的宗旨在于提高系统的理想化水平。一方面是减少资源的消耗，实现以更少的资源同样满足用户对功能的需求；另一方面是挖掘潜在已有的可用资源，增大资源的利用率，提高系统的理想化水平。在解决问题的过程中，寻找并确定系统内部或超系统中的资源，对克服思维惯性、产生创新创意起到了重要的作用。

（1）基于资源分类的可用资源分析。

根据资源的分类，在解决问题时可参考表5.1对可用资源进行分析。

表5.1 基于资源分类的可用资源分析

资源类型	系统内部	系统外部	超系统
空间资源			
时间资源			
物质资源			
能量资源			
信息资源			
功能资源			

（2）问题层次探究法。

问题层次探究法将设计中遇到的问题视为原始问题，通过提出“Why”和“What”两个问题分别扩大、缩小原始问题涉及的范围。通过连续几次重复这两个问题，就找到了问题的根本原因所在，这结合了根原因分析法的思想，这个分析过程的结果，是一个问题逐渐明确的层次结构图，它能帮助我们找到解决问题的思路。图5.10是“问题层次探究法”的分析模型。

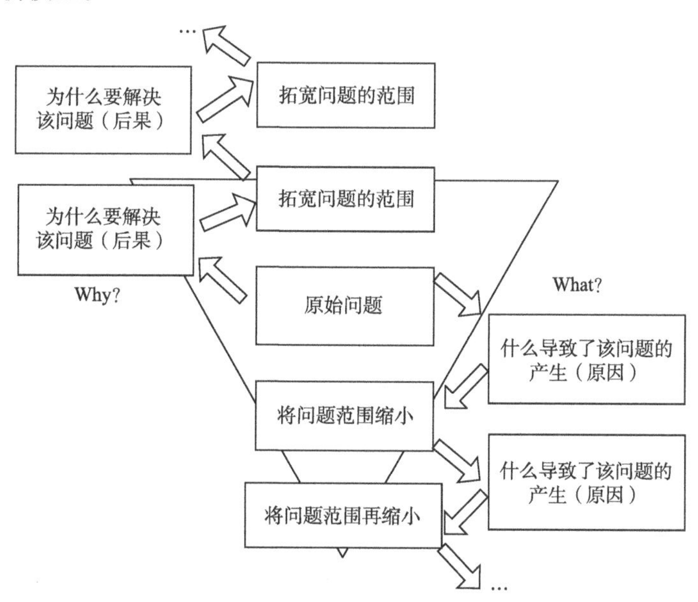

图5.10 “问题层次探究”资源分析模型

问题层次探究法通过重复地提问“Why”指导我们准确地找到问题的根本原因所在，通过不断地提问“What”寻找到引起问题的资源。确定引起问题的资源后，设计人员解决起问题来就会事半功倍了。

【案例 5.8】

和面机的噪声问题

和面机在工作时会产生较大的噪声。若应用“问题层次探究法”解决这个问题，如何进行分析呢？分析过程如图 5.11 所示。通过提问“Why——为什么要解决该问题？”查找问题导致的后果——“噪声给人带来困扰”，通过反复提问，得出寻找一种替代技术来实现“混合面粉与水”的功能的结果，如研发一款新型机器人，能够根据模拟人的动作完成和面的工作。从另一个角度分析，通过提问“What——什么导致了该问题的产生？”查找问题产生的原因，获知原因包括：①部件润滑油不足；②齿轮齿侧间隙不合适。通过对原因进行分析，最终确定解决问题的解决方案：①添加润滑油；②重新安装齿轮，调整间隙。

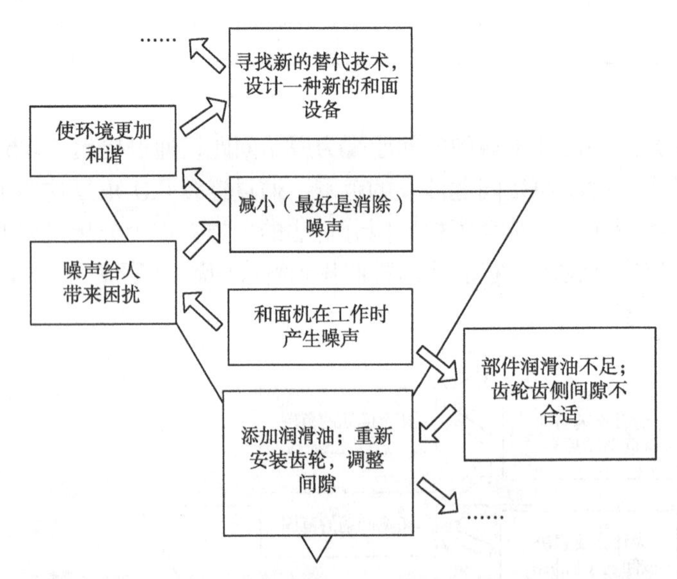

图 5.11　“和面机噪声问题”的问题层次探究法分析过程

由以上分析过程可知，通过提问“Why”或“What”分别扩大问题和缩小问题，产生解决问题的方案。

5.5.3　九窗口法

当设计人员在解决问题时，思维惯性束缚了创造性思维，九窗口法通过构建时间轴和系统轴组成的坐标系，提供一种动态的分析系统资源的方式，辅助设计人员消除思维惯性的障碍，提出创新设计方案。九窗口模型如图 5.12 所示。应用九窗口法的步骤如下。

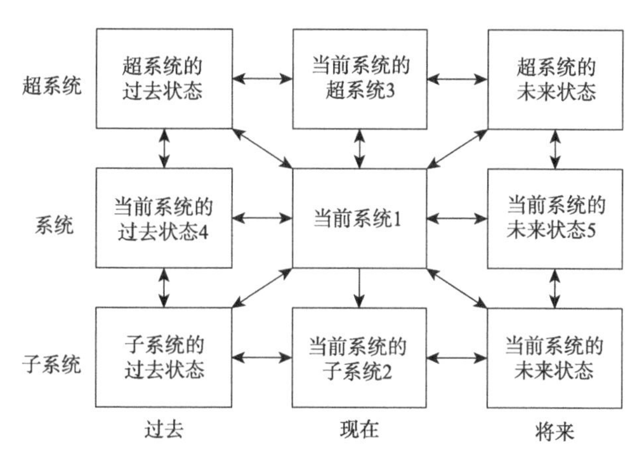

图 5.12 九窗口模型

（1）画出三行三纵的表格，如图 5.12 所示，将要研究的技术系统填入格子 1。

（2）考虑技术系统的子系统和超系统，分别填入格子 2 和 3。

（3）考虑技术系统的过去状态和未来状态，分别填入格子 4 和 5。

（4）考虑超系统和子系统的过去状态和将来状态，填入剩下的格子中。

（5）针对每个格子，考虑可用的各种类型资源。

（6）考虑利用这些资源，如何解决技术系统的问题。

资源找寻过后，针对问题就要进行思考，这对于待解决的问题，需要构思的解决方案是什么样的，应该具备什么样的属性特征，一般需要回答以下几个问题：

（1）需要消除哪种现象或者需要引入哪种作用（功能）？

（2）引用的资源需要执行什么功能？

（3）为执行所需功能，资源需具备什么属性？

（4）哪种资源具备这些特性？

【案例 5.9】

某学校新建了一座图书馆，需要将老图书馆里的书全部移动到新图书馆。有一个苏格兰的导演成功且快速得解决了这个问题，并且没花费一毛钱。请问他是怎么做到的？

首先找寻找资源，形成资源列表。

系统作用对象：书籍。

超系统资源：书架、车辆、大楼、管理员、搬运工人、阅读者（学生）。

子系统资源：纸、墨水、胶水。

针对当前问题，缺少工具，能将书从旧图书馆移动到新图书馆。

- 需要消除哪种现象或者需要引入哪种作用（功能）：需要从旧图书馆移动书籍至新图书馆。
- 引用的资源需要执行什么功能？可以夹持书籍，并且可以往返于图书和图书馆之间。
- 为执行所需功能，资源需具备什么属性？（拿、夹、搬）书籍；可移动（具有动态特性）。
- 哪种资源具备这些特性？对照资源列表寻找所对应的满足需求属性的资源：管理

员、搬运工、阅读者（学生、老师）。

通过对所找到的具有所需属性的这三者进行分析，由于阅读者的数量相对较多，采用阅读者在旧图书馆借书再将书还到新图书馆的方式，即能够在不增加成本的情况下解决该问题。

5.5.4　尺寸–时间–成本方法

TRIZ 中将尺寸–时间–成本（dimensions-time-cost，DTC）方法定义为 DTC 算子（operator），简称参数算子。其基本思想是将待改变的系统（如汽车、飞机、机床等）与 DTC 建立关系，以打破人们的思维惯性，得到创新解。

DTC 算子的规则如下。

（1）将系统的尺寸从目前的状态减小到 0，再将其增加到无穷大，观察系统的变化。

（2）将系统的作用时间由目前状态减小到 0，再将其增加到无穷大，观察系统的变化。

（3）将系统的成本由目前状态减小到 0，再将其增加到无穷大，观察系统的变化。

按照上述规则改变原系统后，使人们能从不同的角度去观察与研究系统，这往往可以帮助人们打破思维惯性的束缚，从而发现创新解。为了使这些规则更有效，如下的过程是有用的：

（1）尺寸变化的过程直接与系统的功能相关。例如，汽车的功能是载货，可以考虑货物是一个原子，或一个星系。

（2）时间变化的过程与系统功能所对应的性能相关。例如，汽车的功能是载货，载货的过程可以是一瞬间，也可以是一千年。

（3）成本与实现功能的系统相关。例如，汽车的功能是载货，汽车的成本可以是 1 分钱，也可以是 1 000 万元。

【案例 5.10】

废旧电线回收以后，需要将没有利用价值的电线绝缘层和金属分离，以回收金属。目前采用的方法是燃烧电线绝缘层，但对环境污染比较严重。需要找到一种方法回收金属的方法，而且不污染环境。

表 5.2 中列出使用 DTC 算子，得到问题解决途径的方法。

表 5.2　应用 DTC 算子分析废电线回收实例

参数改变	改变的物体或过程	会给问题解决方法带来哪些改变	得到的问题解决途径
尺寸→∞	电线长度非常长	对问题解决没有带来任何好处	无
尺寸→0	电线长度非常短	当电线长度远远小于电线直径成片状时，电线表面的绝缘层很容易剥离	首先将电线破碎，再考虑绝缘层和金属的分离
时间→0	所用时间非常短	对问题解决没有带来任何好处	无
时间→∞	所用时间非常长	可以通过绝缘层在特定条件下的自降解来剥离绝缘层，但必须保证电线在正常使用时不会降解	改进电线绝缘层材料

续表

参数改变	改变的物体或过程	会给问题解决方法带来哪些改变	得到的问题解决途径
成本→0	所用成本非常低	对问题解决没有带来任何好处	无
成本→∞	所用成本非常高	通过化学试剂实现金属的置换和还原提取金属	采用化学试剂提取金属

DTC算子不能给出一个精确的答案，它的目的是帮助克服分析问题时的思维惯性，产生几个“指向问题解”的设想。

5.5.5 聪明小人方法

聪明小人法（smart little people，SLP）是由TRIZ之父于20世纪60年代开发的一种方法。聪明的小人对于打破心理惯性是一个极好的工具，对于在微观水平上分析系统起到了重要作用。该方法能帮助设计者理解物理的、化学的微观过程，并采用特殊术语克服思维惯性。

一串高举手臂的小人，可以表示一个实体，如棒料、水泥块、金属块等；该串小人之间的距离变大，但处于连接状态，表示物体的热膨胀；处于奔跑中的一批小人可以描述一团运动中的气体。小人虽然不懂语言，但按照场的规律存在，如增加温度，由小人组成的液体之间的连接紧密程度下降，温度进一步提高，液体将变成气体。因此，聪明小人法是一种处理复杂情景的有效方法。

向微观系统传递是技术进化的一种趋势。描述该趋势的基本思想是宏观系统的微观特性的应用，如热膨胀可以用于产生显微镜的微位移，而不采用机械齿轮传动系统产生微位移。材料的各种特性均可用于微观资源，如热膨胀、磁等性能。聪明小人法是描述该类传递技术的一种方法，并在后续的ARIZ中得到了应用。

【案例5.11】

使用水杯喝茶的问题

水杯是人们经常使用的喝茶装置，大多数人都在使用。在使用普通水杯喝茶时，通常会遇到这样的问题，茶叶和水的混合物通过水杯的倾斜，同时进入口中，影响人们的正常喝水。在这个问题中，当水杯没有盛水或者盛茶水但没有喝时并没有产生问题，因此只分析饮茶水时的问题。

建立小人模型，如图5.13所示。在此小人模型中，使用黄色的小人表示水，绿色的小人表示茶叶，黑色的小人表示水杯。绿色的小人和黄色的小人混合在一起，当黑色小人（水杯）移动或者改变方向（喝水）时，黄色小人和绿色小人也会争相向外移动。我们需要的是黄色小人，而不是绿色小人。这时，需要有另外一组人，将绿色小人拦住，因此，本问题的方案模型是引入一组具有辨识能力的小人。需要增加一个装置，能够实现茶叶和水的分离。由于水和茶叶的大小不同，很容易地会想到这个装置应当是带孔的过滤网，孔的大小决定了过滤茶叶的能力。带过滤网的水杯如图5.14所示。

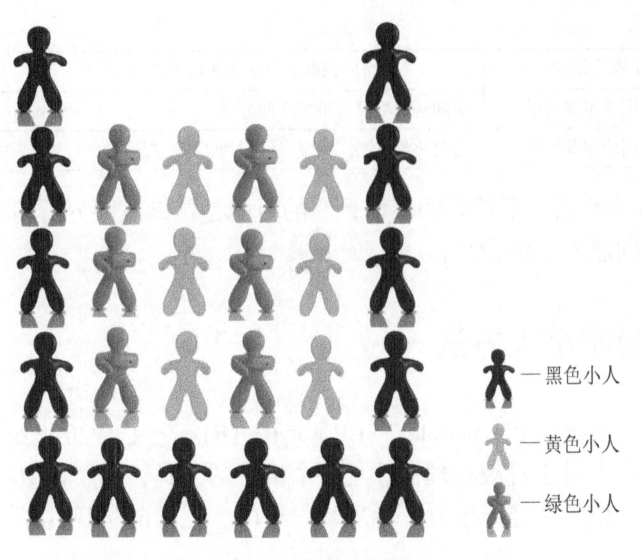

图 5.13　普通水杯饮茶水问题的小人模型

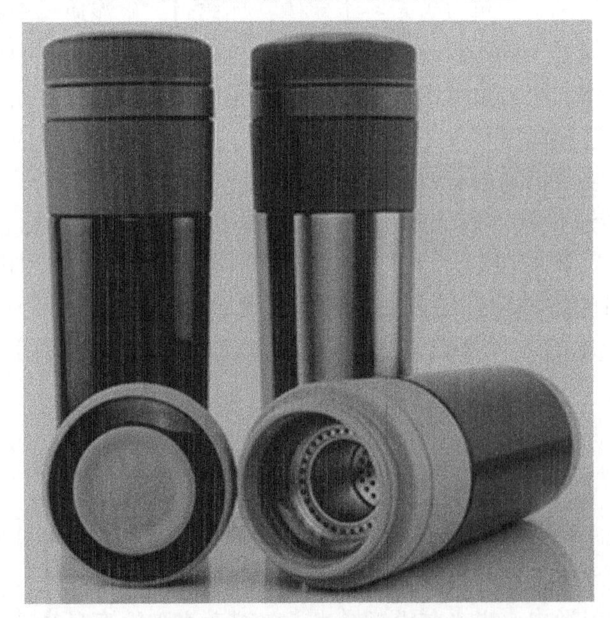

图 5.14　带过滤网的水杯

【案例 5.12】

水轮发电机叶片加工问题

叶片材料是特殊钢，首先锻造成型，之后用铣削方法进行粗加工，如图 5.15 所示。加工中出现的问题：长叶片支撑在夹具之间，由于自重及铣削力的影响，叶片向下弯曲，影响其加工精度。已有的解决方案为：专门增加叶片支撑，防止叶片弯曲变形，保证精度。但新问题依然存在：为了保证铣刀轴向移动，叶片支撑要移动新位置，不仅需要时间调整叶片支撑，调整后的新位置也影响加工精度。

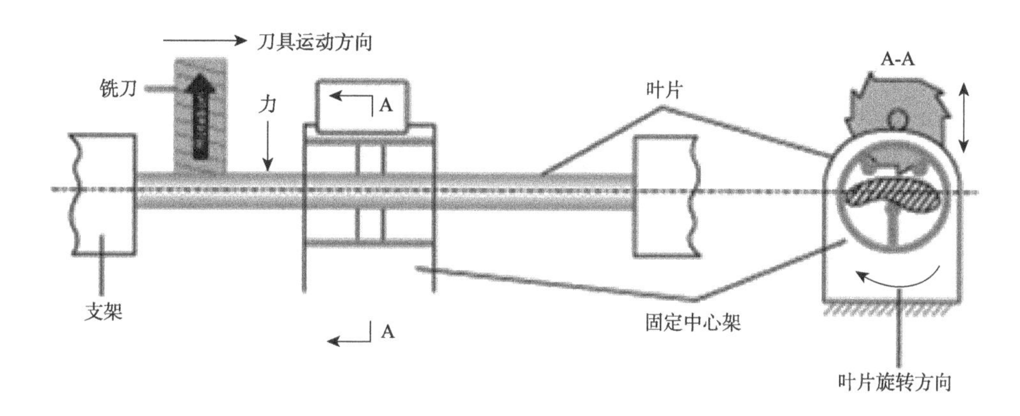

图 5.15 叶片加工过程

现采用聪明小人法提出解决方案。

问题描述：图 5.16 是目前系统的聪明小人模型。刀具一面铣削，一面向右移动。叶片下的一批小人向叶片施力，保证叶片不产生向下弯曲变形。在刀具右侧还有一部分小人向左推刀具，影响刀具轴向运动。

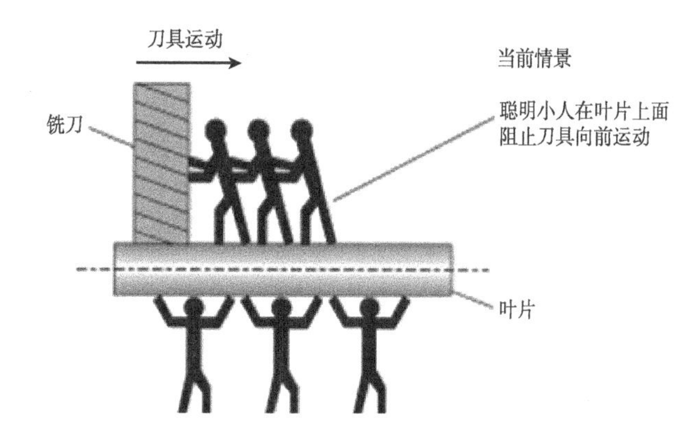

图 5.16 目前系统的聪明小人模型

解决方案描述：刀具作轴向运动的同时，上部的小人也向右奔跑，不影响刀具运动，下部小人还能支撑叶片，不使其向下弯曲，如图 5.17 所示。

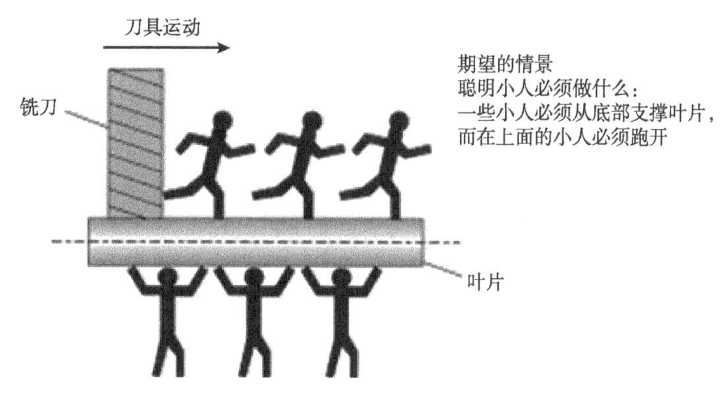

图 5.17 改进系统的聪明小人模型

基于图 5.17 的模型，可以构造理想解，即发现某种可用资源（X资源），消除叶片下面的支撑，但不致弱化支撑功能、不能使系统太复杂、不要引出新的问题。

图 5.18 是最后的解决方案。在铣削开始前，一个圆柱体保护套套在叶片外部，保护套用泡沫塑料类软材料制成，置于改进设计的原支撑之上，随工件一起转动，使叶片不产生向下弯曲的运动，同时刀具加工过程中很容易将一部分构成保护套的材料去掉，即刀具一面加工叶片，一面去掉保护套材料，保证刀具轴向运动。

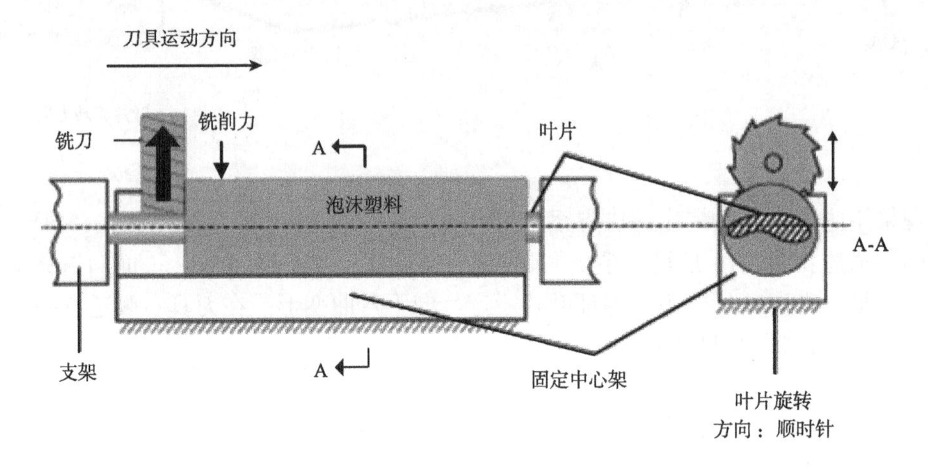

图 5.18 叶片铣削解决方案

5.6 冲突解决原理

在解决问题的过程中，我们不难发现，问题的复杂程度不同，则解决的难易程度不同，所采用的工具也有所差别。本节分别对分离原理及技术系统进化理论进行阐述，旨在为复杂工程问题的解决提供指导思路与方法。

现代 TRIZ 在总结物理冲突解决的各种研究方法的基础上，提出了采用分离原理解决冲突的方法。分离原理包括空间分离原理、时间分离原理、基于条件的分离原理及整体与部分的分离原理。通过采用内部资源，分离原理已用于解决不同工程领域中的很多技术问题。

5.6.1 空间分离原理

所谓空间分离原理是将冲突双方在不同的空间分离，以降低解决问题的难度。当关键子系统冲突双方在某一空间只出现一方时，空间分离是可能的。应用该原理时，首先应回答如下问题：

是否冲突一方在整个空间中“正向”或“负向”变化？在空间中的某一处冲突的一方是否可不按一个方向变化？如果冲突的一方可不按一个方向变化，利用空间分离原理是可能的。

【案例 5.13】

图 5.19 为我们生活中比较常见的冰箱，它们通常包括两个或多个开门，能够实现冷藏及冷冻功能。或许现在大家认为冰箱的设计很普通，但是在冰箱出现之前，“如何能同时实现冷藏及冷冻功能”的问题一直困扰着行业内的研发设计人员。最终，通过空间分离的原理，将冷藏室与冷冻室进行空间分离，同时实现了冷藏及冷冻的功能。

图 5.19 冰箱

5.6.2 时间分离原理

所谓时间分离原理是将冲突双方在不同的时间段分离，以降低解决问题的难度。当关键子系统冲突双方在某一时间段只出现一方时，时间分离是可能的。应用该原理时，首先应回答如下问题：

是否冲突一方在整个时间段中“正向”或“负向”变化？在时间段中冲突的一方是否可不按一个方向变化？如果冲突的一方可不按一个方向变化，利用时间分离原理是可能的。

【案例 5.14】

4.4.5 小节中对桌子的“尺寸”参数提出了“大”“小”的正反特性要求，构成了一对物理冲突。用户在使用桌子时希望桌子的尺寸大一些，在不使用时希望桌子的尺寸小一些，因此采用时间分离原理，将桌子设计为在不同时间范围内可发生尺寸发生变化的形状——可折叠式桌子，如图 5.20 所示。

图 5.20 折叠桌

【案例 5.15】

帐篷在使用时与收纳时的变化，如图 5.21 所示，这种变化体现了时间分离原理。

图 5.21　折叠帐篷

5.6.3　基于条件的分离原理

所谓基于条件的分离原理是将冲突双方在不同的条件下分离，以降低解决问题的难度。当关键子系统冲突双方在某一条件下只出现一方时，基于条件分离是可能的。应用该原理时，首先应回答如下问题：

是否冲突一方在所有的条件下都要求“正向”或“负向”变化？在某些条件下，冲突的一方是否可不按一个方向变化？如果冲突的一方可不按一个方向变化，利用基于条件的分离原理是可能的。

【案例 5.16】

驾驶汽车时，当乘客较多时，驾驶员希望汽车大一些、座位多一些；当乘客人数少时，驾驶员希望汽车小一些，驾驶起来灵活方便。应用基于条件的分离原理，将汽车设计为可分离式，如图 5.22 所示，可解决此问题。

图 5.22　可分离的汽车

5.6.4 整体与部分的分离原理

所谓整体与部分的分离原理是将冲突双方在不同的层次分离，以降低解决问题的难度。当冲突双方在关键子系统层次只出现一方，而该方在子系统、系统或超系统层次内不出现时，总体与部分的分离是可能的。

【案例 5.17】

九节鞭（图 5.23）在微观层面上是刚性的，宏观层面上是柔性的。

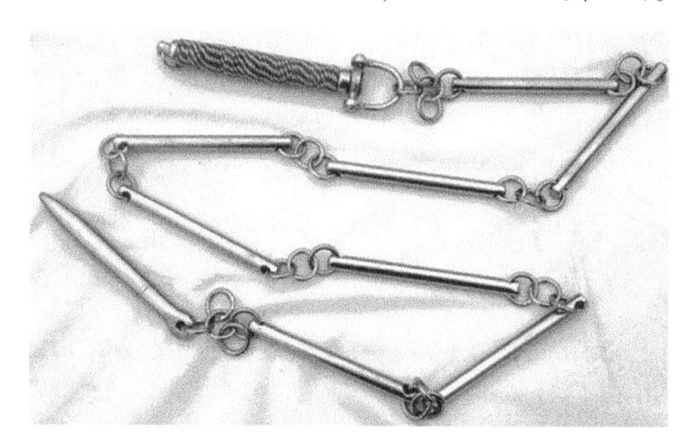

图 5.23 九节鞭

【案例 5.18】

为缓解交通压力，应用整体与部分分离的原理，在道路中设置不同的分叉路口，为行人通往不同的目的地提供不同线路，以此缓解交通压力。图 5.24 所示为某高速路段中的分叉路口示意图。

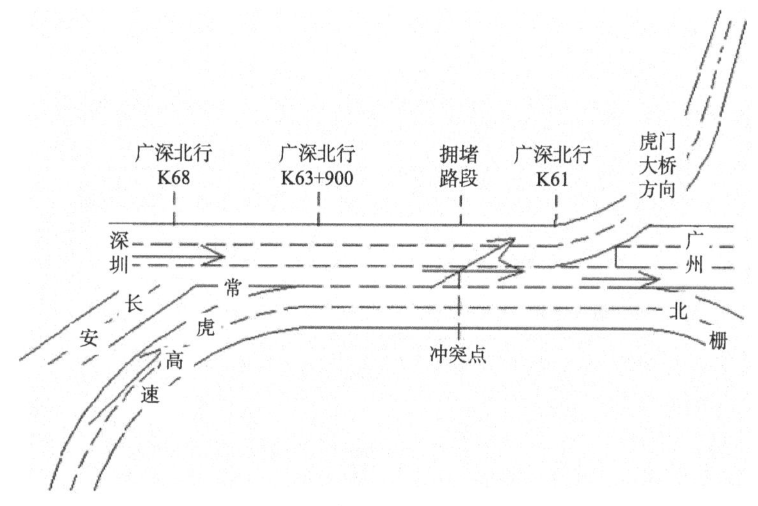

图 5.24 高速路上的分叉路口

【案例 5.19】

4.4.5 小节“基于概念图的问题网络构建”中提到的关于电池尺寸大小的冲突问题，分别应用空间分离、时间分离、基于条件的分离及整体与部分的分离原理进行求解，结果如下：

（1）空间分离——在腰间或肩膀上携带额外的电池。

（2）时间分离——容易或者能够快速替换的模块化电池。

（3）基于条件的分离——可定制尺寸的电池。

（4）整体与部分的分离——分布在身体表面的超级小的电池。

由此看出，分离原理可用来解决结构不良问题，产生新的设计思路。那么，面对结构不良问题，还有哪些工具能够应用呢？本书接下来对 TRIZ 理论中的核心内容——技术系统进化理论进行介绍，旨在为解决结构不良问题提供方法。

5.7 技术系统进化

技术系统进化理论包括技术成熟度预测技术及技术进化定律等内容。当面对应用分离原理无法解决的结构不良问题时，可考虑应用技术系统定律及路线对其进行分析，通过技术替代解决该问题，进而产生创新设想。

TRIZ 创始人 G. S. Altshuller 在分析大量专利的过程中，发现同生物系统一样，技术系统也存在自然选择，优胜劣汰。技术系统的进化并非都是随机的，而是遵循着一定的客观规律和进化模式，而且同一条规律往往在不同科学领域被反复应用。如果掌握了这些规律，就能主动预测未来技术的发展趋势。系统进化的模式可以在过去的专利发明中发现，并可以应用于新系统的开发，从而避免盲目的尝试，浪费时间。所有技术的创造与升级都是向最强大的功能发展。

TRIZ 中的技术进化定律及技术进化路线正是这些客观规律的一种总结。其基本原理如下：

（1）技术进化定律及路线应是技术进化的真实描述，能被不同历史时期的大量专利及技术所证实。

（2）技术进化定律及路线应能协助研发人员预测技术未来的发展。

（3）技术进化定律及路线应是开放系统，随技术发展所产生的新模式及路线应能加入到已有的系统中。

TRIZ 中的技术进化理论是技术系统从一种状态过渡到另一种状态时，系统内部组件之间、系统组件与外界环境间本质关系的体现。Fey 及 Rivin 在以往 TRIZ 研究成果的基础上，将技术进化定律归纳为 9 条。

定律 1：提高理想化水平——技术系统向提高理想化水平的方向进化。

定律 2：子系统的非均衡发展——组成系统子系统发展不均衡，系统越复杂不均衡的程度越高。

定律3：动态化增长——组成技术系统的结构更加柔性化，以适应性能要求、环境条件的变化及功能的多样性要求。

定律4：向复杂系统进化——技术系统由单系统向双系统及多系统进化。

定律5：向微观系统进化——技术系统更多地采用微结构及其组合。

定律6：完整性——一个完整系统包含执行、传动、能源动力和操作控制四个部分。

定律7：缩短能量流路径长度——技术系统向着缩短能量流经系统的路径长度的方向进化。

定律8：增加可控性——进一步增强物质-场之间的相互作用，使系统可控性程度提高。

定律9：增加和谐性——周期性作用与完成这些作用的各部分之间的和谐性增加。

技术进化定律给出了技术系统进化的一般方向，但没有给出每个方向进化的细节。每条定律之下有多条技术进化路线，每条技术进化路线由技术所处的不同状态构成，表明了技术进化由低级向高级进化的过程，可以作为技术预测的依据。

图5.25中所示为某进化定律下的一条进化路线，该路线图所示的进化路线开始状态是从状态1开始的，最高状态是状态5。按照该进化路线分析产品的技术进化水平，如果技术水平处于进化状态3，则此进化状态称为当前进化状态。进化状态4及状态5还没有达到，也就是说产品的当前技术水平还没有达到的进化状态，这两个进化状态称为具有潜力的进化状态。技术进化潜力就是存在于当前进化状态和最高进化状态之间的状态总称。

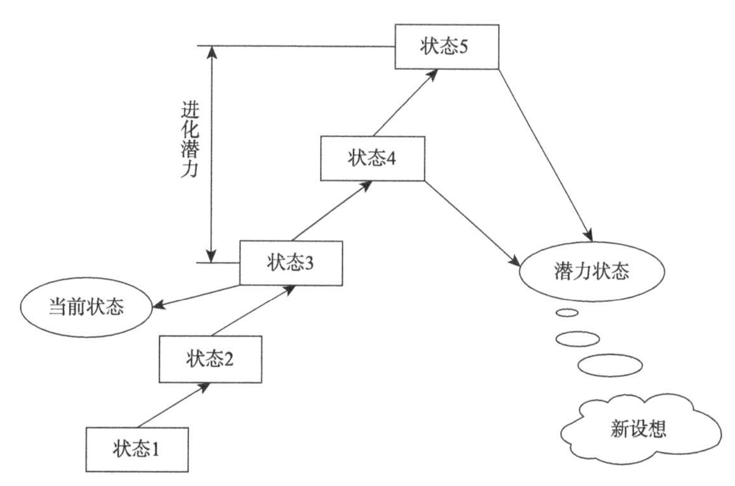

图5.25 一条技术进化路线

图5.26给出了搜索多条进化路线的方法。首先，选择一个相关的进化定律，在该进化定律下的相关进化路线也被选择；然后确定产品沿被选择的进化路线进化的当前进化状态。则当前进化状态与最高进化状态之间就存在进化潜力，具有进化潜力的状态应该有一个或多个，即从比当前进化状态高一级的进化状态到最高进化状态都是具有进化潜力的状态。该搜索过程既可手工实现，也可通过软件实现，如计算机辅助创新软件系统InventionTool 3.0。

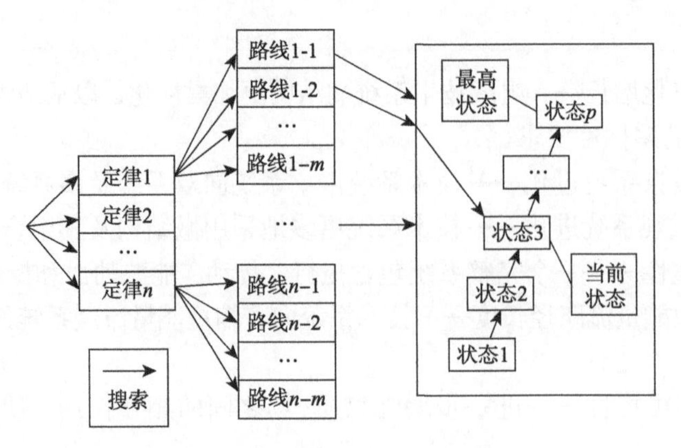

图 5.26　搜索具有进化潜力的进化路线

定律 1：提高理想化水平。

该定律是指技术系统沿着提高理想度，向最理想系统的方向进化，代表着所有技术系统进化定律的最终方向。式（5.1）表明，产品或系统的理想化水平与其效益之和成正比，与所有代价及所有危害之和成反比。增加技术系统的效益，如实现更多的功能、更好地实现功能，减少成本或危害，均可增加技术系统的理想化水平。该定律是技术进化的根本性定律，描述了技术系统进化总的方向，也是判断一个技术创新是否有效的重要判据。

【案例 5.20】

计算机的进化

最初的计算机只能用来计算，却重达数吨，而现代计算机重量仅有 1 千克左右，功能却有上千种，除了计算，还可以进行绘图、联网通信和一些多媒体应用等。功能的增加并没有增加计算机的重量和价格，相反重量及价格都再不断降低。

【案例 5.21】

躺椅的进化

最早出现的躺椅不能够折叠，只能供用户躺卧。后来，随着用户需求的变化，躺椅出现了可折叠款、可调整角度款等，增加了产品的辅助功能。这些辅助功能满足了用户的需求，为有用功能，根据式（5.1）可知，系统的理想化水平提高。图 5.27（a）所示为一款新型的多功能折叠躺椅，在有效的空间内满足了用户的多样化需求，可供用户进行多种姿势的躺卧，如图 5.27（b）所示。

路线 1-1：空洞程度增加。

图 5.28 是该路线所包含的几个状态。为了增加理想化水平，最初采用实体的系统增加一个空洞及几个空洞，之后采用毛细孔实体及多孔实体，最后采用多微空洞实体。空心砖、空心楼板、保温杯等均是按该路线进化的实例。

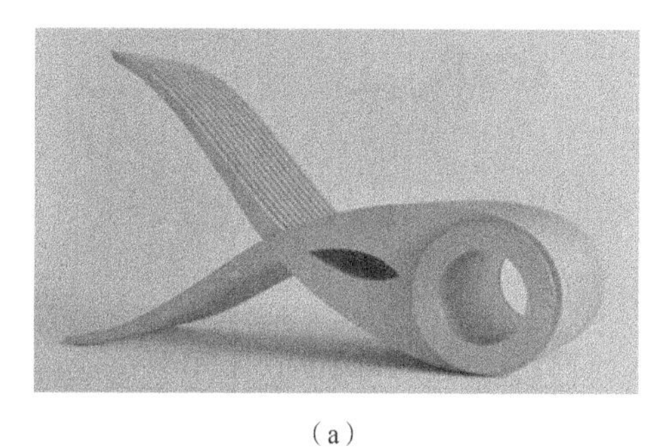

(a)

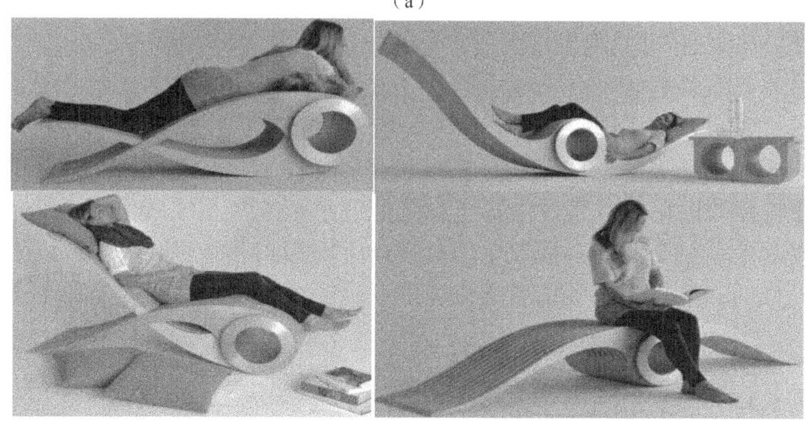

(b)

图 5.27 多功能躺椅

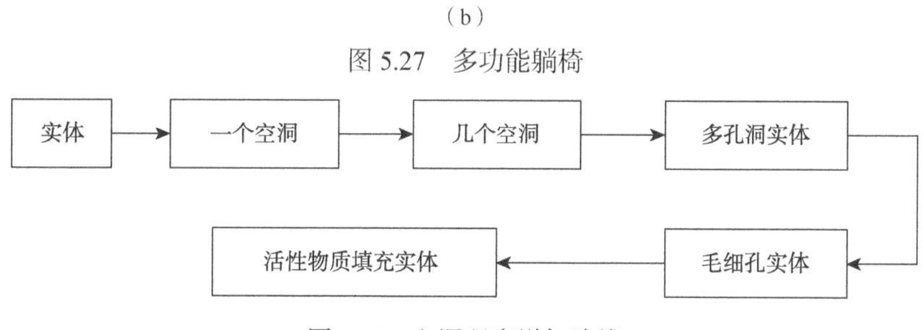

图 5.28 空洞程度增加路线

【案例 5.22】

运动鞋底的进化

最初的普通运动鞋，鞋底是一个完整的实体。人们对于鞋底的改造仅限于材料的改变。

为了减少鞋子的重量，将实体的鞋底上部和鞋底下部之间设置成可形成起点的储气腔，以高压的方式，将氮气或惰性气体注入储气腔内，就形成了气垫鞋。气垫鞋可以起到缓震和保护的作用。

由于使用单个气垫的运动鞋，在气垫受损之后，严重影响鞋子的使用，将单个气垫分割为两个或多个气垫能更好地缓解这一问题。

之后，人们将气垫中填充的气体替换为一些活性物质，能够更好地提高鞋子的舒适度，并提供卓越的稳定性和高水平的抗冲击保护。图 5.29 表示了运动鞋底的进化过程。

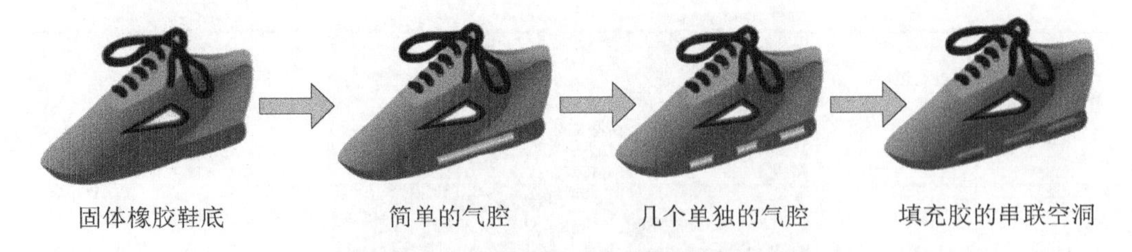

图 5.29　运动鞋底空洞程度增加的进化

资料来源：比利时 CREAX NV- Mlk 的 Creax Innovation Suite 软件，2015-03-10

定律 2：子系统的非均衡发展。

任何技术系统所包含的各个子系统都不是同步、均衡进化的，每个子系统都是沿着自己的 S 曲线发展。组成系统的子系统发展非均衡，系统越复杂非均衡的程度越高。非均衡的出现是由于系统中的某些子系统满足了新的需求，从而其发展快于其他子系统。这种非均衡的进化导致系统内部子系统间或子系统与系统间出现冲突，不断消除该类冲突使系统得到进化。木桶效应的原理众所周知，木桶的盛水量取决于最短的那块木板。同样的，整个技术系统的进化速度取决于系统中最“慢”的那个子系统的进化速度。

【案例 5.23】

拐杖的发展变化过程

拐杖作为辅助人们移动的支撑工具，根据人们需求的变化也发生了一系列的变化（图 5.30）。最初，拐杖出现的时候，通常是树枝改变而来，形状如图 5.30（a）所示。考虑到使用者的舒适性，在扶手上加以改进，后来产生了拐杖这种商品，如图 5.30（b）所示。根据使用者高度的不同，后来出现了可伸缩式拐杖，拐杖的长度可自行调节，同时，为了提高支撑的稳定性，支撑点由单点改为了多点，如图 5.30（c）所示。若将单支杆由单个改为三个，形成三点支撑，即可以设计一款折叠椅式拐杖，能够满足老年人在行走劳累时坐下休息的需求，如图 5.30（d）所示。通过在扶手的内腔安置照明零部件，拐杖增加了照明功能，使用户无须再携带照明装置也能够在夜间顺利前行，简单方便，如图 5.30（e）所示。扶手或支杆的设计变化，使拐杖产生了非均衡发展。

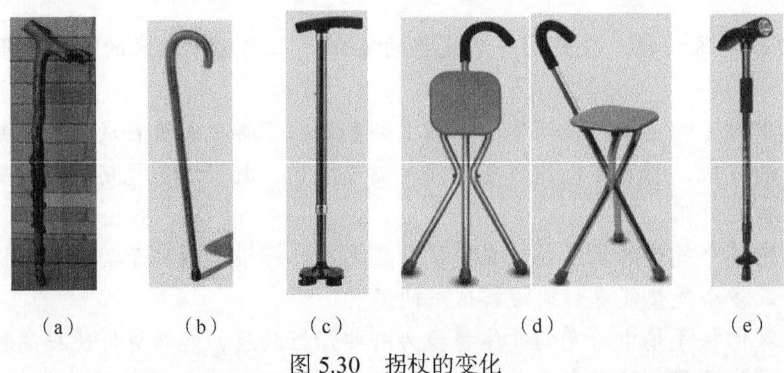

图 5.30　拐杖的变化

利用这一定律，能及时发现技术系统的不理想子系统，及时改进不理想的子系统，或是用较为先进的子系统替代，可以使企业以最小成本改进系统的基础参数。

定律3：动态化增长。

该定律是指组成技术系统的结构更加柔性化，以适应性能需求、环境条件的变化及功能的多样性需求。

研发新的技术系统主要是解决一个特定的问题，即至少实现一个特定的功能，并在一特定的环境下运行。这种系统各组成零部件之间具有刚性连接的特征，因此，不能很好地适应环境变化。很多该类系统进化的过程表明，动态化或柔性化是一种进化趋势。在进化的过程中，系统的结构逐步适应变化的环境，而且具有多种功能。

【案例5.24】

椅子的进化过程

椅子起源于西方古埃及，最初椅子出现的目的就是方便人们坐下，这时的椅子已经有了完整明确的形状。但是整体的从椅腿到椅背都是横平竖直，坐在上面靠背并不舒服。于是后来就出现了加斜撑的靠椅。这样的椅子体积大又笨重不堪，携带不方便，人们又发明了折叠椅。为了进一步提高舒适度，钢制弹簧背引入了椅子的设计，出现了沙发，这类椅子能够较好的符合人体功能结构学，使人感觉更舒服。在现代还出现了按摩椅，利用机械的滚动力作用和机械力挤压进行按摩，对于长时间工作和学习的人来说，可以使血液循环通畅，消除疲劳，起到放松的作用。图5.31所示为椅子具体的进化过程。

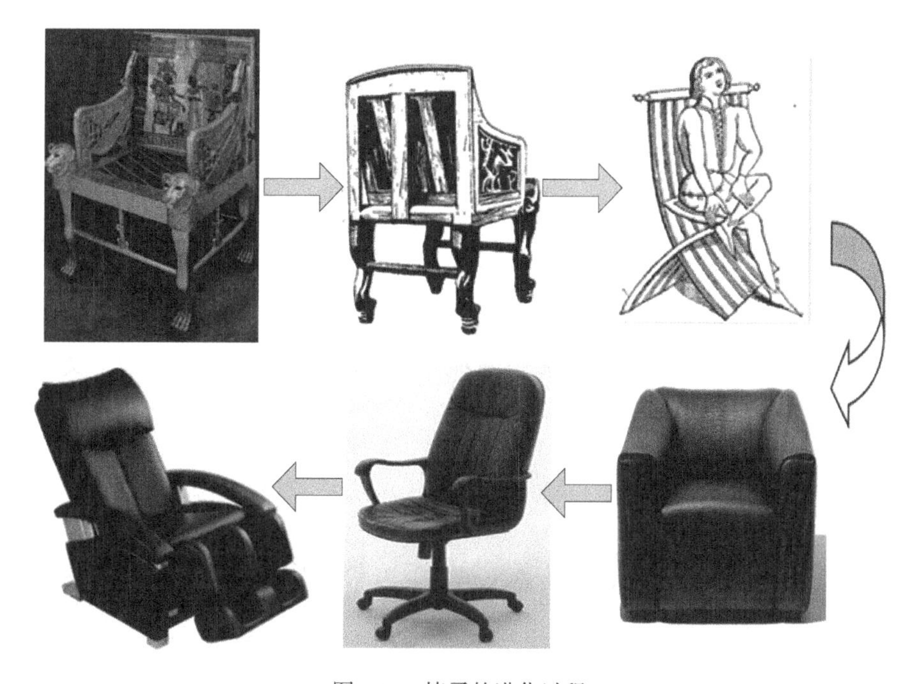

图5.31　椅子的进化过程

路线 3-1：向连续变化系统进化，如图 5.32 所示。

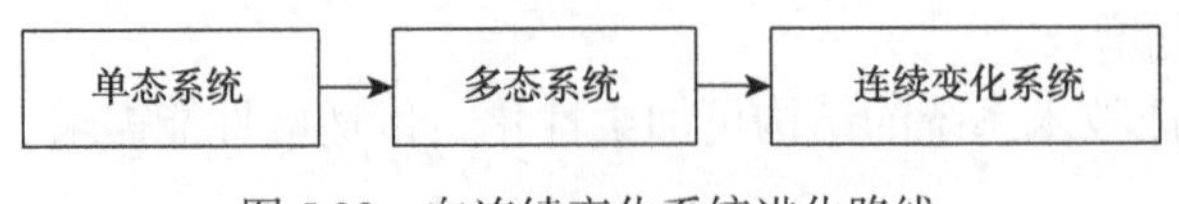

图 5.32　向连续变化系统进化路线

【案例 5.25】

电风扇的转速控制系统

1882 年，美国纽约的克洛卡日卡其斯发动机厂的主任技师霍伊拉，最早发明了商品化的电风扇。这种电风扇是只有两片扇叶的台式电风扇，连接电源，打开风扇只有一种转速。这种系统是单态系统。由于这种电风扇在控制方面相当呆板，因此不久之后，就有了通过按钮、旋钮控制的电风扇。这种风扇一般有 3~5 档可以调节，属于多态系统。但这种系统一旦选好调速档位，吹出的是恒定风速，人在这种环境下时间一久，会给人越吹越热的感觉。所以现在人们开始研究电风扇的自动调速，模拟自然风。在带来凉爽的同时，也提供了更为舒适，适宜接受的风速及感受，这种系统为连续变化系统。

路线 3-2：向自适应系统进化，如图 5.33 所示。

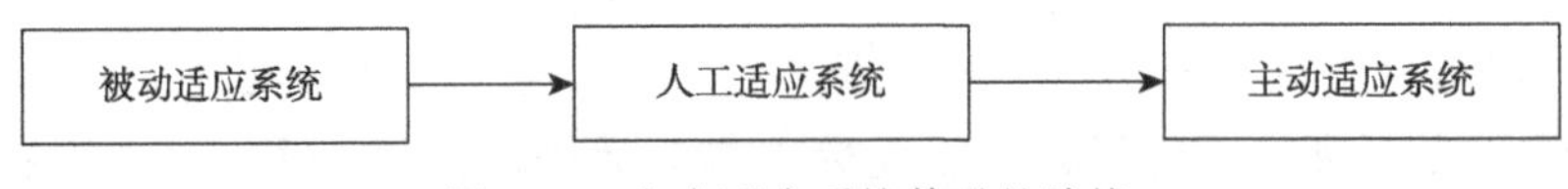

图 5.33　向自适应系统传递的路线

【案例 5.26】

相机的进化过程

照相机是一种利用光学成像原理形成影像并将其记录在底片上的摄影器材。相机的清晰度主要是靠焦距是否能对准决定的。初始的相机虽然存在多种焦距的调节，但需人为地转动镜头调整清晰度。而手动对焦容易受人为因素的影响，在对焦时可能会产生无法对焦到最清晰影像的情况，因此出现了摄影师这一职业。于是随着相机的发展，出现了可以通过按下按钮实现镜头的对焦，完全避免了手动对焦的不利情况。在现代，不光是相机，带有照相功能的手机都可以在拍照时进行自动对焦，无须任何操作，在对准景物后，相机便可自动捕捉物体自动对焦，使普通人也可以拍到清晰的图片。图 5.34 为相机的进化过程。

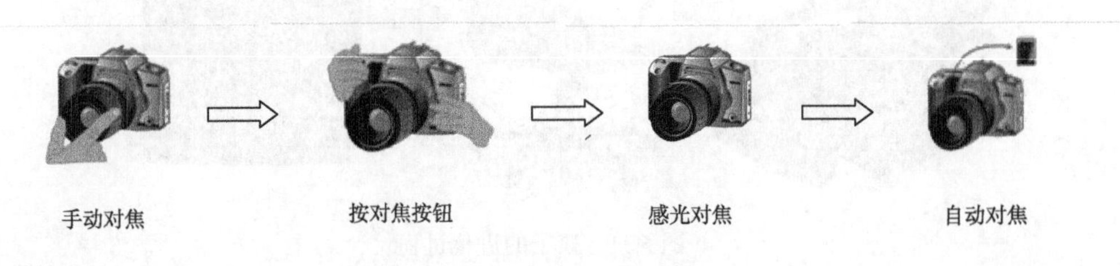

图 5.34　相机的进化过程

路线 3-3：向流体或场进化。

增加系统柔性化的过程通常包含将固定或刚性部件用活动或柔性部件代替的过程，因此存在此路线，如图 5.35 所示。

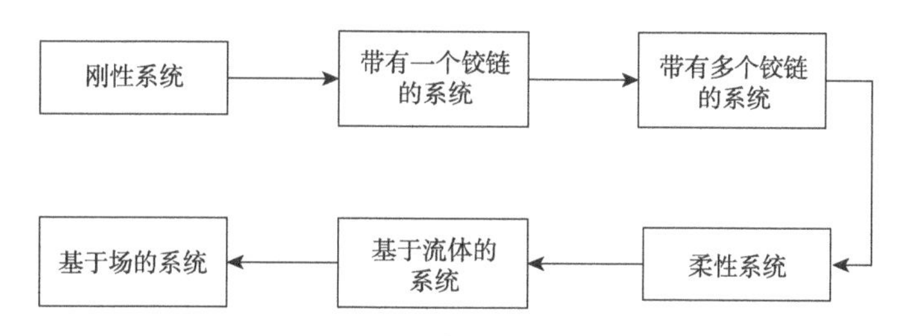

图 5.35　向流体或场传递路线

【案例 5.27】

键盘的进化

最初的键盘也就是现在通用的键盘，在按下不同的键时，通过单片机将键的位置码转换为传输码，传送到计算机上。但是这种键盘由于体积较大，携带不方便。为了改进现有键盘，键盘中间增加了一处铰接，使键盘可以折叠，有效地减少了键盘在携带时的不便。后来，将一处铰接变成多处铰接。继续对键盘进行改进，将键盘的材质换为柔性材料，之后出现了液晶键盘，在智能手机上应用广泛。之后还出现了投影键盘，通过红外线技术跟踪手指的动作，最后完成输入信息的获取。图 5.36 所示即为键盘的进化过程。

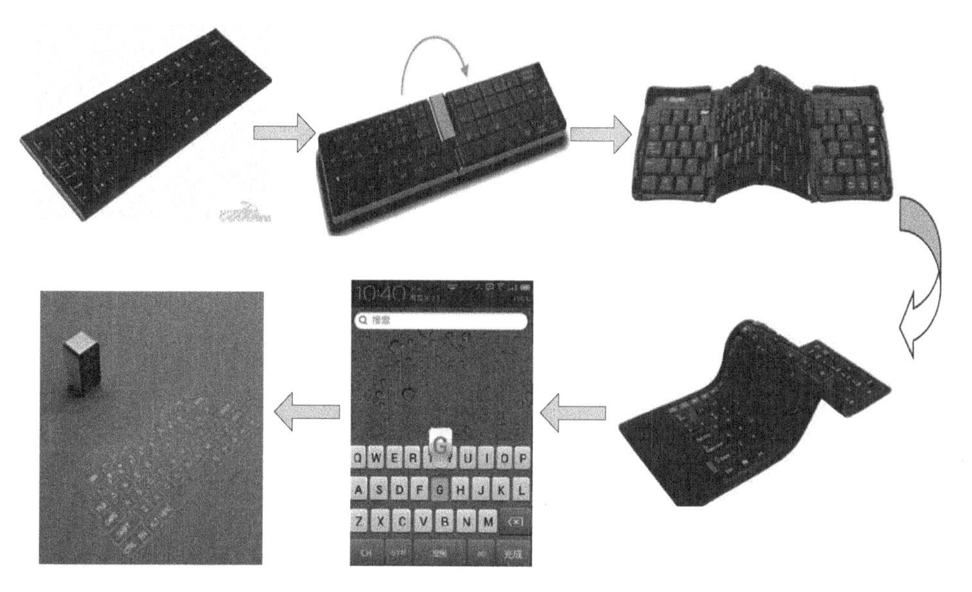

图 5.36　键盘的进化过程

定律 4：向复杂系统进化。

技术系统的进化是由单系统到双系统再到多系统的方向发展的。单系统是指具有一个功能的系统，双系统含有两个单系统，这两个单系统可以相同，也可以不同。多系统含有三个或多个相同或不同的单系统。例如，纸、笔是单系统。剪刀由两把刀组合而成，是双系统。而键盘将多个键组合在一起，成为多系统。将单系统集成为双系统或多系统是系统升级的一种形式。形成复杂系统的方法是将已有的两个或多个相互独立的单系统集成。集成后的系统实现性能提高，新的有用功能显现。因此，由单系统向双系统及多系统进化是一种技术系统进化的趋势，如图 5.37 所示。

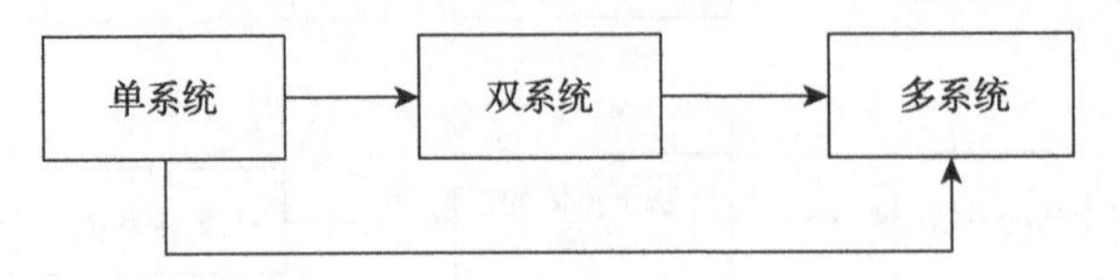

图 5.37　单系统向双系统及多系统进化

路线 4-1：增加部件的多样性

同质双系统与多系统的组成部件是相同的，如眼镜的两个镜片具有相同的度数，刷子的毛发是相同的。性能变化的双系统与多系统的组成部件具有相似性，但颜色、尺寸、形状等特征不同，如具有两种密度齿的梳子，一盒不同颜色的粉笔等。非同质性双系统与多系统含有不同的部件，部件本身功能也不同，如瑞士军刀（图 5.38）、羊角锤（图 5.39）等。反向双系统与多系统含有功能或性能相反的部件，如带橡皮的铅笔、防阳光的眼镜等。所有这些技术进化的过程多说明，存在增加部件多样性的一条进化路线，如图 5.40 所示。

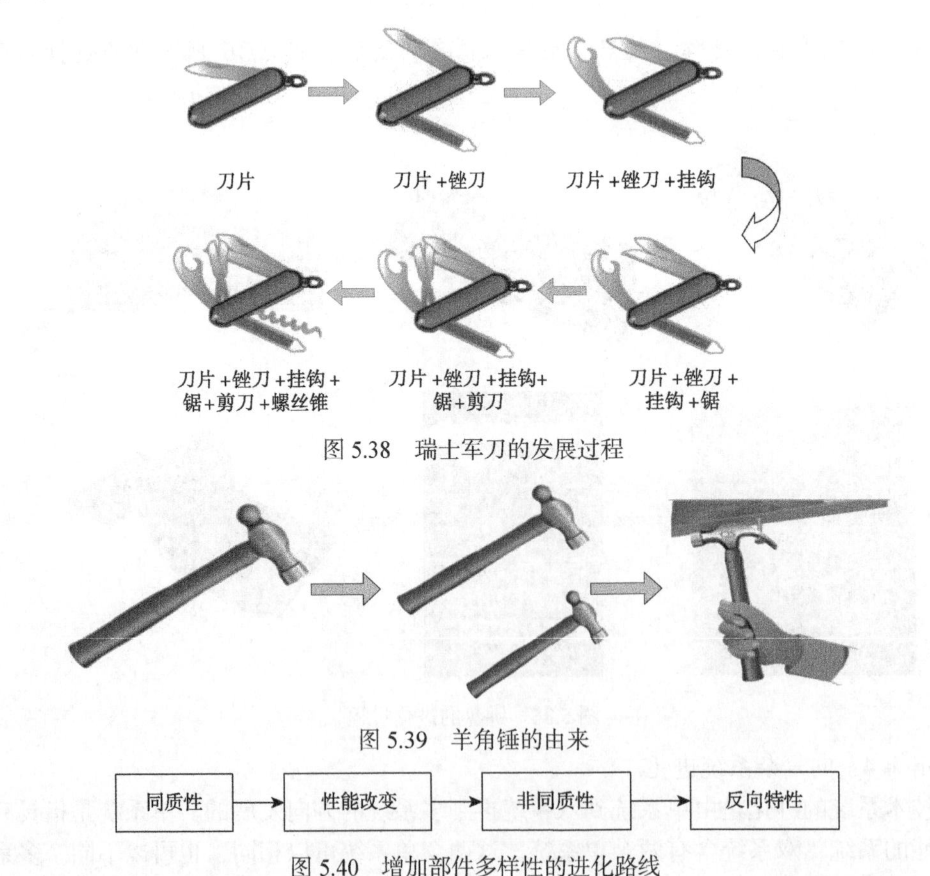

图 5.38　瑞士军刀的发展过程

图 5.39　羊角锤的由来

图 5.40　增加部件多样性的进化路线

双系统及多系统的组成部件多样性会产生新的效果。例如，双金属片由热膨胀系数不同的两金属条组成，对于少量的温度变化，它将产生较大的变形。任何单金属片没有这种效果。在同质双系统或多系统的基础上，使其组成部件的性能变化，可以得到少量变化的多样性，如眼镜的镜片往往具有不同的度数，以适应每只眼睛不同近视程度的需求。

定律 5：向微观系统进化。

技术系统的进化是沿着减少其元件尺寸的方向发展的，即元件从最初的尺寸向原子、离子及基本粒子进化，同时能够更好地实现功能。宏观的物质结构由微观的物质结构组成，因此技术系统向微观系统进化是必然的。技术系统在发展过程中，系统尺寸逐渐变小，宏观物质所能完成的功能由微观物质完成，便达到了技术系统向微观系统的进化。例如，播放器的进化，由最先的录音机发展为随身听，然后出现了 MP3，到现在比较高科技的耳环播放机，元件尺寸不断减小，正是由宏观系统向微观系统进化的典范。

路线 5-1：向微观系统进化。

该路线如图 5.41 所示，系统由晶体或分子团状态向分子态、原子与离子态、基本粒子态进化。

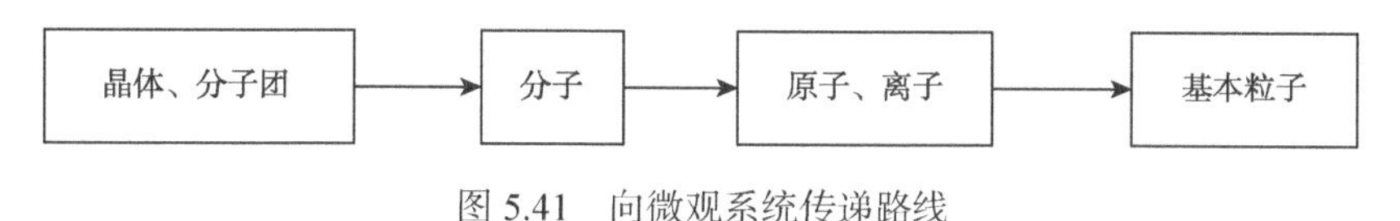

图 5.41　向微观系统传递路线

【案例 5.28】

烹饪所用燃料的进化

传统烹饪所用加热方法是木材的燃烧，木材燃烧时间短，且所用体积较大。这属于路线 5-1 中最为初始的分子团状态。之后出现了液化气和天然气等燃料，这种燃料燃烧时温度较高，且储存时所占体积较小，方便使用，这种燃料属于分子状态。微波炉的加热是燃料向基本粒子的方向进化的产物。微波炉将电能转化为微波能，从而产生高频电磁场，使食物分子发生震动，分子间相互碰撞摩擦产生热能，达到加热食物的效果，如图 5.42 所示。

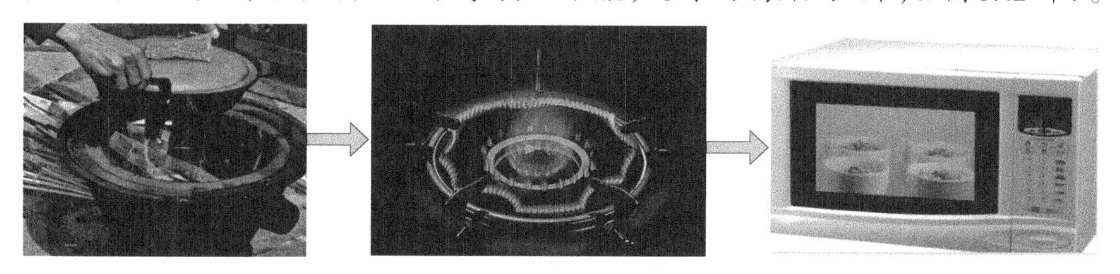

图 5.42　烹饪燃料的进化过程

【案例 5.29】

衣物清洁剂的进化

传统洗衣服的方式需要使用肥皂清除衣物上的污渍，在清洗时需要不断地在有污渍的地方进行涂抹，清洗过程比较复杂。后来出现了洗衣粉及洗衣液，可以直接溶到水中，减少了肥皂的不便。现在出现的超声波洗衣机，利用超声波产生的高频震荡波，使污垢与衣物彻底分离，节约水资源，减少环境污染。衣物清洁剂的进化也是路线 5-1 的完美体现。

向微观系统进化定律应遵循两条规则：

（1）微观系统或结构的采用应实现宏观结构或系统所完成的功能。例如，案例 5.29 所述，超声波代替肥皂等衣物清洁剂，将污渍与衣物彻底分离，达到清洁的效果。

（2）微观结构控制宏观结构的特性及行为。例如，对不同光照变色的眼镜采用了该规则，由于这种眼镜的镜片在强光下变黑，戴该类眼镜的人不再需要太阳镜或遮阳罩。制造过程中在镜片中添加银氯化物，使眼镜镜片具有这种透光性的变化。其原理为：光线与氯化物的离子相互作用产生氯化物原子与电子，该类电子与银的离子作用，产生银的原子。银原子积聚阻碍光的穿透，使镜片变黑。其变黑的程度与光线密度成正比。

定律 6：完整性。

该定律是指要实现某项功能，一个完整的技术系统必须包含执行装置、传动装置、动力装置和操作控制四个部分。其中执行装置是直接完成系统主要功能的部分，传动装置将能源以要求的形式传递到执行装置，能源装置产生系统运行所需要的能量，操作控制使各部分的参数与行为按需要改变。系统中如果缺少其中的任一部件，就不能成为一个完整的技术系统。系统中任一部件失效，整个技术系统也无法正常运行。完整的技术系统如图 5.43 所示。

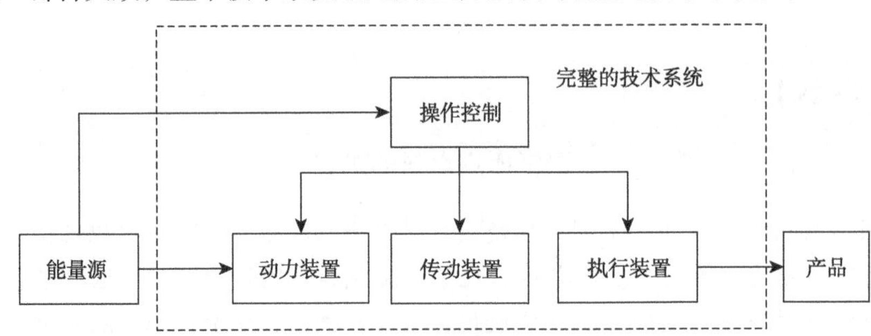

图 5.43　完整的技术系统

【案例 5.30】

电动自行车的组成

电动自行车的能源装置为电瓶，它能将电能转化为机械能。链条起传动作用，将后轮的驱动力传递给前轮。前后轮为执行部分，推动电动车向前行驶。车把为控制部分，负责控制电动车的前进方向。

路线 6-1：完整性路线（减少人的介入路线）。

最初的技术系统常常是人工过程的一种替代，这种技术系统通常只有工具部分。随着技术进化的过程，传动部分被引入，之后是能源及控制部分的引入，从而最后取代了人工的参与。完整性路线如图 5.44 所示。

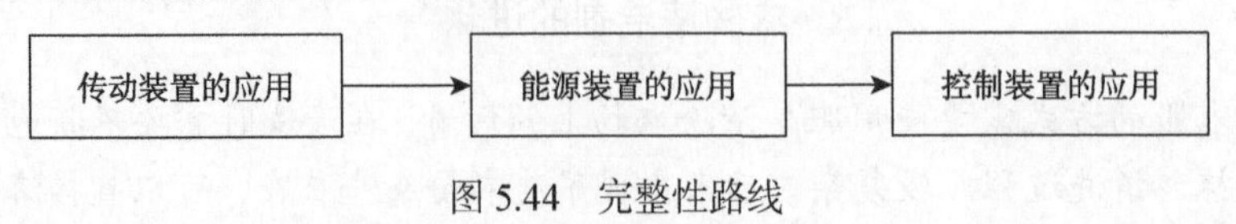

图 5.44　完整性路线

完整性定律的应用有助于我们准确地判断现有的组件集合是否构成完整的技术系统。可以对效率低下的技术系统进行简化，提高技术系统的效率。

定律7：缩短能量流路径长度。

技术系统向着缩短能量流经系统路径长度的方向发展。技术系统运行的基本条件是能量能够从能源装置传递到执行装置，该路径的长度向缩短的方向进化，以减少能量的损失，如图5.45所示。

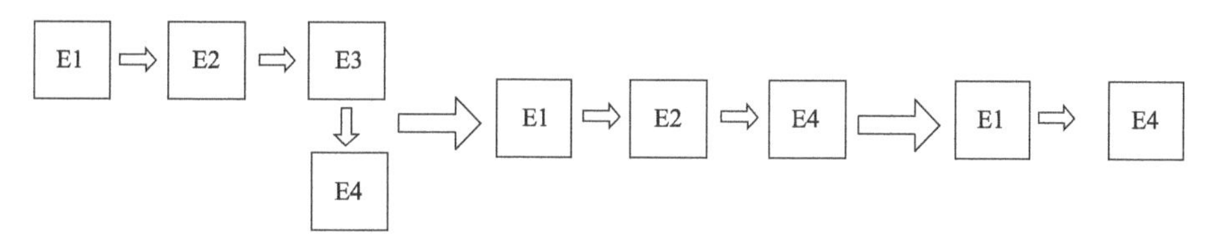

图5.45 缩短能量流路径长度的进化

该定律含有三种技术进化趋势。

（1）提高系统各部分的传导率。能量从技术系统的一部分向另一部分传递时会有一定的能量损失，提高传导率，是技术进化的趋势，在传递时可以由物质媒介（轴、齿轮等）向场媒介（磁场、电流等）进化。例如，电的传递现在主要是靠铜或铝导线，未来的发展方向是超导材料，超导材料可以有效提高能量传导率，减少电能在传递过程中的损耗。

（2）减少能量形式的转换次数，如能量的路径由电能转换为机械能，再由机械能转换为热能构成，将中间环节机械能去掉。

（3）减少参数的转换次数，如电动机输出的转速经过3级减速传递给丝杠，丝杠驱动执行机构，将3级减速减为2级减速。

【案例5.31】

火车能量流路径的进化

最早的火车为蒸汽火车，外观及功用同现代火车相差不远，但蒸汽火车通过煤的燃烧将水加热至沸腾，使水变成水蒸气，从而推动活塞使火车运行。之后便出现了柴油火车，通过柴油燃烧由发动机直接带动车轮的转动。而现代的动车及高铁，驱动力一般都为电能，可以通过一系列的控制，将电能直接转化为机械能。由此可见，火车的能量流路径是不断缩短的，如图5.46所示。

图5.46 火车能量流路径的进化

运用缩短能量流路径长度定律，有助于企业减少技术系统的能量损失，可以在特定阶段为新技术系统提供最高效率。

定律 8：增加可控性。

进一步增强物质–场之间的相互作用，可以增加系统的可控性。

该定律的涉及的物质–场是 TRIZ 中的基本概念。Altshuller 通过对功能的研究发现：①所有的功能都可分解为三个基本元件；②一个存在的功能必定有三个基本元件构成；③相互作用的三个基本元件有机组合将产生一个功能。

组成功能的三个基本元件分别为两种物质和一种场。物质可是任何东西，如太阳、地球、轮船、飞机、计算机、水、X 射线、齿轮、分子等。场是能量的总称，可以是核能、电能、磁能、机械能、热能等。

在 TRIZ 中，功能的基本描述如图 5.47 所示。图 5.47 中 F 为场，S_1 及 S_2 分别为物质。其意义为：S_1 与 S_2 之间通过场 F 的相互作用，改变 S_1。

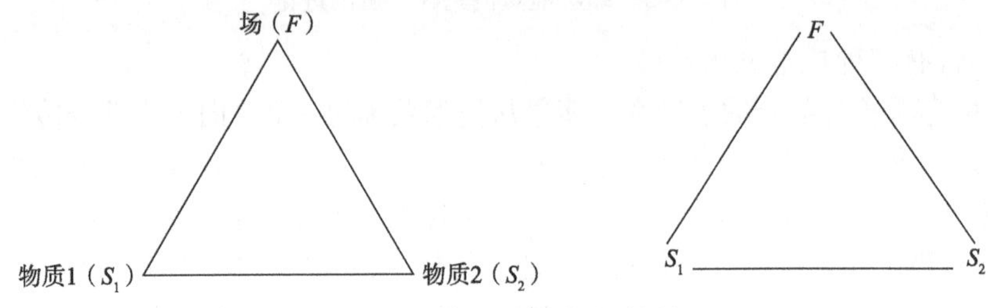

图 5.47　简化的物质–场符号

组成功能的每个元件都有其特殊的角色。S_1 为被动元件，S_2 为主动元件，起工具的作用，F 为使能元件，它使 S_1 与 S_2 相互作用。物质–场中的物质通过场相互作用，如图 5.48 所示。图 5.48（a）表示物质产生场，图 5.48（b）表示场作用于物质，图 5.48（c）表示物质 S 将场 F_1 转变为 F_2，F_1 与 F_2 可以是相同或不同的场。

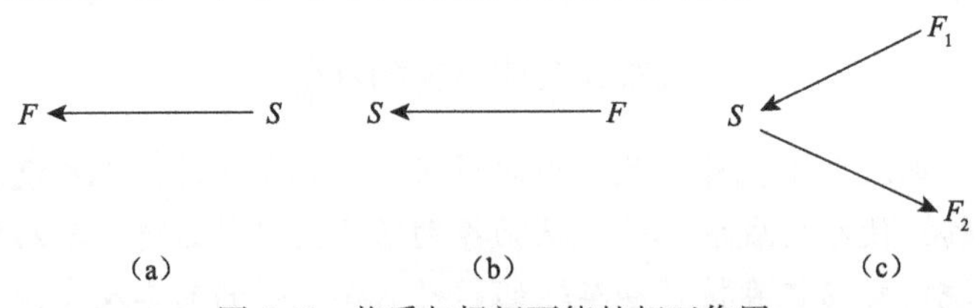

图 5.48　物质与场间可能的相互作用

图 5.49 为物质–场表示的功能。可解释为：人手产生的机械能（F）驱动牙刷（S_2）刷牙（S_1）；电能（F）驱动车床（S_2）车削工件（S_1）；机械能（F）驱动主轴（S_2）带动三爪卡盘上的工件（S_1）旋转。

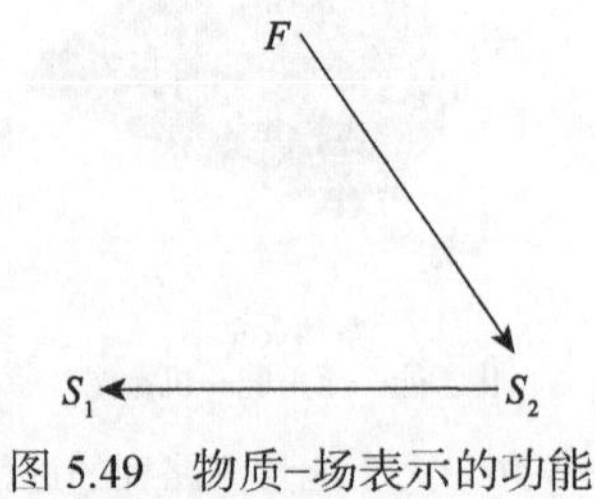

图 5.49　物质–场表示的功能

路线 8-1：增加物质–场的复杂性。

图5.50（a）为该路线。初始系统具有不完整物质–场，如图5.50（b）所示中缺少场；首先将其进化为完整的物质–场，如图 5.50（c）所示；之后是将其进化为复杂的物质–场，如图5.50（d）~图5.50（f）所示；图5.50（d）、图5.50（e）中增加了场F_2，经常起控制作用，使不可控的物质–场变得可控；图5.50（f）表示物质–场的串联。

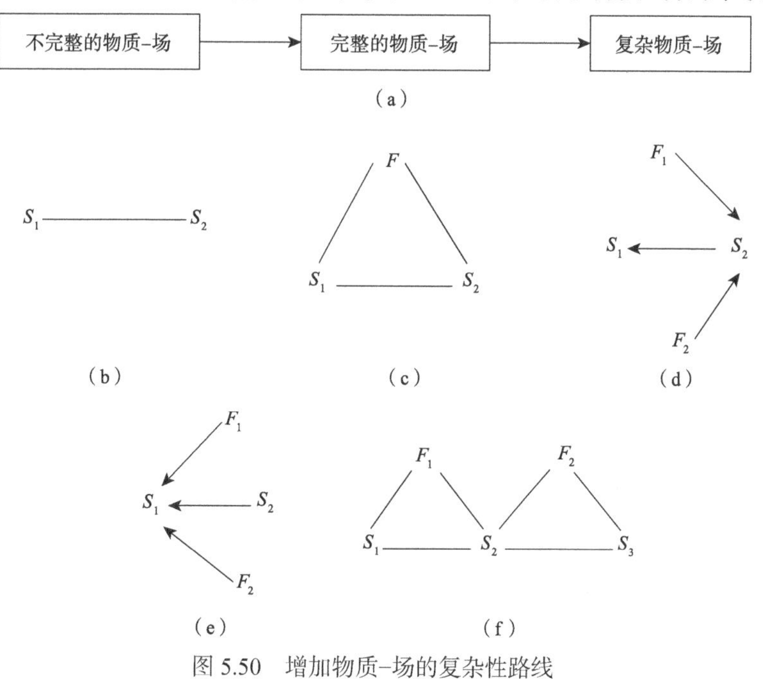

图5.50　增加物质–场的复杂性路线

【案例5.32】

离心铸造原理

离心铸造是目前管筒类铸件理想的生产方法。首先，在离心力的作用下，铸件内部组织非常致密；其次，由于是一次铸造成型，加工量很小，提高了铸造效率；另外，在材质的选择上，也可以最大限度地满足使用性能而不必考虑加工性能。

图5.51所示的卧式离心铸造机，其铸型是绕水平轴旋转的，它主要用于生产长度大于直径的套类和管类铸件。该机主要是通过自动定量浇注系统，将合金液体注入旋转的管模中，同时离心机沿着轴向平稳旋转，完成离心浇注；最后经过水冷却，用牵引机将铸件脱离铸造机。

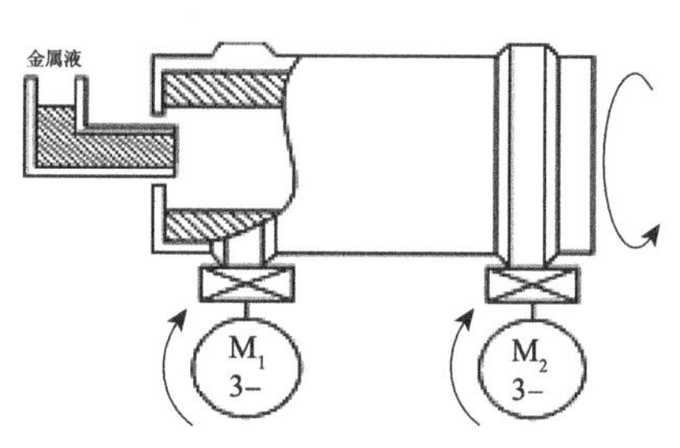

图5.51　离心铸造原理

图 5.52（a）是传统铸造中模具与铸件及重力场之间的物质–场模型。该模型中模具是工具 S_2，铸件是物质 S_1，场为重力场。在重力的作用下，物质充满模具的内腔，形成工件。为了形成更高质量的铸件，提高浇注过程的可控性是基本方法之一。图 5.51 所示的离心铸造原理的物质–场模型如图 5.52（b）所示。该模型是图 5.52（a）向复杂物质–场模型的一种进化结果。

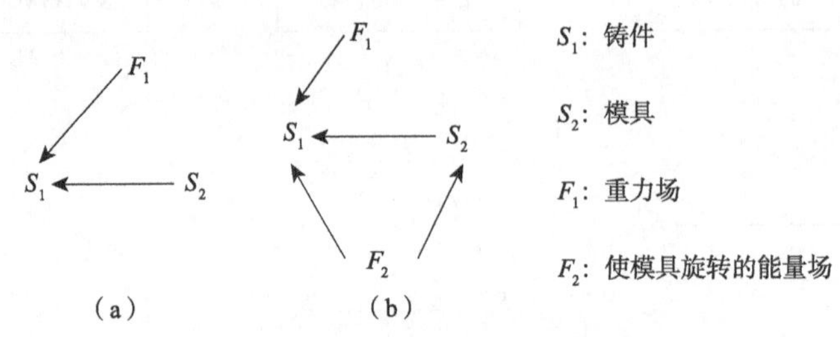

图 5.52　模具–铸件的物质–场模型

定律 9：增加和谐性。

该定律是指交变作用本身与完成这些作用的零部件之间要和谐，且不断增加其和谐性。系统的各个部件在保持协调的前提下充分发挥各自的功能。子系统的和谐性主要表现在三个方面，即结构上的和谐、各性能参数的和谐及节奏频率的和谐。

结构上的和谐如积木，早期积木各小块之间没有必然的联系，而现代积木可以自由组合、随意插合成不同的形状，如图 5.53 所示。图 5.53（a）中的积木块可进行不同方式的堆积，组合成不同的形状，如图 5.53（b）、图 5.53（c）所示，呈现出结构上的和谐性。

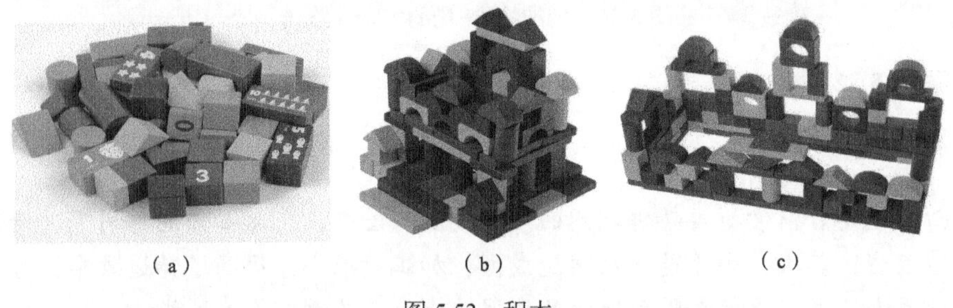

图 5.53　积木

各性能参数的和谐如网球拍重量与力量的协调，球拍越轻越灵活，越重产生的挥拍力量越大，因此设计师将球拍整体重量降低的同时，增加了球拍头部的重量，这样的设计既提高了球拍整体的灵活性，又保证了挥拍的力量。

节奏频率的和谐如洗瓶机，瓶子送到清洗口要停下，此时清洗口开始喷水清洗瓶子，待清洗口停止喷水后，将洗干净的瓶子传送至下一机构，并等待下一批瓶子运送过来，重复以上操作。若喷水时间同瓶子停留时间不能相协调，则无法达到清洗的目的。

5.8　本章小结

本章介绍了头脑风暴、思维导图、平行思维法以及 TRIZ 理论中的多种方法，从基于认知与基于技术的角度为问题解决提供了途径，为产生创意提供了思路。在发现问题并对问题进行识别，判断其是“结构良好问题”或“结构不良问题”，进而选择恰当的方法对问题进行解决才能够有效实现目标、产生创意。在解决问题的过程中，可选择应用某一种或多种方法，通过打破思维惯性最终输出创新创意。

思考与训练

1. 学习完第4章后，你一定发现了很多问题。选择其中一个作为主题，应用本章中提到的头脑风暴法、思维导图或平行思维法，组建小组进行讨论，并将产生的创意汇总出来。

2. 你遇到过什么较难解决的问题吗？尝试应用5.5节与5.6节中的工具对其进行解决，产生创新创意。

3. 你是否遇到过冲突问题？是否属于物理冲突？尝试应用分离原理对其进行解决，产生创新创意（建议：可通过小组讨论的形式对产生的方案进行筛选）。

扫一扫

5.3 思维导图在认知结构建构中应用模式研究

5.4 戴上帽子去思考

5.5 应用技术型人才培养的创新及其“聪明小人法”运用

第 6 章　商业模式创新

6.1　引言

商业模式（business model）决定了一个企业的盈利模式，是企业竞争优势的重要来源。在不确定的激烈竞争的市场环境下，成功的商业模式为企业建立了一个强大的商业生态系统，即包括客户、生产商、销售商、供应商、市场中介、政府、投资商等组织和个人的能够相互作用的经济联合体。在创新驱动发展战略引导下，通过创新可以不断发展和强化该生态系统，能够使得企业依赖该商业模式得以长期生存和快速发展。

商业模式的创新和实现离不开工程中创意的产生、发展和商业化过程。创新过程中，通过系统把握创意心理和培养创新思维，进行问题的发现与解决，形成有价值的创意，并开发出体现技术创新的新产品，以及现有产品等为商业模式创新提供了基础条件。通过商业模式创新，能够改善产业竞争格局，使得商业化的创意、技术、产品能够为企业带来高的创新绩效。

6.2　商业模式

6.2.1　商业模式的发展

商业模式的概念最早出现于 1929 年 Edwin Berry Burgum 撰写的文章中。在其形成和发展过程中，也有人称为业务模式、经营模式、商务模式、盈利模式、运营创新等。

20 世纪 70 年代中期，一些管理类文献将商业模式作为专用术语进行使用。一些反映 IT 行业发展的计算机科学杂志中也出现了商业模式概念。例如，Konczal 和 Dottore 在讨论数据和流程建模时，使用商业模式一词来描述数据与流程之间的关系。20 世纪 90 年代中期，随着互联网经济的迅猛发展，及其在商业领域中的普及应用，商业模式得到管理学界和企业界的普遍关注，才得以广泛流行。

伴随电子商务的出现，商业模式的概念已经深入扩展到企业经济管理领域，涉及财务、战略、会计、营销等不同范畴。在创新创业、风险投资等领域尤其受到重视。对商业模式的理解正从对商业模式概念辨析、商业模式要素分析向商业模式构建、商业模式应用方向深入发展。

进入 21 世纪，信息技术的迅猛发展，由此形成的新技术经济范式对传统商业模式产生了巨大影响，在利用技术实现经济目标的激烈竞争中，促使企业不断创新商业模式来控制和抵御风险、提高绩效、获得持续的竞争优势。《财富》500 强企业早在 2001 年度报告里，提到有大约 27%的企业用到了“商业模式”这个术语。美国政府甚至对一些商业模式创新进行专利授权，给予积极的鼓励与保护。

随着企业的商业竞争环境和经济规则的变化，企业界越来越关注是否能创新并设计出好的商业模式。商业模式创新成为 21 世纪企业需要具备的关键能力，能为企业带来战略性的竞争优势。

【案例 6.1】

空中食宿（Airbnb）的商业模式发展

对很多人或企业来说，Airbnb 还闻所未闻。但在熟悉互联网的人群中，Airbnb 早已成为一个引人注目的现象。作为一家正在颠覆多项传统产业的网站，Airbnb 的理念是要在任何地方都能创造一个属于你的世界。而这一切都始于两个年轻人最真实的需求。

Airbnb 的创始人布赖恩·切斯基（Brian Chesky）和乔·戈比亚（Joe Gebbia）曾经是美国罗德岛设计学院的同学，搬到旧金山后，两位昔日的同窗好友合租了一个公寓，本来准备在事业上大展拳脚的两人却被命运捉弄了一把——他们都失业了。没有收入的生活举步维艰，于是他们萌生了将公寓的闲置房间租出去的念头。

2008 年，一个工业设计会议即将在旧金山召开，很多酒店客满为患、一房难求，两人看到了机会。他们购买了充气床垫，在网上创建了一个叫做“空床+早餐”（AirBed+Breakfast）的网站，顺利以每人每天 80 美元的价格将客厅租给了三个参会人员。这个网站便是 Airbnb 的前身。后来，初尝成功滋味的两位年轻人找到做网络技术的内森·布莱卡斯亚克（Nathan Blecharczyk），三人共同创建了 Airbnb。

2008 年 8 月，Airbnb 正式推出“空床+早餐”的模式，希望能结合社交网络，为游历天下的旅行者创造处处都有家的体验。在 Airbnb 上，任何人都可以上传自己闲置的房间信息及照片，Airbnb 会帮其找到客户。但很长一段时间，生意都不太理想，甚至一度只有两个客户，其中之一就是创始人布赖恩。为了发现问题、获得第一手的体验，布赖恩几乎每天都在 Airbnb 的不同房源居住。

为了渡过难关，他们买来一批盒装的麦片，借助当时总统选举事件，设计了两款总统候选人奥巴马与麦凯恩的早餐盒子。这种创意麦片一共卖出了 500 多盒，布赖恩和乔在获得 3.2 万美元收入的同时引起了广泛关注，其中就包括最著名的创业孵化器 Y Combinator 的联合创始人保罗·格雷厄姆（Paul Graham）。2009 年初，保罗·格雷厄姆给他们投了 2 万美元的种子资金，之后又融资了 60 万美元。

2011 年以后，Airbnb 用户数量开始高速增长，7 年以后的今天，用户已达 1 500 万人，同时，Airbnb 还拥有 80 万客房供应者，覆盖 192 个国家、35 000 个城市，网站的估值也高达 132 亿美元。这让众多发展乏力甚至濒临倒闭的传统酒店始料未及，两个失业的草根青年为什么会取得这样的成就？

让我们先看下面发生在 Airbnb 上的小故事：

乔纳森住在洛杉矶的回音公园，小时候很爱玩陶艺的他长大后每周要工作 60~80 小时，还要照顾三个孩子，只能把自己的"陶瓷梦"抛在一边。直到有一天，乔纳森决定在 Airbnb 上出租他家的一个闲置房间，这个决定改变了他的生活。每次，他把新旅行者迎进家，竭尽所能、无微不至地照顾他们，旅行者们在乔纳森的家中感到了家一般的温暖，许多人都与他成为好朋友。

Airbnb 给乔纳森带来了珍贵的友谊和有趣的经历，他因此变得更加快乐，同时他还有了额外的收入和更多陪伴孩子的时间。更意想不到的是，他有了时间和精力重新追求喜爱的陶瓷艺术。如今，他设计的陶瓷灯已经成为洛杉矶精品店里的畅销品。他的独特创造还获得了种子投资，并且与美国知名连锁品牌 UrbanOutfitters 旗下的休闲高端品牌 Anthropologie 合作。

普通人因分享出租自己的房子而意外地获得天赋的发展，成就了自己真正喜欢的事业，这样人人拥有新生活的美梦每天都在 Airbnb 的平台上上演，从艺术家、餐饮爱好者到投资人，应有尽有。难怪乔纳森激动地说："我认为意义最深刻的是 Airbnb 对人类将意味着什么。和素不相识的人建立信任和亲密的关系，是人类进化的飞跃。Airbnb 上提供的技术工具、所发生的交易及交易带来的经历对所有人而言都是如此美妙。"

Airbnb 并不拥有任何房间、任何旅行项目，却创造了一个基于网络连接的超级轻资产——另类旅行公司或酒店。它利用世界各地闲置的有形和无形资源，无论是闲置的房产，还是闲置的大脑、天赋、爱好、时间，将世界各地的人们连接起来，转变个人的社会角色，使普通人重新参与、创造有价值的产品或服务。

在 Airbnb 上，住宿与出租不是简单的交易，而是创造了一个智能化解决方案。例如，它能通过先进的搜索技术精准地匹配客户所需的地点、出租类型、租赁特点、有效日期、价格等，而且房主可以自定义租住细则，自由地展示自己以及自己有什么样的社交理念。旅行者也可以在 Airbnb 上创建理想的房屋空间特性或梦想的出行计划。同时 Airbnb 开发了移动客户端，能在当地定位各种房屋资源，让用户可以方便、快速地找到理想的房主。

Airbnb 还在大数据的运用上有所突破，它主导制作了一个自动在线旅游指南，由此产生一个"协同过滤"的网络，能查找并匹配许多有地方特色的交通、餐饮、夜生活、旅游景点、购物，甚至独处的佳地等。作为一种智能化的方法，"协同过滤"能将某个用户的兴趣、偏好、信息等从不同用户和不同数据源那里自动搜集并进行预测。

如果用一句话说明 Airbnb 创造了什么与众不同的价值，那就是：人文关怀"纵容"消费者彰显个性，信任网络"感召"人人分享资源，智能交互"倒逼"经营者找到更科学的解决方案。Airbnb 创造了一种全新的商业价值观和商业逻辑，一切围绕人的属性，改变了传统商业模式中关于客户、生产、供应、交付等价值要素及彼此之间关系的内涵和意义。

Airbnb 是一个传统酒店服务业拥抱互联网后的创新商业模式。事实上，与 Airbnb 相同或相似的模式也在其他服务领域出现了，如提供私人商务飞机服务的 Execujet、出租车服务业的 Uber、多对多电子商务平台 eBay、视频网站 YouTube，以及国内的滴滴打车、音频分享平台喜马拉雅、鲜花微店冠群芳、首家在线洗衣店 e 袋洗。

制造业是一个国家的脊梁，类似的商业逻辑模式是否也在制造业存在呢？一些与 Airbnb 商业逻辑类似的制造业新锐，如正在致力于服装个性化规模定制的红领、开源软件和硬件制造公司 Arduino、家居个性化定制的尚品宅配。试想一下，以前，我们的服饰只能在商家提供的品种里挑选，也免不了碰到像偷了他人衣服一样的撞衫尴尬。现在，红领酷特智能让我们自己说了算，想设计什么就是什么，想要怎样就能怎样，一人一款精准配的定制，实现"唯我独尊"的个性着装。

与 Airbnb 一样，这些服务业和制造业的商业新锐都遵循最大限度满足个性需求，以及最大限度拯救资源的商业逻辑，在微观上创造客户的个性化价值，宏观上创造经济可持续发展的方式，创造出一种全新的商业模式。这个模式就是众创时代互联网+和物联网商业的解决方案。

案例说明：Airbnb（AirBed and Breakfast）中文名为：空中食宿。Airbnb 成立于 2008 年，是一家通过联系旅游人士和家有空房出租的房主的服务型短租网站，可以为用户提供丰富、多样的住宿信息。Airbnb 面向全球旅客提供房屋租赁的对接服务。图 6.1 为 Airbnb 的中文网站的一个页面。

图 6.1　Airbnb 中文网站的一个页面

6.2.2　商业模式的概念和特征

1. 商业模式的概念

自从商业模式概念产生和发展以来，不同的管理和研究者对商业模式给出了各自的理解。管理学家彼得·德鲁克将商业模式称为企业经营理论，即是企业的经营之道，涉及企业的行为、市场、客户、竞争者、价值、技术、优势和劣势等诸多方面。

Timmers 认为商业模式是一个有机系统，是用以表示产品流、服务流和信息流的一种结构。产品流是产品的物理流动，涉及采购、生产、包装、仓储、运输等，是产品从供应商的供应商流向客户的客户的过程。服务作为一种无形的东西，通常附加于商品之上，如售前服务、售后服务等。服务流是指企业对于所提供服务活动的规划、设计与执行的过程。商业生态系统中的服务流，涉及企业间的交流、企业与顾客的互动、企业与员工的协调等服务内容。信息流是一种非实物化的消息传递，可以包括信息的收集、传输、加工、储存、维护、使用等渠道和过程。信息流是对物流、资金流、工作流（或事务流）的反映。物流就是实物流动的过程，转移的是实物化的物质。资金流是伴随物流而发生的资金的流动过程。工作流（事务流）包括各项管理活动的工作流程。在商品信息提供、行销、促销、生产、技术支持、售后服务等过程中，信息流体现出了连接、沟通、引导、辅助决策、调控等方面的功用。

Mahadevan 认为商业模式是合作伙伴与客户的价值流、收入流、物流的独特组合。价值流是包括企业购买供应商原材料、经过生产加工，将产品交付给客户的全过程的活动，如生产计划的制订、生产准备活动、生产过程等，即包括增值活动，也包括非增值活动。收入流是关于资金的收入流程。

Amit 和 Zott 认为商业模式描述了企业交易活动的结构、内容和企业对交易活动的管理，使企业通过把握商业机会获取利润。Chesbrough 和 Rosenbloom 认为商业模式是调节技术发展和创造经济价值的关键工具。Teece 认为商业模式是通过企业向顾客传递价值，促使顾客为这些价值进行支付，并将支付收入转化为利润的商业方式。

翁君奕认为商业模式是指包括客户界面、内部构造和伙伴界面的核心界面要素形态的有意义组合。客户界面、伙伴界面是一种交互界面，其是两个子环境之间资源互换和交流活动的一种场合，是外部环境与内部环境交互的一种媒介。客户界面是指客户环境中的各种客户群体与企业内部环境重叠的内部构造之间的交互媒介。伙伴界面是伙伴环境中的供应商、联盟伙伴等与内部构造之间的交互媒介。

罗珉认为商业模式是一个组织在明确外部假设条件、内部资源和能力的前提下，用于整合组织本身、顾客、供应链伙伴、员工、股东或利益相关者来获取超额利润的一种战略创新意图和可实现的结构体系以及制度安排的集合。该定义认为商业模式至少包括三个层面的含义：任何组织的商业模式都隐含有一个假设成立的前提条件，如经营环境的延续性，市场和需求属性在某个时期的相对稳定性以及竞争态势等，这些条件构成了商业模式存在的合理性；商业模式是一个结构或体系，包括了组织内部结构和组织与外界要素的关系结构，这些结构的各组成部分存在内在联系，它们相互作用形成模式的各种运动；商业模式本身就是一种战略创新或变革，是使组织能够获得长期竞争优势的制度结构的连续体。

陈志认为商业模式是企业等主体为实现其特定价值而完成一系列商业活动的体系。这种体系既包括商业活动的执行与参与主体，商业活动具体的关联，也包括控制这些商业活动的制度。李金和董银红认为商业模式是一个企业关于生产流程、经营方式、营销手段的统称，是企业利用自身资源选择经营范围、组织生产或服务、甄别用户的全过程，是企业组织内部运营结构和外部要素相关联的统称。

金占明和杨鑫认为对商业模式内涵的关注，已经从初期关注企业提供的产品与服务，逐渐开始转向关注顾客关系、价值提供乃至市场细分、战略目标、价值主张等方面，即已经从经济、运营含义向战略含义延伸。其经济含义是指商业模式应该以营利为根本目标；其运营含义是指商业模式应该覆盖企业的内部流程及构造，包含产品或服务的交付方式、生产运作流程、知识管理等；其战略含义主要是指企业的市场定位、组织边界及竞争优势的获取与保持，这往往是成功商业模式的起点与根本所在。因此，商业模式不仅涉及企业的经济收益，也涉及企业的战略决策、运营管理等方面。例如，图 6.2 是荆浩对红领集团商业模式的经济、运营、战略视角分析。通过运营管理创造低成本优势，通过战略决策创造差异化优势，最终为企业创造经济价值。

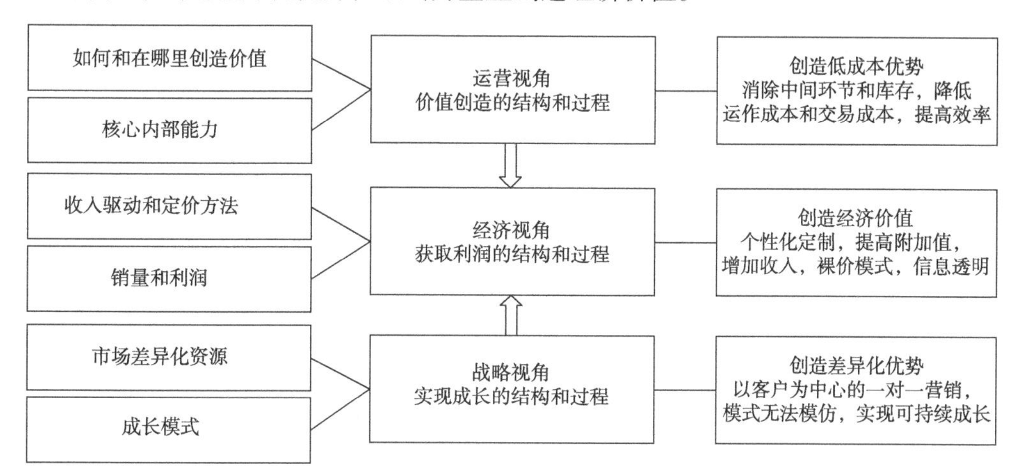

图 6.2　红领集团商业模式的经济、运营、战略视角分析

2. 商业模式的特征

商业模式具有系统性、创新性、有效性、动态适应性和生命周期性等特征。

1）系统性

商业模式是具有一定结构、多要素组成的整体系统。贝塔朗菲（L. Y. Bertalanffy）认为系统是相互联系、相互作用并具有一定的整体功能和目的的诸要素（或元素）所组成的整体。要素之间相互联系和相互作用，形成一定的要素关系。要素关系比要素复杂、重要。商业模式的价值主张、创造和实现等各要素之间存在有机联系，具有多主体、多要素相互联结、共同进行价值实现的体系特征，与企业其他各组成要素相互渗透。商业模式的构成要素涉及企业的产品、客户、基础设施和财务能力等各方面。

【案例 6.2】

戴尔直销模式的系统协作

随着互联网和快递行业的快速发展，戴尔实现“按定制生产”的直销模式。通过生产结构的不断成熟，生产能力的提高，实现了高的周转率和低的资金占用，正是来自其商业生态系统内的产品订货、物料采购、库存、财务管理、制造商和服务支持等各要素业务活动的系统协作结果。

2）创新性

由于商业模式的动态发展，今天的模式明天有可能变得不适合，甚至阻碍企业的正常发展。企业需要对商业模式不断进行创新，对商业生态系统中的要素和条件进行新组合。与原有的商业模式存在不同，使在短时间内商业模式的创新不易被复制和超越，能够与企业的发展战略、业务流程、组织结构和激励措施等相互匹配，符合公司长期战略、公司文化和核心竞争力的需要。

【案例 6.3】

“海底捞”的创新

“海底捞”是从四川简阳靠卖麻辣烫起家的火锅店发展起来的餐饮企业。海底捞给等待的客人擦皮鞋、美甲，给长发客人提供发圈、眼镜布，在海底捞等待区等待的时候，热心的服务人员会送上水果以及豆浆、柠檬水等饮料。此外，还提醒顾客可以在此打牌下棋和免费使用 iPad 上网冲浪。正是这种服务，使顾客愿意在海底捞等待消费。

“海底捞”的“变态服务”成就了它的业绩表现，为什么其他的餐饮企业没有出现这种情况？最主要的原因在于海底捞的商业模式。海底捞的经营模式进行了三次成功剥离：把后台能干的工作从前台剥离；把机器能干的工作从人身上剥离；把公司能干的事情从员工身上剥离。这三个剥离优化了餐饮行业的成本结构和服务效率。通过三个剥离的商业模式带来了利润率的提升。将这些利润的增量部分反馈给顾客和员工，让员工、顾客、企业形成了一个良好的互动。

3）有效性

商业模式能够从客户需求出发，不断开发和满足客户的潜在需求和现实需求，从而为企业及其合作伙伴创造价值和效益，能够有效地超越竞争对手，体现其竞争优势。

【案例 6.4】

有效的沃尔玛连锁经营

通过折扣店成长起来的沃尔玛公司，进行商业模式的创新，以连锁经营模式，从小城镇逐步渗透扩展，进而扩张到大城市，在同凯马特和西尔斯的正面竞争中一举获得了成功。

4）动态适应性

客户需求多样化、宏观环境以及市场竞争环境的变化，商业模式能够保持一定的灵活性和应变能力，具有与外界变化动态匹配的特性，不断强化所处的生态系统，实现一定阶段内的持续发展，进行价值创造和价值获取。

【案例 6.5】

动态适应的亚马逊

亚马逊公司基于互联网技术，通过及时推出新项目进行调整和转变，从最早的网上售书价格战，到利用网站链接发展客户购书，进而转变成平台型网站，使得中小商户、个体卖家、亚马逊本身与其他网站、网民进行双向互动，成功地实现商业模式创新，取得了良好绩效。

5）生命周期性

与企业生命周期一样，商业模式存在生命周期特征，随着企业所处环境的变化，经历产生、成长、成熟和衰退的过程。

6.2.3　商业模式类型

由于商业模式的复杂性，其表现形式也多种多样。可以从行业、市场、需求、服务、产品、技术、盈利、企业运营水平、价值链、商业模式自身构成要素等多种角度对商业模式分类。一个商业模式也可以出现在不同的分类体系之下。因此，需要依据不同商业模式具有的本质特征进行科学分类。下面给出一些商业模式类型。

1. 平台型商业模式

平台式企业在商业生态系统中扮演着越来越重要的角色，可以包括双边平台、三边平台、四边平台，以及多边平台等类型，如各类中介组织就是平台式企业。平台型商业模式就是通过平台作为中介，将两个或两个以上的单向或双向互相依赖的群体聚集到一起，共同创造价值。所以，平台型商业模式创造价值的逻辑就是通过平台聚集利益相关方来降低参与各方的交易成本，通过平台创造和提升网络效应。

根据平台所连接与聚合的对象不同，李文莲和夏健明从“大数据”应用角度将平台型商业模式分成客户平台、数据平台、技术平台或者三者兼而有之的几种类型。客户平台商业模式主要是指通过互联网以某种方式把大量客户吸引到自己的平台上，通过提供双边或多边客户价值相互转化与传递机制创造价值，如 Facebook、腾讯 QQ 等。数据平台商业模式是指通过提供多行业、多企业的合作机制，聚集海量的数据，通过数据挖掘、分享、运用创造和传递价值。主要基于数据资源的互补和共享创造新价值。技术平台商业模式是指通过提供技术开发的基础条件，吸引技术相关各方的参与，以实现分散的、互补技术优势的高效利用。这种商业模式是通过技术的创新与应用创造价值。技术平台包括基于开源软件的开源社区平台、众包平台等。“互联网+”时代的商业模式，就是以大数据为核心资源的数据驱动的平台型商业模式。

传统的单边市场可以定义为单边平台模式，参与主体包括卖方（企业等）和买方的消费者。主体之间的互动通过互相搜索、讨价还价达成交易，市场客体就是用于交易的商品和服务。

【案例 6.6】

亿赞普公司的数据平台模式

亿赞普（IZP）公司是一家数字营销服务提供商，打造了全球化的数字营销平台。通过电信、媒体、技术的融合在数字营销领域为客户提供服务。IZP 与全球电信运营商及互联网网站合作，基于大数据量智能分类处理技术，在全球互联网上部署跨多个国家、多个地区、多个语言体系，覆盖面最广的超级互联网媒体平台。它最具战略性的资产是经过授权使用的客户数据，特别是真实可靠的社会关系数据。通过对数据等的分析、挖掘，IZP“以知识为核心，缩短商业与用户的距离”，IZP 的平台将知识开放给广大的合作伙伴、开发者和用户，让更多的人能享受到知识服务。

2. 互联网商业模式

从电子商务角度，互联网商业模式还可以分为企业与企业（business to business，B2B）、企业与顾客（business to customer，B2C）、顾客与顾客（customer to customer，C2C）、企业与政府机构（business to government，B2G）、顾客与政府机构（customer to government，C2G）、顾客与工厂（customer to manufactory，C2M；customer to factory，C2F）、企业与企业与顾客（business to business to customer，B2B2C）等类型。B2B2C 就是建立以顾客需求为导向的交易模式，并串连供应链及经销体系，将电子商务由上游供货商延伸至下游客户端。

【案例 6.7】

Dell 的 B2B2C 模式

Dell（B）与上游供货商（B）及下游顾客（B 或 C）形成一个 B to B to C 的网络交易模式，在消费者跟 Dell 下订单之后，立即透过与上游供货商的供应链进行整合，完成快速交货的目标。

Laudon 等也给出了一些互联网商业模式类型，见表 6.1。这些商业模式都在某种程度或方式上利用互联网为现有产品或服务增加附加价值，或为崭新的产品或服务提供基础。

表 6.1　互联网商业模式

类型	说明	例子
虚拟店面	直接销售实物产品给消费者或个别企业	Amazon.com
信息掮客	提供产品、价格、可交易数量等信息，给个人和企业。由广告费和交易介绍费获利	Edmunds.com
交易掮客	节省顾客处理在线销售事务的时间和金钱，每笔收费，也提供信息，按时间速率收费	Expedia.com
在线集市	提供一个买卖双方聚会的数字环境，查找产品、显示产品，提供这些产品价格。提供拍卖和反拍卖。可实现对顾客和企业的电子商务，收取交易费	eBay.com
内容提供商	以数字内容创收，如数字新闻、音乐、照片、影像等。收入为顾客按内容付款和广告费	WSJ.com

续表

类型	说明	例子
在线服务提供商	为个人和企业提供在线服务，收取订购、交易、广告费用，或从用户处搜集市场信息获取收入	Salesforce.com
虚拟社区	提供一个在线会议场所，兴趣相投的可以沟通和发现有用信息	Friendster.com
门户网站	提供一个入网进口，囊括各方内容，提供各种服务，并可转接其他网站	Msn.com

互联网商业模式都具有平台特征，一定意义上，平台作为制胜利器已成为互联网企业的共识。

3. O2O 模式

O2O（online to offline）模式是一种将线上和线下结合在一起的商务模式。通过线上推广带动线下交易，商家线上提供信息等活动，客户在线上完成查找、咨询、下单、支付等流程，线下获得商家提供的商品或服务。线上进行信息流、资金流的实现，线下进行物流和商流的实现。

根据盈利模式的不同，卢益清和李忱将 O2O 模式分为三种不同的类型，即广场模式、代理模式和商城模式。广场模式是网站为消费者提供产品或服务的发现、导购、搜索和评论等信息服务。通过向商家收取广告费获得收益，消费者有问题需找线下的商家。这种模式的网站如大众点评网、赶集网等。代理模式是网站通过在线上发放优惠券、提供实体店消费预定服务等，把互联网上的浏览者引导到线下去消费。网站通过收取佣金分成来获得收益，消费者有问题找线下商家。使用这种模式的网站如拉手网、美团网、酒店达人、布丁优惠券等。商城模式是指由电子商务网站整合行业资源做渠道，用户可以直接在网站购买产品或服务。企业向网站收取佣金分成，消费者有问题找线上商城。这种模式的典型案例，如到家美食会、易到用车等。

4. IP 模式

IP（intellectual property）译为知识产权，全称 intellectual-property right，指“权利人对其所创作的智力劳动成果所享有的财产权利”。IP 模式是指围绕选定的 IP 品牌进行多媒体开发的一系列的商业转化行为。

IP 是一种智力成果权，涵盖专利权、著作权、商标权等智力创造性劳动的成果所依法享有的权利。文化产业领域中的 IP 多指作品改编权，以及由此带来的产业开发价值。IP 模式发展初期，多数作品改编仅限于从图书到电影或从图书到电视剧。网络时代，IP 则具有了新的市场产业属性，也就是它的“衍生性”。围绕人气高的作品和形象可以进一步开发网络文学、游戏、动漫等文化产品。可以充分利用 IP 进行跨文化产业类型的市场开发，而各个市场之间还可以通过 IP 形成合力，创造更大的价值。

6.2.4　商业模式构成要素

商业模式帮助企业创造价值，获取利润，具有一定的内在逻辑。Osterwalder 等认为，商业模式是包含一系列要素及其关系的用于表示特定企业商业逻辑的概念性工具。目前，对于商业模式全要素的构成还没有形成共识，更多的是基于不同研究视角来对商业模式的要素构成进行界定和说明，如表 6.2 所示。

表6.2　商业模式构成要素

作者	年份	构成要素
Timmers	1998	产品、服务、信息流结构；参与主体的利益；收入来源
Afuah 和 Tucci	2001	客户价值；范围；定价；收入来源；关联活动；实现能力；持久性
Osterwalder 等	2005	价值主张；目标顾客；分销渠道；关系；价值结构；核心竞争力；合作伙伴网络；成本结构；收入模型
Kley 等	2011	价值主张；价值结构；盈利模型
原磊	2007	目标顾客；价值内容；网络形态；业务定位；伙伴关系；隔绝机制；收入模式；成本管理
张敬伟和王迎军	2010	市场定位；经营系统；盈利模式
陈志	2012	价值主张；商业网络；关键资源；运营管理；盈利模式
吴瑶和葛殊	2014	目标市场；竞争战略；价值主张；价值链；价值网络；收益机制
罗峰	2014	价值主张；价值生产；价值提交；价值回收；价值维护

对于商业模式的构成要素，达成共识的是商业模式构建至少包括价值主张、价值创造和价值取得三方面的内容。

价值主张是基于创意进行创新形成的一种新理念。其以客户能够得到的有形的或无形的产品或服务为基础，是企业通过其产品和服务所能向客户提供的价值。企业通过对所有活动的设计与执行，将其价值主张传递给顾客。价值主张说明企业要为顾客解决什么问题？想为顾客提供什么价值？对于价值主张可以从现实性、新颖性、前瞻性、广泛性等方面进行评价。

价值创造是将新理念实现和转换的过程。企业通过资源配置、组织设计、作业安排等一系列的业务过程和活动进行生产、供应、满足客户需要的产品或服务。资源配置是指企业为了实现其价值主张对其品牌、厂房、设备、能力、客户资料等资产、资源和流程进行的安排；组织设计是指企业对其组织结构调整进行的工作。

价值取得是伴随新理念实现和转换过程的一种获利方式或盈利模式。盈利模式是“企业如何在为客户、商业伙伴等创造价值的过程中获得收入和利润”，涉及成本控制、定价、费用收取等业务活动。

【案例 6.8】

美国西南航空公司商业模式的价值主张

美国西南航空公司商业模式的价值主张是人人都可以搭乘飞机，为减少飞机的准备时间和清理时间，西南航空不提供主食服务，减少服务人员的数量和成本，票价低于主流航空公司的一半之多。这家公司实行低成本、低价格、高频率、多班次的服务，因其独特的价值主张，经营表现比产业内其他航空公司都显现出优势。

6.3　商业模式创新内涵及与技术创新关系

6.3.1　商业模式创新内涵

商业模式创新（business model innovation）是指设计一个能够进行价值创造和实现的新商业模式的过程。Arash 认为商业模式创新是企业通过评估自身能力，重新安排价值系统内各种资源和能力的过程。Matzier 等认为商业模式创新需要对价值系统的价值定位、价值逻辑、价值创造体系、销售手段和利润模式五个部分进行思考。企业如果以新的有效方式获得收益就是商业模式创新，其本质是企业对价值主张、价值创造、价值实现过程的重新规划。

通过扩大客户群、重组流程、改变营销模式、降低成本等，商业模式创新可以使企业更有可能得到创新租金。据 2009 年 IBM 商业价值研究机构的一份报告显示，70%的企业在从事商业模式创新活动，有高达 98%的企业认为其对现有的商业模式在一定程度上做出修正。但是，Mitchell 等指出，并非所有商业模式变化都形成商业模式创新。通过改变商业模式的一个构成要素，能够改善公司的当前表现以及销售、利润和现金流、竞争力，是商业模式改进；相对竞争对手，进行至少包括四个商业模式构成要素的改进，成为商业模式更新；企业能以前所未有的方式提供产品、服务给客户或最终消费者的商业模式更新，就是商业模式创新。因此，商业模式个别要素的改进、更新不是创新，商业模式创新涉及多个构成要素的协同变化。

【案例 6.9】

迪士尼公司的商业模式创新

著名的娱乐业巨人迪士尼公司的发展历程始终离不开商业模式创新。迪士尼公司创立之初，随着以米老鼠为代表的卡通片获得巨大成功，迪士尼公司创作的卡通形象深受人们喜爱。很快，迪士尼公司的第一次商业模式创新就是，除了创作卡通影片之外还将卡通形象授权给其他商业领域，为消费者提供文具、服装等各种印有迪士尼卡通形象的商品，这种创新为公司带来了高额利润，也为其卡通形象进行了宣传。第二次卓越的商业模式创新是 1955 年，迪士尼公司推出了世界上第一个现代意义上的主题公园——洛杉矶迪士尼乐园。迪士尼乐园的运营流程及价值链结构与公司的传统业务完全不同，它以为顾客提供娱乐性服务及其连带产生的餐饮、住宿、购物等服务性商品为主。这次的商业模式创新为迪士尼创造巨额利润的同时，也使迪士尼乐园迅速成为全球最受欢迎的主题乐园。

6.3.2　技术创新和商业模式创新

技术创新是企业能够持续发展的根本，由此引发的商业模式创新共同形成企业得以生存的要素。技术创新和商业模式创新都是由多个行为主体共同参与的、复杂的动态创新过程，是一种综合性的高级活动。通过模糊前端设想产生、开发、应用等过程，技术创新实质是将科研成果转化为生产力。商业模式创新则是利益相关者之间互相合作，以及整合生产要素进行创新，进行创造价值和实现收益。技术创新和商业模式创新的关系如图 6.3 所示。体现在三个方面：技术创新驱动商业模式创新；商业模式创新影响技术创新；技术创新和商业模式创新协同发展。

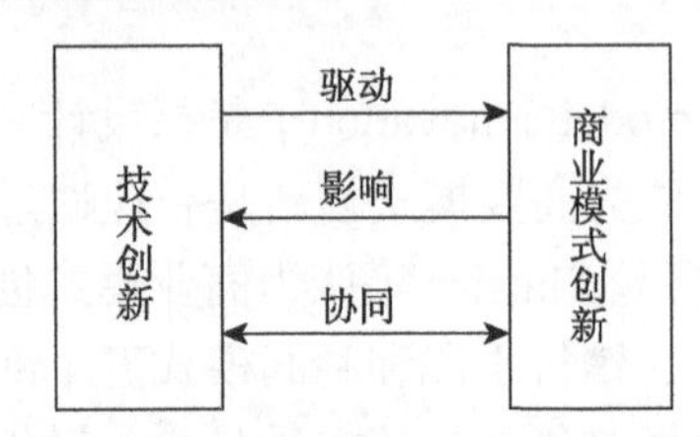

图 6.3　技术创新和商业模式创新的关系

（1）技术创新驱动商业模式创新。

技术创新对于企业发展具有根本性促进作用，商业模式创新的背后经常伴随着技术创新，为商业模式创新提供了必要的条件。商业模式创新受到技术创新的影响，技术创新驱动商业模式创新。商业模式创新主要起源于技术创新。

技术创新是破坏性的或突破性的，需要通过原有的或新的商业运营活动去实现技术的市场化。Chesbrough 和 Rosenbloom 认为商业模式的重要作用之一就是在早期阶段释放技术所蕴含的潜在价值，将技术转化为市场收入。技术创新本身并不能保证企业取得商业成功，在商品化之前也不能为企业带来满意的利润。Teece 指出技术创新创造了把技术推向市场的需要以及满足消费者潜在需求的机会，即技术创新会带动商业模式创新。

【案例 6.10】

技术推动阿里巴巴的商业模式创新

以全球互联网经济的快速兴起为背景，阿里巴巴于 1999 年以 B2B 电子商务的形式在国内创建。其核心的商业模式是“作为第三方平台为进行贸易的国内外小企业提供贸易信息，而自身不直接参与任何具体商品的买卖，并以收取会员费和增值服务费作为盈利来源”。实际上 C2C 和 B2C 的电子商务模式在当时已经得到了发达国家中如 eBay 和 Amazon 这样的领先互联网企业的成功实践，而 B2B 模式还是鲜有尝试。

创立之初，阿里巴巴在国内电商领域几乎没有竞争对手，电子商务模式即是其最大的竞争优势。因此，阿里巴巴在当时做的就是使自己在国内相对落后的情境下生存下来。其通过直接引进国外先进计算机与通信技术，特别是服务器、数据库、操作系统等大型硬件设备和关键软件技术，解决了国内技术供应商无法满足 B2B 模式对支撑技术的基本要求。一方面，成功地使 B2B 模式的电子商务在国内顺利运行；另一方面，客观上使阿里巴巴的技术创新在极短的时间内具备了一定基础。

基于 B2B 模式的成功所积累的技术优势与经营经验，阿里巴巴电子商务模式的二次创新进一步向 C2C 模式演进与扩展——2003 年成立了 C2C 模式网站淘宝网，但与当时国内C2C模式的领导者eBay易趣不同的是淘宝网直接针对个人与个人之间的新商品交易，并对交易双方均实行免费，而eBay易趣的模式同美国的母公司eBay几乎是一样，即以个人与个人之间的旧商品交易为内容，以注册费、广告费和交易佣金为盈利来源。

在市场份额上，刚成立的淘宝网远不及eBay易趣。但淘宝网发现，在国内情境下的C2C市场中“沟通与信任”问题始终困扰着交易双方。而eBay易趣直接引用了eBay在美国的支付模式，在当时并没有很好地解决这个问题。于是，淘宝网于2003年10月成立了内部支付技术部门（即现在的支付宝公司）并推出“第三方担保交易模式”（支付宝）和“阿里旺旺”（一款嵌入网页的即时通信工具）来解决这一问题。

在这个过程中，阿里巴巴集团迅速掌握了电子支付中的SOA（service-oriented architecture，即面向服务的架构）技术平台、缓存技术（Cache）等一系列关键技术，在超越国内其他借助自身技术优势的独立电子支付工具供应商的同时，亦快速缩小了与国外先进支付工具，如贝宝（PayPal）的技术差距。另外，基于阿里旺旺的开发，也实现了通信协议、独创显IP技术等通信技术的从无到有。同时，在支付宝和阿里旺旺的协同作用下，淘宝网的规模与市场地位在短时间内得到了迅速提升。到2005年底，淘宝网市场份额达57.74%，而eBay易趣为31.46%；到2008年底，淘宝网市场份额为86%，而eBay易趣只有6.6%。

到了2008年，阿里巴巴集团内部已经具备了相当的技术基础与相对完善的技术创新体系，除了典型的支付技术、通信技术外，还有如分布式存储技术、大规模数据处理与分析、搜索引擎技术（源自雅虎中国）等一大批前沿技术。而此时，国内B2C模式电子商务迅速崛起，并较之C2C模式显示出了较强的竞争优势，即B2C模式能有效地减少商家的假货问题。

综合考虑技术允许和国内情境下的假货问题，阿里巴巴集团于2008年4月在淘宝网内部成立了B2C业务模块——淘宝商城（后独立为“天猫”）。至此，立足于适当的本地化改造与技术研发支持，阿里巴巴集团已经完成了从国外引入电子商务模式到全面涉足B2B、B2C和C2C三大模式的演进过程。而此时国内电子商务全行业交叉竞争的市场结构促使阿里重新思考未来战略，阿里巴巴认为国内电子商务市场未来必然会形成一个复杂、开放和动态的商业生态系统，阿里巴巴的商业模式将向“电子商务商业生态系统的基础设施提供商”转变，并先后提出了“大淘宝”和“大阿里”战略。一方面，成立一淘网（2010年），定位“面向电子商务全网的最专业的独立购物搜索引擎”，将阿里巴巴集团下属B2C、B2B和C2C业务及国内外其他独立电子商务网站，如京东商城、当当网、凡客诚品等均纳入这一统一接口。另一方面，致力于云计算基础技术及架构的研发，为阿里巴巴集团下属业务提供云计算服务的同时，在未来逐步对外提供犹如“水、电、煤”一样的电子商务生态系统基础设施服务。在这个过程中，阿里巴巴开发和掌握了大量诸如飞天系统（Apsara）、云计算调度、手机云OS等云计算技术和开源引擎技术、新一代HA2引擎技术等购物搜索引擎技术。

实际上，2005年收购雅虎中国的主要战略目标就是其搜索业务（技术），但因为当时有百度、Google这样的强劲竞争者，以及国内电子商务市场规模的问题导致即时效果并不是很好。从这个角度讲，一淘搜索在2010年的诞生得益于国内情境下逐渐成熟的电子商务环境。同时，一淘搜索在很大程度上也改变了国内电子商务市场的竞争状态，如它让相当一部分实力弱、品牌小的B2C站点能以更小的成本拥有更大的机会出现在消费者面前。而阿里云技术要解决的是电子商务生态系统中的底层技术与架构问题，基于这样的底层技术与架构，衍生出各种各样上层的电子商务商业应用以及可能的新兴商业模式，如海量数据分析服务、云存储、移动电子商务、SaaS（software-as-a-service，即软件即服务）等。

（2）商业模式创新影响技术创新。

技术创新需要商业模式创新的支持才能实现其商业价值。商业模式创新作为技术商业化的必要手段，能够促进技术创新的实施。新的商业模式的实现往往充分利用了技术创新。通过商业模式实现过程，促使企业进行技术上的改进和提升来满足新发现的需求。

Chesbrough从开放式创新的角度认为企业现有的商业模式也会在一定程度上导致企业技术创新的浪费与失败，因为对新兴的、破坏性的技术进行商业化所需要的商业模式与企业当前的商业模式存在冲突，企业往往会放弃对新技术的开发。

（3）技术创新和商业模式创新协同发展。

技术创新与商业模式创新的适时配合，两个系统的运行会相互影响并进行信息交互，通过配合协作与相互作用，能够实现技术和商业模式的协同创新，产生各自单独创新无法实现的效果，会给企业带来更高绩效。

【案例6.11】

苹果公司的新技术与商业模式的协同

苹果公司凭借商业与技术的双重创新从濒临破产转而逐渐实现复兴。其中，商业与技术协同过程中的最佳结合点至关重要。苹果公司在发展过程中，通过混合创新实现技术创新与商业模式创新的协同演化。最为关键的举措就是2001年推出了标志性的便携式多媒体播放器iPod产品。iPod的创新之处并不仅仅在于产品的创新，它实际上是一种全新的商业模式创新。这款播放器与iTunes软件实现了融合，而iTunes软件提供iPod与苹果的在线商店进行无缝对接，用户通过苹果的在线商店可以购买并下载音乐库中数以万计的音乐。苹果公司意识到消费者除了需要能够收听音乐的播放器之外，更需要能够便捷地搜索、下载音乐的服务。苹果公司投入了大量资金，几乎与所有的大型唱片公司合作，建立起了全球最大的网上音乐库。因此，苹果公司能够将iPod的价格卖得比竞争对手更低，因为苹果公司可以通过销售在线音乐赚取更多的收入。可以看出，iPod设备、iTunes软件与在线音乐商店是技术创新与商业模式创新的完美结合。苹果手机以其独特的产品设计技术和资源整合的平台模式实现了持续性获利。

6.4　创意和商业模式创新

创意可以促进一个新的商业模式产生，也可以导致一项新技术的诞生，进而可以构建创新的商业模式。商业模式创新可以从工程问题发现和解决过程中产生的创意及其他来源的创意开始，也可以从创意、技术到开发的产品开始。如图 6.4 所示，创意可以推动技术的融合，进而开发产品，如音乐手机等产品是由创意设计推动的技术融合创新。企业在其关键环节、领域，或者局部结构等企业经营各环节的创新也都可成为一种新的商业模式。

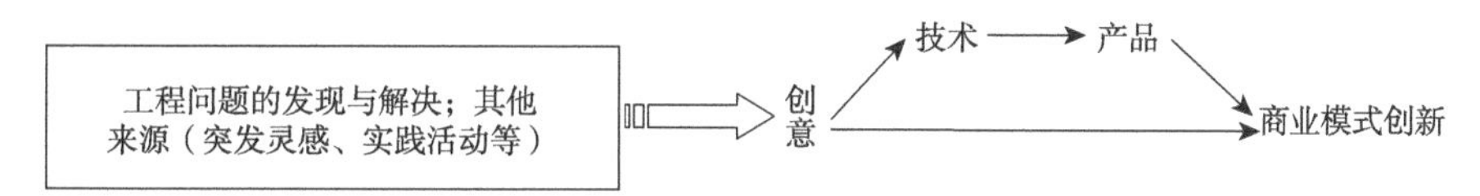

图 6.4　创意和商业模式创新

具有创新意识才能产生好的创意。在新经济条件下，商业模式创新往往不是从实践开始，而是从一个好的想法或创意开始。

商业模式创新的创意可以来源于对工程问题的发现和解决、突发灵感，或者技术、制度、政策的激发。可以来自顾客、基于市场的商业实践摸索和总结（包括企业对竞争者的模仿创新和学习）、具有创新精神的员工、项目组的成员、特殊的创新研讨会等。也可来自管理者的知识、企业内部销售与服务部门、研发部门、以互联网为代表的新商业方式、咨询公司、协会、学术界等。也可来自于一个新机会，机会主要是指“不明确的市场需求，或者未被利用的资源或能力”。伴随市场需求清晰化和资源的有效配置，机会将逐渐演变成熟，最终演变为完善的商业模式。根据 IBM 商业价值研究院的研究报告（2006 年），员工、商业伙伴、顾客这三者可能是创意的最大来源。

此外，管理者、创业者在某次旅行或参观考察过程中发现了“不明确的市场需求”，突发灵感产生一个新理念，导致新的价值主张，形成创意，结合相关资源和能力，进而可以形成一个“完全新颖的商业模式”。

有关初始商业模式创新的看法是创新创业者的一种初始创意，是一些没有实现的商业模式构想。尽管最终形成商业模式的创意较少，但从创新过程考察，创意产生是商业模式创新的首要阶段。丁浩等认为商业模式创新应包含商业模式创意与商业模式应用（即商业化） 两个阶段。创意阶段一般只有一个模糊的目标、大致的方向，关键是提出一个与众不同的想法（如炮制概念），一般没有规范的方法可供参考，经常是模糊的或难以操作的，实践中一般是通过对话激发灵感，常用的方法包括头脑风暴法、自由联想法等。

通过对存在于公众之中的潜在需求进行认识和判断，能够形成关于顾客价值主张的独特创意。顾客价值主张就是企业在向谁、传递何种利益的问题上所做出的明确陈述。李东和苏江华给出了问题导向型和技术导向型两种类型的顾客价值主张创意。

基于创意，需要从系统观出发来构建商业模式，通过系统研究创意经济的本质及其激发商业模式创新的机制和机理，能够促进企业更有效地进行商业模式创新。

【案例 6.12】

hao123 导航网站的创意产生与模式实现

hao123 导航网站的出现，来自于当初还是管理员的李兴平对顾客的细心观察，通过发现顾客的潜在需求，形成把用户经常访问的网址汇集起来的创意，利用网站导航使用户方便找到要去的网站。通过一个简单而又优秀的产品，为记不住网址和不记网址的用户提供了上网的入口，进而通过入口效益实现盈利，实现一个新创商业模式。

6.5　商业模式创新相关因素

6.5.1　企业战略

战略就是谋略，是企业为了获取持续发展和盈利而进行的长远整体谋划，涉及企业愿景、目标、业务战略和职能战略等内容。企业战略可以分为总体战略、竞争战略和职能战略。总体战略确定了企业的竞争方向，规定了企业竞争活动的内容和领域。竞争战略确定了企业的竞争做法，根据迈克尔·波特教授的竞争战略理论，竞争战略主要包括成本领先战略、差异化战略、集中战略。职能战略是不同职能部门的具体战略行动方案，包括生产战略、营销战略、财务战略、人力资源战略、技术战略、信息化战略等，如图 6.5 所示。

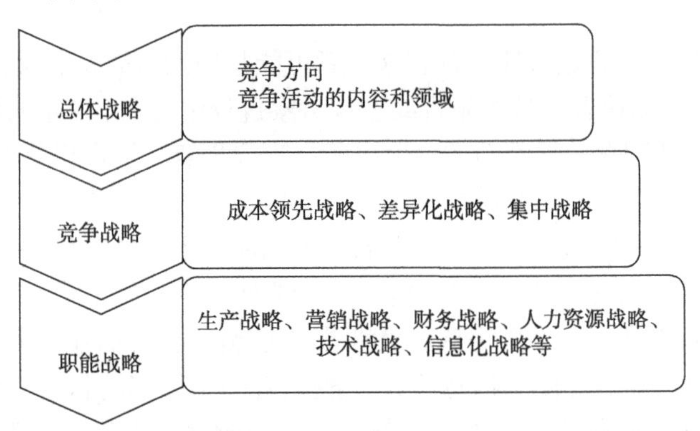

图 6.5　企业战略

商业模式和战略具有不同的含义。对于现有企业，通常可以认为战略的层次高于商业模式的层次，两者密切相关，经常表现为包含相同的要素。战略指导商业模式的构思、设计、选择、创新和实施，商业模式是具体实施战略的反映，是企业战略能够落地的方式、方法，涉及如何进行价值创造、如何进行资源配置、如何获得盈利等。

但是，Zott 和 Amit 通过实证也验证了商业模式与战略之间是不同的，以及商业模式并不是由企业战略所决定的。一定意义上，商业模式比企业战略更为广泛存在，商业模式可以存在于企业的战略出现之前，但是，尽管没有显性的战略描述，企业顶层设计者仍然存在着对企业竞争方向的谋划，商业模式中隐含着企业战略发展的设想。只有将两者有效融合，才能从创新的商业模式中获取持久的竞争优势。

6.5.2　企业家精神

商业模式的价值只有当企业家通过资源和能力的优化配置，进行产品和服务的价值实现来得到体现。新创立的商业模式需要企业家及其企业家管理行为而得以运作，而企业家精神是使企业家的管理才能得到充分而有效发挥的前提。

企业家精神的本意是才能、才华，是一种企业家追求成功的强烈欲望，体现在抓住机遇，发现和利用市场上出现的机会，通过创新并承担风险、获取利润的商务活动当中。正是具有创新精神的企业家不断提出创意，并基于创意对可控资源进行创造性的配置而进行价值实现。资源的配置活动涉及机遇发现、设想产生、投资决策、产品创新、价值实现等方面。

创新、冒险、合作、进取、敬业和学习精神，以及诚信、积极心态、社会责任感、远见卓识、勤奋务实、自信、勇于克服困难和承担风险、追求极致等体现了企业家精神的重要内涵。熊彼特认为创新精神是企业家精神的最本质内涵，是企业家区别于其他营利组织行为人的重要特征。企业家精神还包括企业家意识、个人特质、经验、认知能力和敏锐洞察力等，如图 6.6 所示。

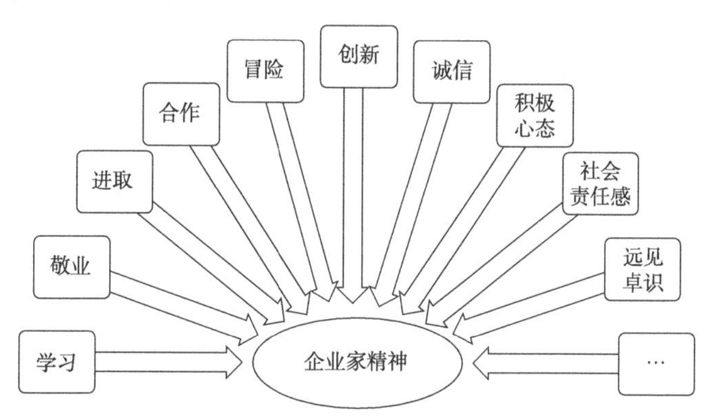

图 6.6　企业家精神

具备远见卓识的企业家能够关注那些细微变化，系统地思考，具有非凡的勇气和克服困难的精神，能够协同企业内外部的资源与能力，“为顾客创造价值，为员工创造机会，为社会创造效益”。企业家精神的体现将会影响商业模式创新的进程，企业家精神是企业实现商业模式创新的重要动力。阿里巴巴、新东方、沃尔玛、福特等公司，都是依靠企业家的敏锐、智慧、务实，实现了商业模式创新。

商业模式创新是困难的，需要在商业活动中发挥企业家的精神。正是这种企业家精神驱动着企业家正确认识企业自身以及企业所处的竞争环境，能够有效地寻求和发现市场机会、抓住机遇，产生有创意的设想，进行合理的投资决策，对资源进行创造性的配置和利用，创造消费者价值，使企业通过新的商业模式获取利润，推动企业成长。

新创立的商业模式难以被模仿的关键在于企业家精神与商业模式创新的密切结合，企业家的勇于创新精神、独特的资源配置能力成就了崭新的商业模式。

6.5.3　投资

商业模式创新能够帮助企业创造利润并持续获得现金流。利润和现金流的获得需要前期的资金投入，即在商业模式的创意完成和商业策划后，提上日程的就是资金的来源问题。

资金的来源可以是企业或创业者自己出资、筹资，也可借助外部的资金支持来建立竞争优势。企业可以采用借入资金（债务）、出售股权（权益）或积累利润（留存收益）等方式筹集资金。债务融资是指通过各种借贷活动获得资金，包括短期（一年以内或一个经营周期）和长期（一年以上）债务融资。权益融资是获取长期资金的方式，主要包括出售股份和留存收益。

作为权益融资的风险资本（venture capital）融资对于创业者获得资金帮助极大。风险资本是投资于新的或新兴的、拥有极大利润潜力的企业的资金。风险资本的资金来自机构投资人或者是富有的个人，通过注入现金以换取股权作为主要的介入方式。投资的目的是获得创新创业企业的部分所有权。风险资本通常无意长期参与企业的经营，而希望通过组织企业上市或并购等方式以远高于购入的价格出售股权而获利[37]。风险资本帮助国内外众多企业，如苹果、英特尔、思科、阿里巴巴、携程网等公司成功起步。

美国全美风险投资协会将风险投资定义为，由职业金融家投入新兴的、迅速发展的、具有巨大竞争潜力的企业中的一种权益资本。风险投资是商业模式创新及其实现的有力推手，是企业重要的融资方式之一。创新性的商业模式成功实现需要风险投资业提供的创新创业资金以及证券市场提供的扩大资金。

按照企业发展阶段，风险投资可以分为天使投资、种子资本、导入资本、发展资本、风险并购资本几种形式。天使投资是企业初创阶段的商业模式发展需要的资金支持。对于新创立的企业，天使投资不仅能带来资本，还带来管理和技术方面的技能，以及社会网络、市场等方面的信息。为了挖掘可投资项目或预测项目发展前景，种子资本是指风险投资机构投入于创业企业研究与发展阶段的投资基金，是在技术成果产业化前期就进行投入的资本。尽管投资金额不大，但对于支持创业活动的成功启动具有重要作用。导入资本用以支持企业的产品中试和市场试销，帮助企业实现商业化生产和销售。发展资本是企业进行实体运作所需要的资本，帮助企业实现生产和销售的扩张。风险并购资本是对于较为成熟的、规模较大和具有巨大市场潜力的企业，风险并购的资金来自风险投资基金，是收购方通过融入风险资本，来并购目标公司的产权。

陈劲等将风险投资的运作过程分为融资、投资、管理和退出四个阶段，如图 6.7 所示。融资阶段解决“钱从哪儿来”的问题。通常，提供风险资本来源的包括养老基金、保险公司、商业银行、投资银行、大公司、大学捐赠基金、富有的个人及家族等，在融资阶段，最重要的问题是如何解决投资者和管理人的权利义务及利益分配关系安排。投资阶段解决“钱往哪儿去”的问题。专业的风险投资机构通过项目初步筛选、调查、估值、谈判、条款设计、投资结构安排等一系列程序，把风险资本投向那些具有巨大增长潜力的创业企业。管理阶段解决“价值增值”的问题。风险投资机构主要通过监管和服务实现价值增值，“监管”主要包括参与被投资企业董事会、在被投资企业业绩达不到预期目标时更换管理团队成员等手段，“服务”主要包括帮助被投资企业完善商业计划、公司治理结构以及帮助被投资企业获得后续融资等手段。价值增值型的管理是风险投资区别于其他投资的重要方面。退出阶段解决“收益如何实现”的问题。风险投资机构主要通过 IPO（initial public offerings，即首次公开募股）、股权转让和破产清算三种方式退出所投资的创业企业，实现投资收益。退出完成后，风险投资机构还需要将投资收益分配给提供风险资本的投资者。

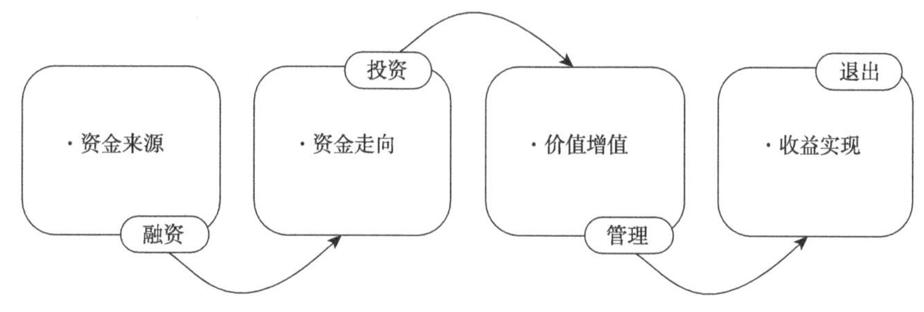

图 6.7　风险投资运作过程

6.5.4　商业模型

斯坦福大学管理科学与工程系谢德荪教授将创造新价值的商业创新分为流创新和源创新。流创新多是基于波特的价值链模型和五力模型来优化自身资源，能够改善现有价值链的商业活动。源创新是以自身资源来最佳地整合外部资源，其目标是建立一个强大的生态系统来实现新理念的价值，这个生态系统表现为一个两面市场商业模型。源创新商业模型是蓝海战略的一种体现，某种意义上，可以说是从产业价值链角度进行的商业模式创新，但这种创新是基于平台的双向的活动。

1. 价值链模型

价值链模型描述的是企业如何制造价值，为谁制造价值。价值链模型由美国哈佛商学院著名战略学家迈克尔·波特提出，如图 6.8 所示。企业活动分为基本活动和辅助活动。基本活动涉及生产作业、营销和销售、进料物流、发货物流、服务。辅助活动是支持性活动，涉及企业基础设施、人力资源管理、技术开发、采购。基本活动和辅助活动构成企业的价值链。

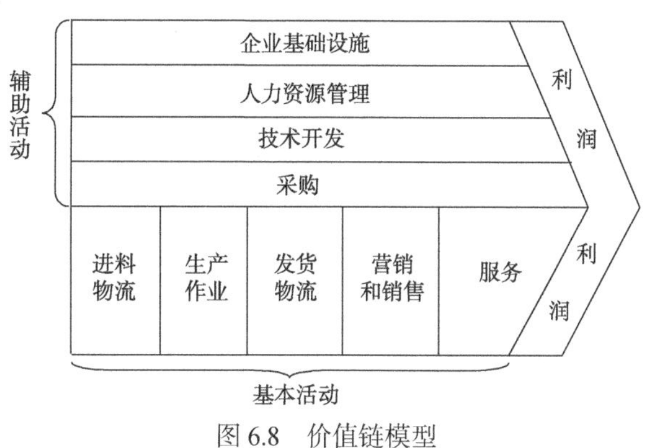

图 6.8　价值链模型

1）基本活动

生产作业：与将投入转化为最终产品相关的各种活动，如机械加工、包装、组装、设备维护、检测等。

进料物流：与物资接收、存储和分配相关的活动，如原材料搬运、仓储、库存控制、车辆调度和向供应商退货。

发货物流：与集中、存储和将产品运送给买方有关的各种活动，如产成品仓储管理、原材料搬运、送货车辆调度等。

营销和销售：与提供顾客购买产品的方式和引导他们购买产品相关的活动，如广告、促销、销售队伍、销售渠道建设、定价等。

服务：与提供服务以增加或保持产品价值相关的活动，如安装、维修、培训、零部件供应、产品调整等。

2）辅助活动

采购：购买用于价值链所需各种投入品的活动，所购物品出现在包括辅助活动在内的每一个价值活动中。采购既包括企业生产原料的采购，也包括支持性活动相关的购买行为，如用于生产的原材料采购、企业设施采购等。

技术开发：每项价值活动都包含着技术成分，无论是技术诀窍、程序，还是在工艺设备中所体现出来的技术。包括产品改善和流程改善的活动。例如，管理部门的办公自动化等需要进行技术开发。

人力资源管理：包括人员的招聘、雇佣、培训、开发和薪酬发放等活动。人力资源管理不仅对基本活动和支持性活动起到辅助作用，而且对整个价值链起作用。

企业基础设施：企业基础设施支撑了整条价值链，其由大量活动组成。例如，综合管理、计划、财务、会计、法律与政府事务、质量管理等。

价值链中某些特定的价值活动才真正创造价值。价值链模型重点关注运用自身的资源和能力。通过价值链可以分析企业内部竞争优势来源，确定核心竞争力，以形成和巩固企业在行业内的竞争优势。企业价值链从单个企业角度分析价值增值活动，是产业价值链的一部分。供应商价值链、企业价值链、渠道价值链和买方价值链构成了一条完整的产业价值链，可以通过组合上游的资源和能力来给下游提供价值。

企业通过价值链分析，对价值活动进行分解，通过优化重组、整合内外部的价值活动，能够产生新的创意，实现有效的商业模式创新。

2. 两面市场模型

谢德荪教授认为两面市场模型是一个可持续加强企业生态系统的商业模型。一个企业如果既关注提高价值给客户，又关注提供价值给商户，企业便面对两面市场的客户，对应的是两面市场商业模型，如图 6.9 所示。这个模型没有固定的上下游，企业是两面市场之间的平台。两面市场模型重点关注整合自身及两面成员的资源和能力。所有行业都可看成两面市场模型，两面市场模型是所有“源创新”的基础。事实上，两面市场模型对应的就是一种平台型商业模式。

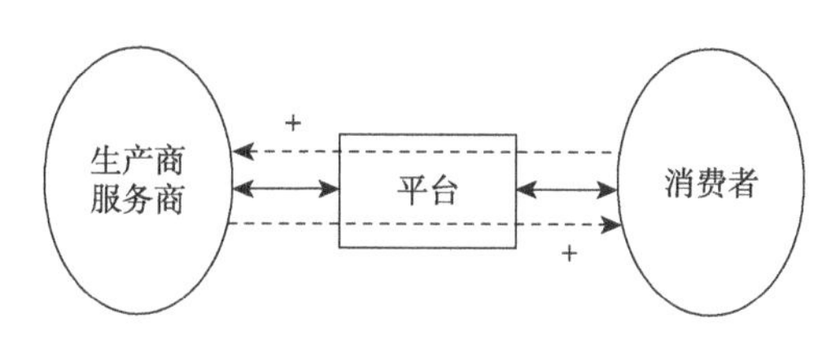

图 6.9　两面市场商业模型

谢德荪认为，“客户”不单是企业卖产品或服务的对象，而且是延伸到支持企业生态系统的所有成员。因为企业通过两面市场的运作，给生态系统内所有的成员提供价值。企业可利用的资源不单是企业本身的资源，还包括生态系统内成员的资源。其战略着眼点是组合一面市场成员的资源及能力来提供价值给另一面市场的客户。当右面是下游而左面是上游时，作为平台的企业可以组合左面的资源和能力，给右面提供价值，使右面的客户量增大，同时左面资源增加；当左面是下游而右面是上游时，作为平台的企业可以组合右面的资源和能力，给左面提供价值，使左面的客户量增大，同时右面资源增加。两面市场通过企业平台实现相互作用，达到双向的正向反馈，使得两面的客户数量及资源量上升，建立起一个不断加强的生态系统。

当今企业的竞争是包含众多企业的生态系统之间的竞争。企业应将长期以来所采用的以产品竞争为重点的价值链竞争转变为以价值竞争为重点的生态系统竞争，从价值链的扩展转为两面市场的扩展，从单独关注下游客户的需求转为关注生态系统成员的需求及欲望，从“流创新”推动转为“源创新”与“流创新”的互动，从而实现商业模式创新。

6.5.5　网络与大数据

近年来随着信息技术、网络经济的快速发展，用户的互联网使用程度不断加深，触发了新一轮商业模式创新浪潮，企业的商业模式对互联网的依赖程度逐渐增强，企业开始通过提供多元化应用服务来满足用户需求。

互联网具有跨越地域和时空的特性。互联网经济突破了物理时空、扩大了交易场所、实现了 7×24 小时交易，使交易速度加快、中间环节显著减少，互联网的出现为电子商务的出现提供了机会。互联网产业的高速增长促使新的应用服务不断涌现，企业需要不断调整商业模式，灵活适应变化的市场环境和满足潜在市场需求。

同时，物联网技术迅速发展促使商业模式进一步转变。物联网就是“物物相连的互联网”。由于物联网的发展，从静止到运动的实体都将通过互联网进行连接，能够接收、存储、处理、分发信息，这将进一步改变企业的商业模式。

数据已经逐步渗透到各行各业的各个业务领域，互联网、物联网、云计算和云服务、智能制造和智能服务的出现使个人和企业更容易接触到大量的数据和信息。麦肯锡公司最早提出“大数据时代已经到来”。麦肯锡全球研究院将大数据定义为：无法在一定时间内使用传统数据库软件工具对其内容进行获取、管理和处理的数据集合。李文莲等认为，大数据所引发的变革是全方位的、多层次的：“大数据”代表着一种新的生活方式，它改变了消费者的需求内容、需求结构和需求方式；“大数据”提供了一种新资源和新能力，为企业发现价值、创造价值、解决问题提供了新的基础和路径；“大数据”是一种新技术，为整个社会的运行提供基础条件；“大数据”是一种思维方式，引发企业对资源、价值、结构、关系、边界等传统观念的重构。总之，“大数据”正在改变企业赖以存在的资源环境、技术环境和需求环境，企业需要对“为谁创造价值、创造什么价值、如何创造价值、如何实现价值”问题（即商业模式）重新进行思考。

伴随网络经济、创意经济、知识经济、智慧经济的发展，电子商务、物联网、大数据、“互联网+”、智能制造和服务等的深入应用，企业需要不断跟随动态变化的商业环境，产生新的商业模式创意，进行持续的商业模式创新。

“互联网+”代表一种新的经济形态，带来的是传统产业的生产与消费模式的变化。“互联网+”在变革产业发展范式的过程中，必将通过变革商业模式，创新商业生态系统。“互联网+”时代，创新型的商业模式将以满足用户个性化需求为导向，以大数据为核心资源，以互联网为基础平台，完成价值创造与传递的核心逻辑。

【案例 6.13】

红领集团从传统模式到“互联网+”的商业模式转型

红领集团是一家以生产经营中高档西服、裤子、衬衫、休闲服装及服饰系列产品为主的大型民营服装企业集团。

1995 年红领成立后，采用批量生产、贴牌代工（original equipment manufacturer, OEM）、商场销售的传统模式，即“低成本+低价格+销售”模式。可是，随着劳动力等要素成本越来越高，商场等流通环节占用的费用越来越多，OEM 的利润越来越少，企业的盈利空间不断被挤压。低成本、低价格不是制造业的方向。由此，在服装行业一片大好的大环境下，当成衣销售依然态势喜人的时候，红领却开始进行转型。

2003 年，红领集团开始研究定制化转型，接受定制服装订单。从 2003 到 2008 年，红领的定制化生产的模式始终无法突破“客户描述—文字传递—裁缝打版—生产制作”的旧模式。传统生产模式在定制化过程中的缺点是容易出错，文字化描述下达到车间后，工人经常会理解错，衣服没有完全做成客户想要的样子。虽然定制化转型没有达到预期效果，但红领在 5 年期间里积累了大量数据，累计超过 100 万定制订单数据。

2008 年，红领开始真正用技术实现数据标准化。面对百万量级的定制订单数，红领完成了大数据的收集与整理工作，通过自主开发的智能系统，实现了数据的编码与标准化。2011 年前后，随着大数据技术的兴起，红领真正打通了整套模式。

2012 年以来，中国服装制造业订单快速下滑，大批品牌服装企业遭遇高库存和零售疲软，企业经营跌入谷底。然而，红领却凭借创新的商业模式保持快速发展。2013 年，红领集团生产服装 700 万套件，实现销售收入 16.76 亿元，利税 3.15 亿元。

2014 年是红领收获果实的一年，也是名声大显的一年。这一年，集团产值约 20 亿元，以零库存实现 150%的业绩增长；大规模定制生产，每天都能够设计、生产 2 000 种完全不同的个性化定制产品。未来几年更实现几何倍数的增长。

经历了十多年定制模式探索，红领已经彻底完成了从服装企业到数据型制造企业的转型。目前，红领的整个定制生产流程包含着 20 多个子系统，全部以数据来驱动运营，形成了完整的个性化定制、大规模工业化生产的智能制造模式，实现了数据互联网思维下西装的个性化定制生产。

图 6.10 是红领集团商业模式转型的历程，那么，从环境、技术、组织视角考虑红领集团商业模式转型的动因是什么呢？

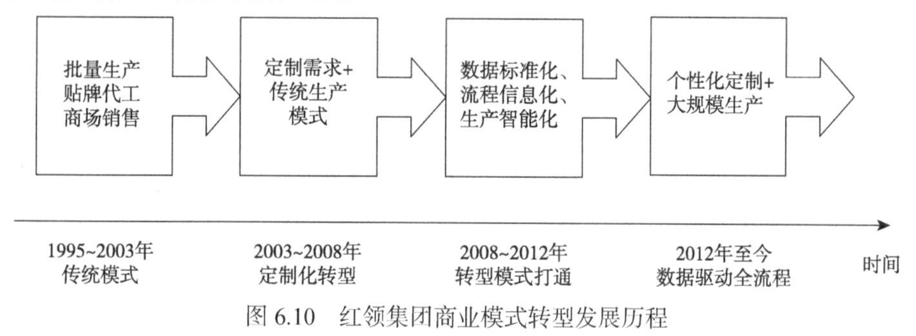

图 6.10　红领集团商业模式转型发展历程

6.6　商业模式创新的产生与实现

6.6.1　商业模式创新机遇

企业在进行商业模式创新时，首先必须识别能够进行商业模式创新的各个方面，然后根据自身的资源条件改变和创新模式，引导和协调商业模式创新。

Johnson 等给出了五种商业模式创新的机遇：为了适应变化的整体竞争环境；为了抵御低端竞争者的进攻；为将问题解决方案应用于一个新市场；为了将新技术市场化；由于成本和复杂度，市场上现有的解决方案无法满足某些顾客的需求。面对这五种情况，可以进行商业模式创新。

企业家或创业者需要抓住机遇，提出能够进行商业模式创新的创意，并付诸实现。

6.6.2　商业模式创新类型

根据不同的标准、视角可以对商业模式创新进行不同的分类。

根据企业特征与商业模式创新程度之间的关系，Osterwalder 把商业模式创新分为存量型、增量型和全新型创新三类。存量型创新针对能够配置新资源、强化核心能力、获取分销渠道的企业；增量型创新针对一些方面相对滞后的企业，通过增加新要素强化现有模式，提高竞争能力；全新型创新针对具有新技术并能敏锐把握市场机会的企业。

从商业模式升级的角度，Chesbrough 把商业模式分为市场细分化、部分差异化、大众化、整合企业创新化、外部支持化、动态适应平台六种。现有商业模式的提升受到该模式能否不断提高利润获取水平、企业对外部资源获取的开放性、非核心资源的及时舍弃等影响。

刘丹等对由大数据引发的新型商业模式分为四类：第一类，大数据自有企业商业模式创新。如亚马逊、谷歌和 Facebook 这类拥有大量的用户信息的公司，通过对用户信息的大数据分析实现精准营销和个性化广告推介，改变传统的营销模式。第二类，基于大数据整合的商业模式创新。如 IBM 和 Oracle 等公司，通过整合大数据的信息和应用，为其他公司提供“硬件+软件+数据”的整体解决方案。这类公司将改变管理理念和策略制定方法。第三类，基于数据驱动战略的商业模式创新。企业开始意识到数据是企业的核心竞争力和最有价值的资产，希望能够对企业内部和外部的海量非结构化数据进行及时的分析处理，以帮助企业进行决策，产生了基于数据驱动的商业模式创新；第四类，新兴的创业公司出售数据和服务，有针对性地提供解决方案。这些公司更接近于把大数据商业化、商品化的模式。

根据创新机会来源，可以将商业模式创新分为以下几种类型：

（1）设想驱动的商业模式创新。是指通过某次偶发机遇或者是机会搜寻，由其他因素诱发获得了一个创意设想。通过对现有和将来的市场环境、行业发展进行分析，判断该设想是否属于有利的商业机会，以及该设想实现的价值。进一步将这个设想转换成商业计划，利用现有或整合的资源和能力，实现商业化，形成一种商业模式。

（2）模仿驱动的商业模式创新。商业模式是可以被学习、复制和模仿。通过引入已有的原创商业模式，企业根据所处的政治、经济、技术、文化环境及本地市场的独特需要进行有效的创意改进和创新。例如，淘宝与 eBay、百度与谷歌、春秋航空公司与美国西南航空公司等，都是通过模仿国外成功企业进行商业模式创新的典型案例。

（3）问题驱动的商业模式创新。问题就是“期望状态”与“当前状态”相比较所存在的距离。在产品创新的模糊前端、概念设计、技术设计、详细设计、工艺设计、制造等各阶段中，解决遇到的简单或复杂工程问题，推动产品创新。通过产品创新实现商业化的过程，可以形成将产品转变成企业效益的商业模式，实现商业模式创新。

（4）技术驱动的商业模式创新。技术创新是企业创新发展的原动力。企业的技术创新活动能够直接引发商业模式创新，实现由技术创新为企业带来的新市场机会。采取合适的新商业模式将会使企业通过技术创新带来收益。

【案例 6.14】

大规模集成电路技术促进计算机厂商的商业模式变革

由于大规模集成电路技术的出现，计算机生产商用其替换电子管，实现计算机体积减小，功能增强，直接导致了计算机生产商的生产、销售等环节的改变，使得整个计算机行业商业模式发生根本性变化。

6.6.3　商业模式创新途径

商业模式对企业的长远发展至关重要。Amit 和 zott 认为商业模式创新所创造出的价值远远超过了企业间合作创造的价值，以及合理配置和整合资源所创造的价值。

1）基于价值链分析的商业模式创新

Timmers 认为可以通过价值链的解构和重构实现商业模式创新。通过审视产品或服务的价值链来查明价值链在哪个阶段更有效，或者发现在哪个阶段能够添加额外价值来识别机会，产生新创意，设计合适的商业模式。研究产品或服务的价值链，组织能够识别创造附加价值的方式并评估是否有办法实现。

为开发新的商业模式，宁钟认为对价值链的分析可以集中在三个方面：某项基础的价值链活动（如市场营销）；价值链不同阶段间的结合（如运营和外部物流之间）；某项辅助活动（如人力资源管理、技术开发）。

通过价值链分析，进行组织、流程、技术、成本结构、生产模式、价值主张、目标客户、分销渠道、合作模式、价值结构、盈利模式的改变，根据存在的问题加以解决，提出新的创意，导致企业商业模式变化，实现商业模式创新，如技术的创新产生了新的技术突破及市场需求。Teece 指出技术创新要给个人、企业和国家带来利益，新技术开发的产品及其商业化需要一个合适的商业模式进行配合。Chesbrough 和 Rosenbloom 认为在一些失败的商业模式案例中，并不是技术问题导致了失败，而是创业者未能开发出一种能充分挖掘技术潜在价值的商业模式。

2）基于构建两面市场的商业模式创新

两面市场又称双边市场。Rochet 和 Tirole 首次提出双边市场这一概念，奠定了双边市场理论发展的基础。双边市场是通过一个或几个平台，使最终用户相互作用，并通过合理地向每一方收费而试图把双方或者多方维持在平台上的市场。市场交易量与价格结构有关，即当总价格一定时，价格结构的变化对双边交易量产生影响的市场就是双边市场。

谢德荪教授提出通过建立两面市场商业模型来推动源创新理念价值，形成新的商业模式，并且利用最新信息组织和传播技术来做成规模经济。信息组织和传播技术的水平会大大影响两面市场模型在规模扩展上的能力和速度，决定了该模型可令企业达到的规模。信息革命时代，产品能为消费者提供价值，信息也能为消费者提供价值。谢德荪教授给出了能够建立两面市场的一些方法：

（1）以中介产品增值。中介产品和中介机构天生面对两面市场。“中介产品”的价值在于它与很多生产商或服务商直接连接，使消费者通过它能方便有效地得到他们想要的产品和服务。通过积极组合一面的资源和能力，提供新价值给另一面，以此造成正向网络效应，吸收更多成员加入生态系统。

（2）从现有客户身上发掘。通过发现现有客户和商户的新需求，结合企业资源和能力，建立两面市场。

（3）先利人后利己。先用自己的资源使他人获利，引导他们加入来建立两面市场模型，之后通过两面市场的正向网络效应使自身得到更大利益。

（4）组合制造业资源。产品公司都可以联合上游生产商来建立两面市场商业模型。这个模型的关键是了解客户的欲望，并积极地组合上游资源来满足客户的欲望。

（5）用自己的资源引导其他资源进入。用自己的资源引导其他的资源进入某个市场，大家共同把这个市场培育成两面市场，最后实现共赢。

（6）产融结合。金融是虚拟产品，其基础是信息传播技术。把虚拟产业和实物产业组合，形成互相推动的正向网络效应。

使用各种构建方法，能够通过改变客户关系、分销渠道、收益模式引起目标客户的改变进行企业商业模式创新。

6.6.4 商业模式构建工具

1）商业模式画布

Osterwalder 和 Pigneur 给出了一种构建商业模式的工具——商业模式画布（business model canvas），其是一种用来描述、可视化、分析、设计、评估、改变商业模式的通用语言。商业模式画布是一个框架性结构，可以对企业、组织、竞争对手的商业模式进行展现，构建新的商业模式创意，实现商业模式创新。

商业模式画布覆盖了商业的四个主要方面：客户、提供物（产品/服务）、基础设施和财务生存能力。其包括九个构造块：客户细分（customer segments，CS）、价值主张（value propositions，VP）、渠道通路（channels，CH）、客户关系（customer relationships，CR）、收入来源（revenue streams，RS）、关键资源（key resources，KR）、关键业务（key activities，KA）、重要合作（key partnerships，KP）和成本结构（cost structure，CS）。如图 6.11 为商业模式画布模板。

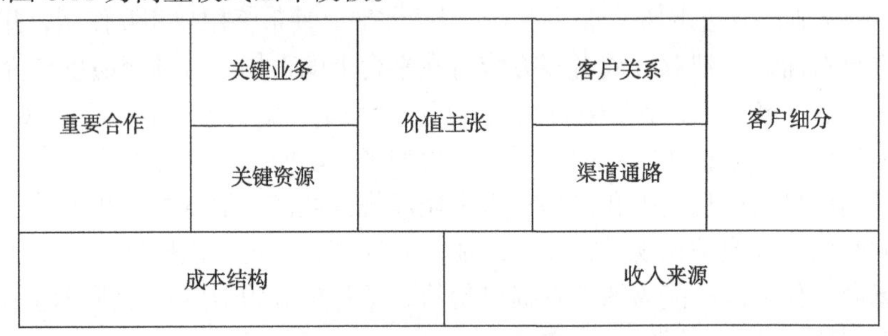

图 6.11　商业模式画布模板

- 客户细分（亦称为目标顾客）描述企业想要接触和服务的目标客户群或组织。
- 价值主张（亦称价值定位）是指为顾客创造价值的产品和服务。
- 渠道通路（亦称分销渠道）是指企业沟通和接触目标顾客从而传递价值主张的各种渠道，如分销路径和商铺。
- 客户关系（亦称顾客关系）是指企业与特定客户细分群体建立的关系类型。
- 收入来源是指企业从特定目标顾客群体中获取的扣除成本的现金收入及方式。
- 关键资源（亦称核心资源）说明让商业模式有效运转所必需的最重要的因素，如资金、人才、技术资源。
- 关键业务（亦称关键活动）是指为了确保企业商业模式可行而必须做的最重要的事情，如产品开发、生产、市场推广等营销行动。
- 重要合作（亦称关键伙伴、重要伙伴）是指保证商业模式有效运作所需的供应商与合作伙伴的网络。

- 成本结构是指运营一个商业模式所引发的所有成本及其构成。

2）精益画布

Ash Maruya 基于商业模式画布，给出了一种精益画布。如图 6.12 所示，精益画布非常适合用来进行头脑风暴，思考和讨论可能的商业模式，确定从哪里开始第一步，还可以用来记录持续的学习过程。精益画布是一张单页商业模式图表。

<table>
<tr><td rowspan="2">问题：
客户最需要解决的三个问题</td><td>解决方案：
产品最重要的三个功能</td><td colspan="2" rowspan="2">独特卖点：
用一句简明扼要但引人注目的话阐述为什么你的产品与众不同，值得购买</td><td>门槛优势：
无法被对手轻易复制或者买去的竞争优势</td><td rowspan="2">客户群体分类：
目标客户</td></tr>
<tr><td>关键指标：
应该考核哪些东西</td><td>渠道：
如何找到客户</td></tr>
<tr><td colspan="3">成本分析：
争取客户所需花费
销售产品所需花费
网站架设费用
人力资源费用等</td><td colspan="3">收入分析：
盈利模式
客户终身价值
收入
毛利</td></tr>
</table>

图 6.12　精益画布

6.6.5　商业计划书

商业计划书是指企业或项目单位为了达到招商融资和其他发展目标的目的，在经过对项目调研、分析以及搜集整理有关资料的基础上，根据一定的格式和内容的具体要求，向读者（投资商及其他相关人员）全面展示企业、项目的状况及未来发展潜力的书面材料。其主要内容包括公司或项目的提出及其构架（设立背景、战略规划、商业模式）、核心技术（产品）及市场服务、行业与市场分析、市场营销、经营管理布局、财务规划与投融资分析、关键风险及其控制等。无论对于创业者或风险企业家还是风险投资家，商业计划在双方合作、商业模式创新方面具有重要作用。

商业计划书从产品、市场、人员、管理、制度、营销等各方面对商业项目进行可行性分析，是一份全方位的商业项目计划，常用于帮助创业企业获得风投、竞标、融资、商业合作、项目报批等。商业模式可以作为商业计划书的内核，而商业计划书的形成与完善则是实现商业模式的首要阶段。

6.6.6　商业模式创新实现过程

Oslterwalder 给出了四阶段商业模式创新的实现过程，包括环境分析、模式设计、组织规划和模式执行。环境分析是对涉及的社会、法律、竞争、技术等问题达成共识，规划商业模式的框架。模式设计是阐述商业模式，并可以对商业模式原型进行测试。组织规划是依据商业模式的构成要素将其分解为具体业务单元和流程，规划支持该模式有效执行的基础信息系统。模式执行是实现设计好的商业模式。

Sosna 等认为商业模式创新的实施包括四步：初始设计和测试商业模式、发展商业模式、改进和调试商业模式、通过不断地组织学习保持商业模式的持续成长。

由于全面的商业模式创新存在风险，同时企业受到资源条件的约束，因此很多企业采取持续改进的方式进行商业模式创新。这样，商业模式创新的实施风险较小，适用范围也较广。

对于新兴产业，企业需要调研顾客潜在需求，形成价值主张，进而构建初始的商业模式，创新创业者需要通过不同渠道不断与顾客进行沟通，发现现有商业模式的不足，从而对商业模式进行不断完善。商业模式趋于成熟的表现为顾客对于新产品的大量需求，从而实现商业模式创新过程。

总之，商业模式创新需要从商业模式创意产生出发，并最终进行商业模式实现。成功商业化地产生了商业价值的商业模式创意或技术发明，才能够称为商业模式创新。

【案例 6.15】

麦当劳公司的商业模式创新实现与发展

20 世纪 30 年代，麦当劳兄弟迪克和马克开了一家汽车餐厅。其后伴随更大的汽车餐厅的开设，为麦当劳兄弟带来了巨大财富。进入 20 世纪 40 年代，为了应对不断增加的竞争压力，麦当劳兄弟想出来一个高速、低价、大销量的全新创意，开发构建了独特的自助服务、纸餐具服务、快捷服务的餐厅经营模式。

为了能够快速、方便地为顾客提供食品，麦当劳兄弟通过重新设计厨房，加快汉堡包制作速度，实现服务速度加快；通过菜单简化，缩减产品线，预先包装食物，使得对顾客的反应速度提高；通过重新布置店面，增加服务窗口，方便顾客更快地取到所购买的食物，并且顾客点餐时可以看到食物加工的全过程；通过纸餐具代替瓷餐具，避免了餐具的清洗。

其后，推销奶昔设备的销售员雷·克洛克（Ray Kroc）获得了麦当劳的全美独家特许经营权。为避免特定区域的店面数目受到加盟者的控制，在合同、协议中规定不分区出售特许加盟权。克罗克通过销售特许经营权的简单创意帮助特许经营加盟者成功从而使自己获得成功，成为了实至名归的“麦当劳之父”。

随着特许经营者的增多，20 世纪 60 年代初期时，全美已经拥有 200 多家麦当劳连锁店。规模的扩大，需要保证各个加盟店的服务与运作模式的一致性，必须制定麦当劳操作程序的标准，使标准化的作业变得容易复制。克罗克发明了一套精细的营运和配销制度，按照操作手册各个加盟店要以严格的标准作业生产汉堡包。通过麦当劳大学的培训，特许经营者必须遵守麦当劳特定的质量、清洁和服务标准，否则不能再一次获得授权开办一家新的麦当劳。

每发展一个加盟者，克罗克收取其净销售额的 1.9%作为服务费，其中的 0.5%作为使用麦当劳名字和运营模式的费用支付给麦当劳兄弟。克罗克卖一个特许经营权的特许经营费比支付给麦当劳兄弟的 950 美元略高一些。相对于高价出售特许经营权的其他商家，克罗克很难从出售特许经营权的生意中获利。因此，为克罗克进行新开店铺选址的哈利·索恩本（Harry Sonneborn）制定了一个房地产战略，成立房地产公司（Franchise Realty Corporation）。通过租用或购买土地、店面，然后转租给加盟者，收取加盟店的租金来获利，使得房地产的运作成为麦当劳的重要收入。

发展到 2015 年底，麦当劳全球门店总数超过 3.6 万家，中国的数量达到 2 000 多家。

6.7　商业模式与创业

6.7.1　创业要素

“创业教育之父”杰弗里·蒂蒙斯提炼给出了创业要素模型，称为蒂蒙斯模型，如图 6.13 所示。创业关键要素包括机会、团队和资源三个方面。

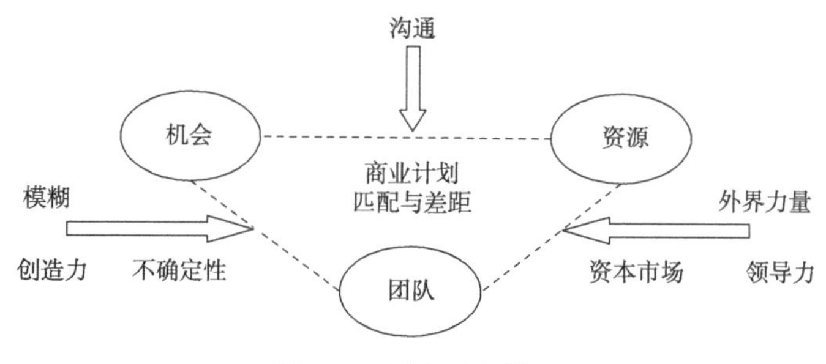

图 6.13　创业要素模型

机会激发了创业者的创业动机。尽管机会无处不在，但需要创业者进行识别和开发机会，进一步开展创业活动。为满足和引导客户需求，新产生的创意提供了创业机会。资源作为创业者实现创业机会的基础，使得机会可以被创业者及其团队开发和利用。创业者及其团队也需要充分认识机会背后所蕴藏的风险，通过规避风险，合理配置和平衡机会和资源。创业成功需要进行机会、资源、团队三者之间的平衡和协调。在创业的不同发展阶段，三者的重点也会相应发生变化。伴随事业的发展，必须将三者进行适当搭配，实现动态的平衡。

6.7.2　商业模式与创业实现

问题解决形成的创意，以及创新的技术或产品，能否为顾客、合作者、企业创造价值，关键在于是否存在一个合理的起到价值转化器作用的商业模式。为了把握机会窗口，创业公司必须有一个切实可行的商业模式。创业者通过识别机会，整合资源，围绕机会构建出清晰的商业模式，由此形成可行的创业计划，进行创业过程的实现。

商业模式作为创业计划的重要组成部分，贯穿于创业过程的始终。商业模式是创业者及其团队所在企业创造价值的核心逻辑，是一个价值主张、价值创造和价值取得的层层递进过程，能够向潜在的资源提供者阐述清楚盈利模式。

此外，预先设想的商业模式在实践中可能会遇到种种问题，甚至难以实现，需要创业公司尽力缩短试错时间，根据实践能够快速地调整、修改、完善，形成可行的商业模式。创业的本质是创新，伴随着新创立的企业的发展日渐成熟，需要不断创新商业模式。

6.8　本章小结

本章，探讨了商业模式和商业模式创新的内涵，商业模式的特征、类型、构成要素、构建工具，论述了技术创新、创意和商业模式创新的关系；阐述了商业模式创新的相关因素，包括企业战略、企业家精神、投资、商业模型、网络和大数据等；说明了商业模式创新的机遇、类型、途径、实现过程等。论述了商业模式与创业的关系。由此，能够系统地了解商业模式，进行商业模式构建和创新。

思考与训练

1. 结合麦当劳公司的商业模式创新案例，查阅相关资料：

（1）试分析麦当劳商业模式创新的创意产生机遇和实现过程。

（2）从价值主张、价值创造和价值取得三方面，试分析麦当劳的商业模式构成要素。

（3）试分析麦当劳的两面市场模型。

2. 试分析阿里巴巴的商业模式及其创新进程。

3. 查阅相关资料，或实地调研，试分析一个企业的商业模式创新途径。

4. 查阅相关资料，举例说明一个成功或失败的商业模式创新案例。其成功或失败的启示是什么？

5. 创新心理和创新思维对于商业模式创新的影响？

6. 结合实际问题，尝试提出一些新的商业模式创意。

7. 依据本章知识，结合身边或企业创新实际问题，基于该问题解决的创意结果，从商业模式创新机遇出发，尝试提出一个创新的商业模式，并使用商业模式画布或精益画布进行描述，试编写一份商业计划书。

扫一扫

6.2 基于价值链视角对我国制药企业商业模式分类研究

6.3 免费软件的盈利模式与破坏性创新

6.4 商业模式创新的创意源泉及途径研究

6.5 论商业模式与企业战略的关系

6.5 企业家精神、商业模式创新与经营绩效

6.5 美国高技术产业的创业与创新机制及启示

6.5 阿里巴巴的源创新商业模式

6.5 初创企业的商业模式开发

6.5 论大数据背景下商业模式的创新

6.6 大数据环境下企业创新机会研究

6.6 互联网思维下企业商业模式创新路径和方法

6.6 基于价值链理论的企业商业模式创新实践研究

6.6 基于价值链理论的商业模式设计与优化研究

6.6 价值链重构视角下的商业模式创新探究

6.6 商业模式

6.6 提高大学生创业融资能力的关键工具

第 7 章　创新工程案例

7.1　引言

工程中创意产生过程是在创意产生作用机理下，运用创新思维，使用发现问题工具明晰系统中存在的问题，选择合适的问题解决工具或者创新的商业化模式，实现工程中创意产生。本章将在前面章节的基础上构建工程中创意产生过程模型，并应用该模型分析金属表面镀层系统创意产生过程和松下新型电熨斗创意产生过程；应用该过程指导超市售粮机创意产生案例和超声波测厚装置创意产生案例。另外本章还包括支付宝商业模式创新创意产生案例和美的物联网智能空调商业模式创新创意产生案例。

7.2　工程中创意产生过程

创意产生是创新的基础，也是实现创新的关键之一，在工程设计中创意产生尤为关键，工程中创意产生过程模型如图 7.1 所示。

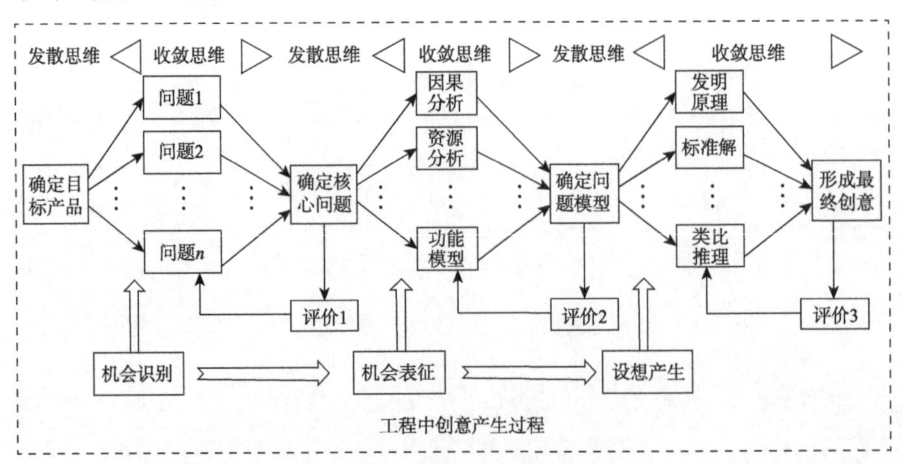

图 7.1　工程中创意产生过程模型

步骤 1：工程中创意产生过程中，研发人员确定目标产品，收集目标产品的项目背景、产品需求、目标成本等信息，进行信息采集转换，进行发散思维得到当前产品的问题集合，实现创新机会识别；应用质量功能配置、FEMA（Failure mode and effects analysis，即失效模式分析）、成熟度预测等，从多个角度进行收敛思维，确定系统的核心问题，对核心问题进行评价，如果不合理重新梳理系统中存在的问题，如果满足合理性则进入机会表征阶段，否则返回机会识别阶段，再次分析。

步骤 2：研发人员根据上一阶段确定的创新机会，进行设计要求的转换，详细定义关键创新问题，应用根源分析、系统功能分析、物质-场分析、进化路线分析等方法进行思维的收敛，确定研发期望和约束，定义关键创新问题，实现创新机会表征。

步骤 3：研发人员在此阶段应用相应的创新问题解决方法，如冲突矩阵求解、FBS（function-behavior-structure，即功能-行为-结构）映射求解、标准解求解和类比推理方法等，在整体收敛思维控制下，专注设想生成，在研发原理、约束原则等准则下，产生相应概念和设想，将有价值概念具体汇聚为原始设想方案。同时此阶段，也可经过外部刺激直接生成设想，如应用情景分析、头脑风暴等方法。此阶段还需对产生的设想进行简单的筛选汇总，输入设想评价阶段。

步骤 4：研发人员在此阶段根据研发要求和设想产生条件，通过发散思维和收敛思维的快速转换，对设想方案进行全方位评价。使用 Pugh 矩阵、层次分析（analytic hierarchy process, AHP）评估法、模糊聚类等方法，多角度评价设想，确定高品质设想方案，确保为后续设计阶段提供有意义的、合理的设想方案。

7.3　金属表面镀层系统创意产生案例

在某镀铜企业，生产成本居高不下，采用工程中创意产生过程分析该系统。

步骤 1：通过收集目标产品的项目背景、产品需求、目标成本等信息，从多个角度进行收敛思维，确定系统镀铜效率低为系统的核心问题，并将其进入机会表征阶段。

步骤 2：根据上一阶段确定的创新机会，进行设计要求的转换，将系统的创新问题定义为：一方面“希望镀铜效率高，需要加热溶液，结果导致沉淀增多有益元素浪费”如图 7.2 所示；另一方面，“希望有效利用有益元素，需要溶液温度低（不加热），结果导致镀铜效率低”。最终把系统问题定义为，对于系统溶液温度这一参数，既希望温度高，又希望温度低。通过收敛思维，系统创新机会表征为“溶液温度要求既高又低”。

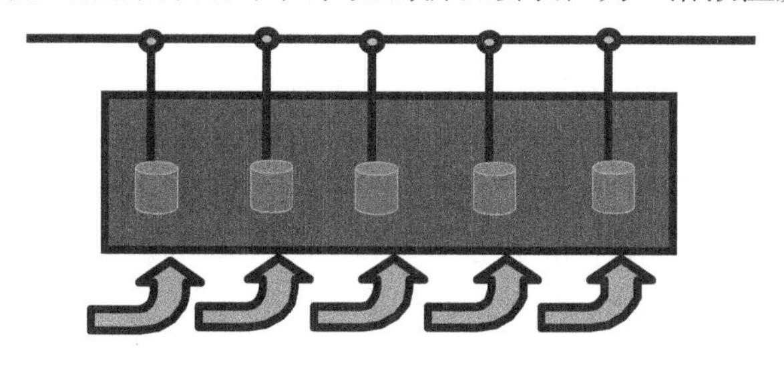

图 7.2　金属镀铜系统加热情况示意图

步骤 3：通过上一阶段的创新机会表征，在整体收敛思维控制下，专注设想生成，在研发原理、约束原则等准则下，产生相应概念和设想，将有价值概念具体汇聚为原始设想方案。系统的问题为“溶液温度要求既高又低”，这是一种物理冲突的表达形式，可以采用 TRIZ 理论的分离原理进行原始设想产生。

由于“溶液温度要求既高又低”，系统希望镀铜试件温度高，希望溶液温度低，可以在不同空间进行分离，采用“分离原理”中的空间分离原理，其对应的发明原理为“No.1 分割、No.2 分离、No.3 局部质量、No.4 不对称、No.7 套装、No.13 反向、No.17 维数变化、No.24 中介物、No.25 自服务、No.30 柔性壳体与薄膜”。

设想 1：采用发明原理 No.24 中介物，寻找一种催化剂，在温度不升高的情况下，提高镀铜生产效率。

设想 2：采用发明原理 No.2 分离和发明原理 No.13 反向，将对溶液加热改为对试件加热，实现试件及试件附近溶液温度高，从而提高电镀铜效率高，容器附近溶液温度低，从而有益元素损失小，如图 7.3 所示。

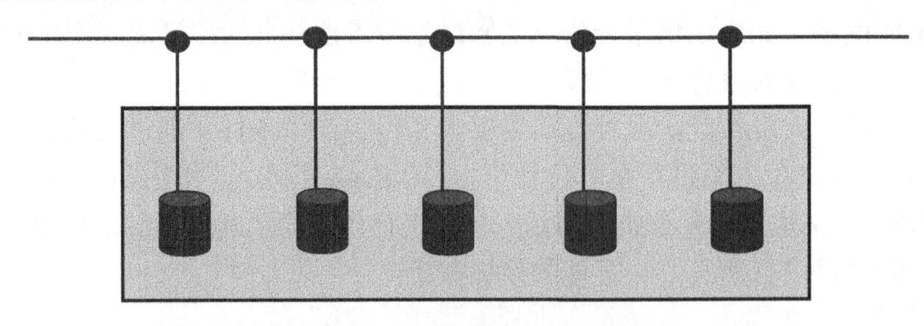

图 7.3　金属镀铜系统设想 2 示意图

步骤 4：研发人员在此阶段根据研发要求和设想产生条件，通过发散思维和收敛思维的快速转换，对设想方案进行全方位评价。确定设想 2 作为后续设计阶段的设想方案。

7.4　松下新型电熨斗创意产生案例

在松下电熨斗部门打算设计一款新型电熨斗，采用工程中创意产生过程分析该系统。

步骤 1：工程中创意产生过程中，研发人员确定目标产品，收集目标产品的项目背景、产品需求、目标成本等信息，进行信息采集转换，进行发散思维得到当前产品的问题集合，确定电熨斗电源线可能影响用户使用识别为创新机会。

步骤 2：根据上一阶段确定的创新机会，如果完全去除电熨斗电源线对用户的影响需要去掉电源线本身，去掉电源线后为了保持电源供应需要加装电池。通过设计要求的转换，将系统原问题转化为合理加装电池的问题。将系统的创新问题定义为：一方面，“希望电熨斗轻便易于使用，需要电池容量小，结果导致电熨斗能量不足”；另一方面，“希望电熨斗能量充足，需要溶液电池容量大，结果导致电熨斗笨重使用不便”，最终把系统问题定义为，对于系统电池容量这一参数，既希望电池容量大，又希望电池容量小。通过收敛思维，系统创新机会表征为“电池容量既大又小”。

步骤 3：通过上一阶段的创新机会表征，在整体收敛思维控制下，专注设想生成，在研发原理、约束原则等准则下，产生相应概念和设想，将有价值概念具体汇聚为原始设想方案。系统的问题为“电池容量既大又小”，这是一种物理冲突的表达形式，可以采用 TRIZ 理论的分离原理进行原始设想产生。

由于“电池容量既大又小”，可以在不同时间进行分离，采用“分离原理”中的时间分离原理，其对应的发明原理为，“No.9 预加反作用、No.10 预操作、No.11 预补偿、No.15 动态化、No.16 未达到或超过的作用、No.18 振动、No.19 周期性作用、No.20 有效作用连续性、No.21 紧急行动、No.29 气动与液压结构、No.34 抛弃与修复、No.37 热膨胀”。

设想 1：采用发明原理 No.16 未达到或超过的作用和发明原理 No.34 抛弃与修复，利用熨衣服过程中空闲时间对电熨斗进行充电，这样电熨斗中仅需要加装一个小容量电池，就能做到电熨斗使用轻便的同时能量也充足。设想产生 1 产品图如图 7.4 所示。

图 7.4 松下电熨斗设想产生 1 产品图

设想 2：采用 No.19 周期性作用和 No.34 抛弃与修复，将充电座改为加热座，使用间隙将熨斗放在加热座上加热，熨斗本身不再需要电池最大限度地提高熨斗的便携性，电加热过程由充电座实现，不会额外增加熨斗的体积和重量。

步骤 4：研发人员在此阶段根据研发要求和设想产生条件，通过发散思维和收敛思维的快速转换，对设想方案进行全方位评价。确定设想 1 作为后续设计阶段的设想方案。

7.5 超市售粮机创意产生案例

超市中的散装粮食，如大米、小米、红豆等，经常放在敞口的货架中，不仅灰尘等污物极易落入，而且顾客挑选时也不断接触粮食，影响粮食的卫生程度，同时粮食装袋、称量、贴标的过程耗时耗力。为改善顾客超市采购散装粮食的体验，针对以上情况，企业需要研发一款机器解决上述问题。

将图 7.1 所示的工程中创意产生过程模型，应用于超市自动售粮机的创意产生过程，依据该创意启动新产品开发项目，进而将新产品推向市场。超市自动售粮机创意产生过程步骤如下：

步骤 1：机会识别阶段，通过对研发项目的分析和客户需求的调研，搜索市场上相关产品，发现有一款粮食自动包装机，可大体满足项目要求，其结构示意图如图 7.5 所示。

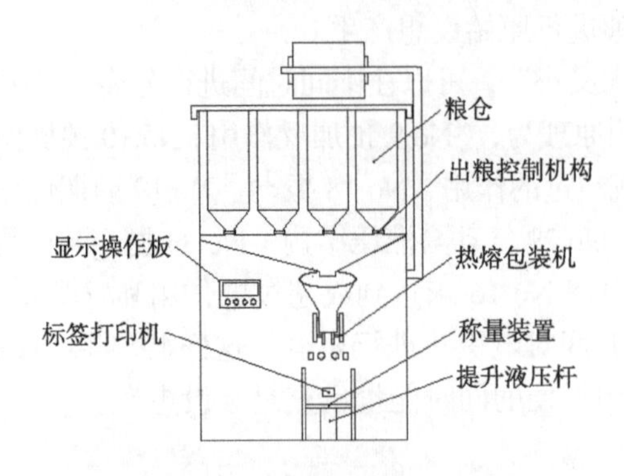

图 7.5 粮食自动包装机结构示意图

此款粮食包装机能够实现粮食自动装袋、打包、称量和贴标，但是经过实际操作发现此粮食包装机存在需要人工操作、出粮不精确等缺点，为了更好地满足客户需求，需要对其进行改进和优化。

通过对现有产品特点分析，对比市场需求，得到初步的客户需求，并对其进行分析归纳与评判，确定出目前核心客户需求及产品技术特征，采用质量功能配置的方法，构建如图 7.6 所示的质量屋。对质量屋进行评定计算分析，得到产品的创新机会主要在：增加出粮开关灵敏度，增加出粮精度等技术特性，“出粮速度与出粮精度”存在相互影响。可总结出自动售粮机改进关键点集中在出粮方式及其控制方面。

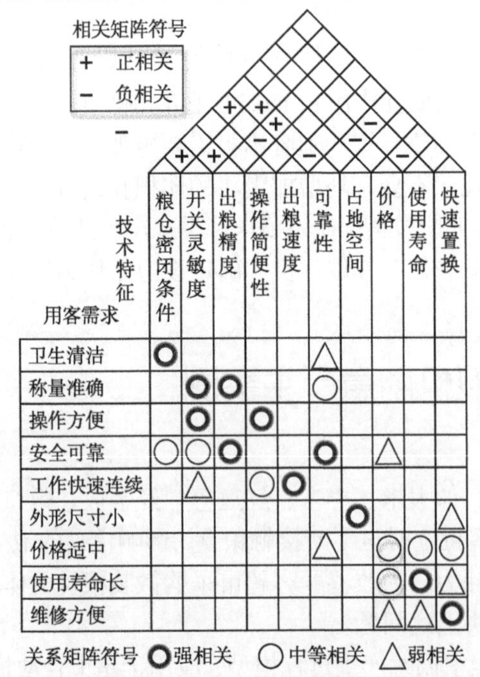

图 7.6 产品分析质量屋

步骤 2：机会表征阶段，通过步骤 1 分析得出产品改进关键点在于出粮控制机构，图 7.7 为原粮食自动包装机的出粮控制机构示意图。

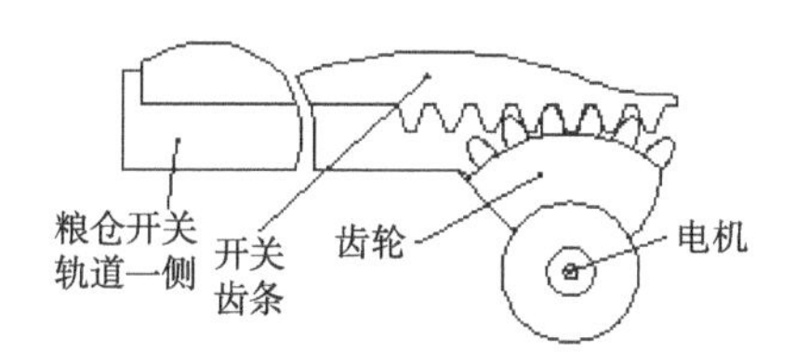

图 7.7　粮食自动包装机出粮控制机构示意图

针对粮食自动包装机的出粮方式及其控制方面，运用系统功能分析法对其加以发展分析。首先，构建如图 7.8 所示出粮控制系统的功能模型，可看出触发器和弹簧开关之间、粮仓口和粮食之间存在不足作用，并对其进行综合分析，得到期望功能为触发器准时触发、粮仓口输出粮食精确，相关约束是触发动作有延时，出粮量非线性，进而转化并抽象得到“提高可控性”“避免粮食损失”等多个功能创新问题。

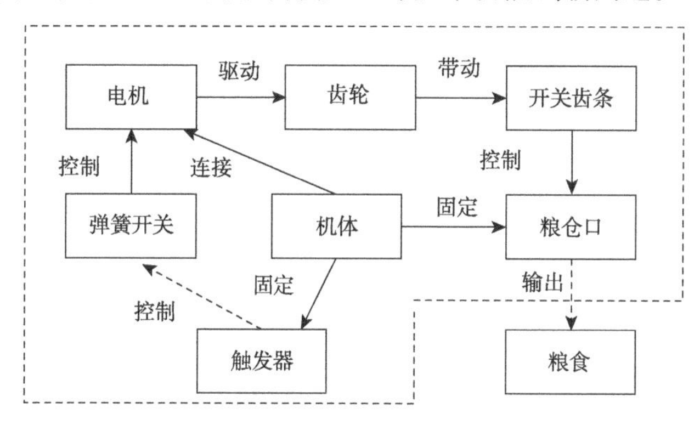

图 7.8　出粮控制系统功能模型

步骤 3：设想产生阶段，针对“提高可控性”“避免粮食损失”的创新问题，设计者进行 FBS 映射求解，得到“改变工作截面”“由平动向转动转换”等效应知识。再通过设计者对上述知识进行结构域的转换，激励产生“改变出粮截面”“改变出粮方式为转动式”等原始设想。

为了工作效率高，需要出粮速度快，但是会导致出粮精度下降；反之，为了保证出粮精度，需要出粮速度慢，但是会导致工作效率下降。对于出粮速度这一参数，既希望它快又希望它慢，是一种典型的物理冲突，可以采用“分离原理”中的时间分离原理，其对应的发明原理为“No.9 预加反作用、No.10 预操作、No.11 预补偿、No.15 动态化、No.16 未达到或超过的作用、No.18 振动、No.19 周期性作用、No.20 有效作用连续性、No.21 紧急行动、No.29 气动与液压结构、No.34 抛弃与修复、No.37 热膨胀”。

根据实际情况，选取相关发明原理进行设计，可以提出以下设想方案：

（1）根据 No.10 预操作的发明原理，可在出粮口设置预存储装置和回收装置。

（2）根据 No.19 周期性作用，使系统压力呈周期性变化，提高粮食的流动性。

（3）根据 No.16 未达到或超过的作用，虽然不能一直保持较高的出粮速度，但是可以开始灌装的时候出粮速度快，临近额定重量的时候出粮速度低。

设计者针对原始设想结果，将上述创新设想进行组合，并初次筛选，总结归纳后形成如下三种创新设想方案。

设想 1：改变出粮口截面形状，同时改变出粮方式为转动出粮。

设想 2：原装置设置粮食预存储和回收机构。

设想 3：通过采用真空吸附改变取粮方式。

步骤 4：针对设想产生阶段产生的三种初步设想，通过研发人员讨论，确定相应判断指标和重要度赋值，应用如图 7.9 所示 Pugh 矩阵进行分析。

S 相同 + 更好 − 更差 判断指标	重要度	原始方案	设想1	设想2	设想3
可靠性	6	S	+	S	S
经济性	8	S	S	−	−
出粮精度	9	S	+	S	−
出粮速度	7	S	+	+	+
创新性	9	S	+	S	+
可实现性	4	S	+	+	−
“更好”总数		0	5	2	2
“更差”总数		0	0	1	3
“更好”加权总数		0	35	11	16
“更差”加权总数		0	0	8	21

图 7.9 相关设想的 Pugh 矩阵

通过 Pugh 矩阵分析可发现设想 1 更具优越性,可将其作为对出粮控制机构的未来研发方向，则此次项目输出的设想为：改变原有的粮食包装机出粮口截面形状，且出粮方式改为转动式，并对相应结构进行适应性改进。

最终设想作为模糊前端阶段的输出，由此可启动一种超市自动售粮机的开发项目，在新产品开发的概念设计阶段提出实现上述设想的新概念，图 7.10 为设想输出的出粮控制机构原理图。

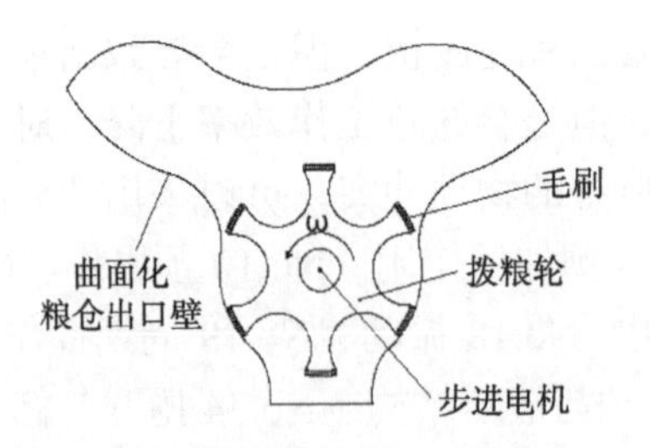

图 7.10 出粮控制机构原理图

7.6　超声波测厚装置创意产生案例

在纸张生产过程中，纸张厚度是表征纸张质量的一个重要指标。

目前采用电涡流实现纸厚测量，但是电涡流原理检测对轴加工精度要求很高，造成系统成本昂贵，针对以上情况，企业需要研发一款新产品解决上述问题。

将图 7.1 所示的工程中创意产生过程模型，应用于纸厚装置的创意产生过程，依据该创意启动新产品开发项目，进而将新产品推向市场。纸厚装置创意产生过程步骤如下。

步骤 1：机会识别阶段，目前纸厚测量的方法有很多，超声波测厚相对于其他方法，具有可实现非接触测量、无损、不受光线影响、不受电磁干扰、可用于烟雾及其他复杂环境、成本低等优点，油漆厚度检测是超声波测厚比较经典的应用，将超声波应用于纸厚测量并不多见。

步骤 2：机会表征阶段，利用超声波进行纸张厚度测量时通常选用空气作为超声波传播媒介，超声波在空气中传播时容易受到温度的影响，且声波能量损失较大，同时加上空气中超声波波长固有的局限性，使检测精度较低。当采用液体作为超声波传播媒介时可以减小温度的影响，同时可以提高可利用的超声波的频率，但液体中溶解的气体会影响测量精度，在液体介质中超声波同样会产生能量损失，使测量精度降低。目前超声波测厚的精度最高可达±0.1 毫米，对于较厚纸板来说尚可接受，但对于薄型纸张来说则不能满足精度要求。

初步对超声波测厚装置进行设计如图 7.11 所示。该测厚仪主要是应用于纸张厚度的测量，因此为了提高测量精度，用水代替以往的气体介质作为超声波传播媒介。整个系统的工作过程分为两个阶段：

第一阶段，在绕纸轴上未缠绕纸张时，单片机控制驱动电路使左、右电磁铁吸合，测量端面向绕纸轴方向移动，与此同时，接收探头通过圆柱管随测量端面一起移动。在移动过程中，弹簧处于压缩状态，从而起到缓冲作用，使测量端面不会猛烈地撞击绕纸轴。当测量端面贴紧绕纸轴时，单片机控制发射电路驱动发射探头发射超声波，由时间计数模块记录发射时刻。经过一段时间后，接收探头拾取由发射探头发射的超声波，时间计数模块再次记录接收时刻。单片机将时间计数模块发送的时间信息和预先设定好的超声波速度信息进行处理，计算出该状态下发射探头与接收探头之间的距离。测量完毕后，电磁铁断电，测量端面和接收探头复位。

第二阶段，在绕纸轴上缠绕纸张时，测量该状态下发射探头和接收探头之间的距离，测量过程跟阶段一相同。两次测量的距离差即为纸厚值，最后将纸厚数据在显示器上进行显示。

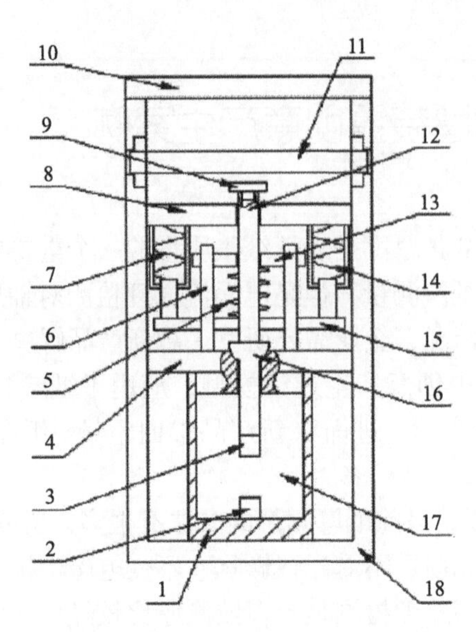

1 罐体；2 发射探头；3 接收探头；4 罐体上盖；5 弹簧；6 带滑槽支架；7 左电磁铁；8 上盖；9 测量端面；10 上支架；11 绕纸轴；12 圆柱管；13 限位销；14 右电磁铁；15 活动销；16 半球阀；17 液体介质；18 支架

图 7.11　测厚仪机械结构

该设计方案存在一个问题：水中会溶解一定量的空气，随着时间的推移，在接收探头表面会产生气泡并逐渐聚集，因此在水中传播的具有较高频率的超声波信号传播至气体介质中时会产生较大的能量衰减，另外，在气液分界面处超声波会发生反射现象，所以在接收探头表面聚集的气泡会使进入接收探头的信号能量降低，影响测量结果，使系统范围逐渐移出设计范围。由于存在以上缺陷，因此需要对该方案做进一步改进。

工程认证中“复杂工程问题”特征主要包括以下几个方面。

（1）必须运用深入的工程原理，经过分析才可能得到解决。

（2）涉及多方面的技术、工程和其他因素，并可能相互有一定冲突。

（3）需要通过建立合适的抽象模型才能解决，在建模过程中需要体现出创造性。

（4）不是仅靠常用方法就可以完全解决的。

（5）问题中涉及的因素可能没有完全包含在专业工程实践的标准和规范中。

（6）问题相关各方利益不完全一致。

（7）具有较高的综合性，包含多个相互关联的子问题。

超声波测厚系统符合特征（1）、（2）、（5）和（7），属于典型的复杂工程问题。

步骤 3：设想产生阶段，在初始状态下接收探头表面并无气泡，而是随着时间的推移逐渐聚集的，从而影响测量结果，首先对系统进行功能分析建立系统的功能结构。该系统的主要功能包括发射超声波、接收超声波、驱动电磁铁、压紧纸张、松弛纸张、记录时间、处理信息、显示数据，系统功能结构图如图 7.12 所示。

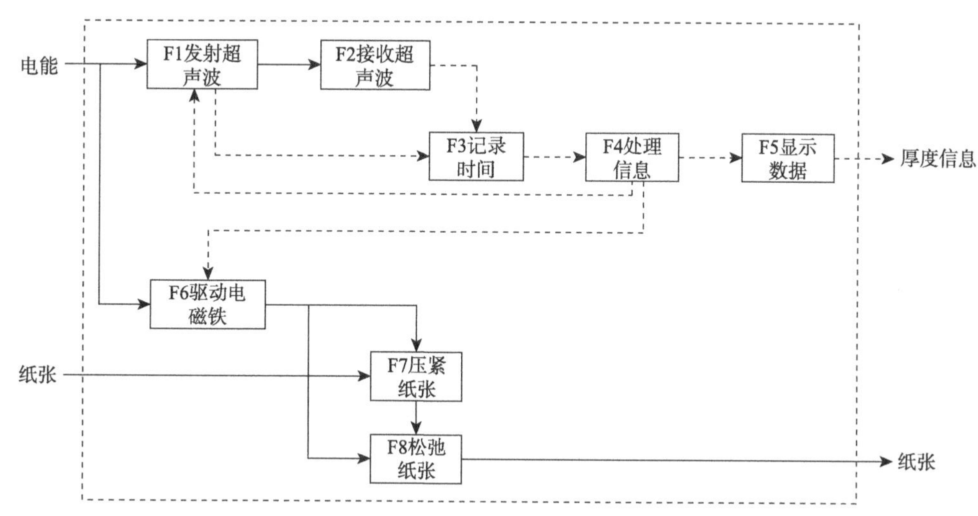

图 7.12　超声测厚系统功能结构

绘制完系统功能结构图后需要应用 TRIZ 工具对系统功能进行分析，其中功能 F1 发射超声波、F3 记录时间、F4 处理信息、F5 显示数据、F6 驱动电磁铁、F7 压紧纸张、F8 松弛纸张均可正常实现；而接收超声波功能 F2 随着超声波探头上气泡的累积而逐渐无法被满足，所以接收超声波功能 F2 属于导致问题产生的功能。

步骤 4：针对设想产生阶段产生的初步设想，若要清除接收探头表面聚集的气泡就必须额外增加一个功能，这势必会增加系统的复杂性，并且由于接收探头处于液体环境中，更进一步增加了设计难度和系统复杂性。根据发明 No.13 反向可以得到的启示：如果将接收探头反向放置，则其表面将不会聚集气泡。但在本系统中接收探头和发射探头采用对射式安装方式，若将接收探头反向放置的话，则在发射探头表面会聚集气泡。但根据发明 No.13 反向的启示，可以将整个测厚装置横向放置，这样气泡就会由于自身浮力的作用很难在超声波探头表面聚集。

创新方案：确定改进后的设计方案，将测厚仪横向放置，如图 7.13 所示，在罐体上增加了通气管且通气管口方向朝上，将原来的半球阀换成了活塞，改变了原来的支撑方式。

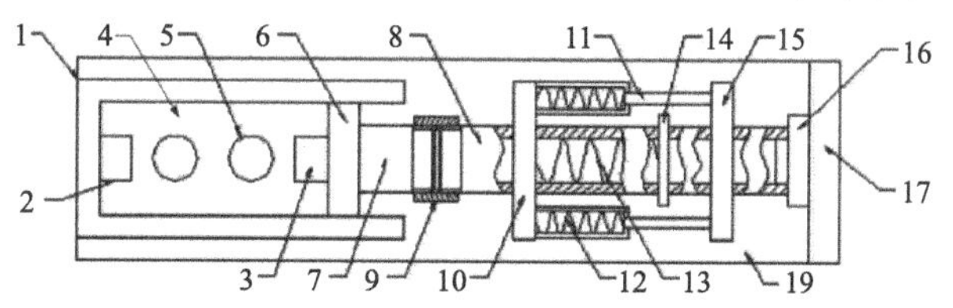

1 罐体；2 发射探头；3 接收探头；4 液体介质；5 通气管；6 活塞；7 左圆柱管；8 右圆柱管；9 套管；10 固定销；11 上电磁铁；12 下电磁铁；13 弹簧；14 锁定销；15 连接销；16 测量端面；17 承纸面；18 支架（未标出）；19 底板

图 7.13　横向放置测厚仪机械结构

改进后的方案消除了气泡的影响，测量值处于误差允许范围内，实现了系统的功能需求。通过对超声纸厚测量装置系统存在的问题进行分析与求解，确定了系统中所存在的问题，并应用求解工具得到了创新方案，该方案申请的发明专利已于 2016 年正式授权。该方案显著提高了测量精度。但单发射探头和单接收探头的测量方式容易受到外界因素干扰，因此需要进一步提高测量系统的抗干扰能力。

7.7　支付宝商业模式创新案例

7.7.1　支付宝简介

1. 支付宝产生的背景

支付宝，是以每个人为中心，以实名和信任为基础的一站式场景平台。在电子商务交易中，商家与消费者之间的交易是非面对面的，物流与资金流在时间和空间上也是分离的，这种没有信用保证的信息不对称，导致了商家与消费者之间的博弈：商家不愿先发货，怕货发出后不能收回货款；消费者不愿先支付，担心支付后拿不到商品或商品质量得不到保证。博弈的最终结果是双方都不愿意先冒险，网上购物无法进行。此种担保交易本身可以通过银行进行短期一定量的资金冻结来实现，类似于国际贸易中的信用证的作用，但是银行业并没有开展此类担保交易，而第三方支付平台的出现正好实现了此类功能。第三方支付平台正是在商家与消费者之间建立了一个公共的、可以信任的中介。它满足了电子商务中商家和消费者对信誉和安全的要求，它的出现和发展说明该方式具有市场发展的必然需求。

2. 支付宝的创立与发展

自 2004 年成立以来，支付宝已经与超过 200 家金融机构达成合作，为近千万个小微商户提供支付服务，拓展的服务场景不断增加。支付宝也得到了更多用户的喜爱，截至 2015 年 6 月底，实名用户数已经超过 4 亿。在覆盖绝大部分线上消费场景的同时，支付宝也正在大力拓展各种线下场景，包括餐饮、超市、便利店、出租车、公共交通等。支持支付宝的线下门店超过 20 万家，出租车专车超过 50 万辆。支付宝的国际拓展也在加速。境外超过 30 个国家和地区，近 2 000 个签约商户已经支持支付宝收款，覆盖 14 种主流货币。2013 年，支付宝开始支持韩国购物退税，2014 年，支付宝将退税服务扩展到了欧洲。在金融理财领域，支付宝为用户购买余额宝、基金等理财产品提供支付服务。目前，使用支付宝支付的理财用户数超过 2 亿。

2015 年 7 月，支付宝手机端新增了“朋友”功能，打造基于场景的关系链，满足用户在不同场景下的沟通需求。此外，支付宝还为企业、组织和个人提供直接触达和服务用户的开放平台。现在，支付宝对外开放流量与九大类接口。基于开放平台，支付宝正在创建移动商业的生态系统。围绕用户需求不断创新，支付宝希望贯穿消费、金融理财、生活、沟通等人们真实生活的各种场景，给世界带来微小而美好的改变。

7.7.2　支付宝的战略目标

创造支付行业第一品牌，成为国内领先的第三方独立支付平台。支付宝依托于淘宝的发展壮大，逐步拓展合作伙伴，致力于发展成为独立、信誉可靠的第三方支付平台，专注于网上支付与具体行业相结合的应用工作，为国内电子商务运营商、互联网和无线服务提供商以及个人用户创造了一个快捷、安全和便利的在线及无线支付平台[①]。

7.7.3　支付宝的特点

1. 安全

支付宝作为第三方支付平台，确保交易和资金的安全是对其最基本的需求。支付宝通过担保交易的方式，将货款支付给支付宝平台，待客户收到货后，客户再通知支付宝将货款付给商家，确保了买卖双方货款安全。支付宝通过支付宝实名认证、数字证书、手机动态密码三种安全手段和安全措施来提升账户安全，通过 128 位 SSL（secure sockets layer，即安全套接层协议）加密传输技术，确保交易信息在传递过程中的安全。支付宝风险控制系统采用 24 小时不间断运作的机制，能够实现事前防范、事中控制与事后处理相结合，保障全时段的安全管理，订单管理与资金进出分权限管理，保障账户操作安全。另外，支付宝是全国唯一一家在工商银行进行资金托管的第三方支付公司，极大地确保了客户的资金安全。

“支付宝账户”有两个密码，一个是登录密码，用于登录账户，查看账目等一般性操作；另一个是支付密码，凡是牵涉资金流转的过程，都需要使用支付密码。缺少任何一个密码，都不能使资金发生流转。同时，对同一天内允许的密码输入出错次数有限制，超过出错次数后，系统将自动锁定该账户。

2. 简单

支付宝操作流程简单，交易、账单管理体系一目了然，能够提供全套在线资金结算服务，极大地简化了传统资金处理的业务流程，支付宝提供 7×24 小时服务热线，及时解决客户在使用过程中的各种问题，这种极简单的使用方式，极大地方便了不同需求、不同层次人群的使用，为支付宝的快速普及起到了十分重要的作用。

3. 快捷

支付宝提供的即时到账业务加快资金的周转；绑定支付宝卡通业务，银行资金及时到账；支持全国 95%以上的银行，其中包括 15 家全国范围银行以及众多的地方银行，外加移动与线下支付功能，为用户提供多种充值及支付渠道，极大拓展用户。

7.7.4　支付宝的商业模式

1. 支付宝的交易流程

第三方支付模式使商家看不到客户的信用卡信息，同时又避免了信用卡信息在网络

---

① https://ab.alipay.com/i/jieshao.htm.

多次公开传输而导致的信用卡被窃事件。第三方支付一般的运行模式为：买方选购商品后，使用第三方平台提供的账户进行货款支付，第三方在收到代为保管的货款后，通知卖家货款到账，要求商家发货；买方收到货物、检验商品并确认后，通知第三方付款；第三方将其款项转划至卖家账户上。这一交易完成过程的实质是一种提供结算信用担保的中介服务方式。

（1）消费者必须注册成为支付宝的用户，并保持支付宝账户有足够的现金（可以通过网银充值实现）。

（2）如果没有支付宝账户，支付宝目前提供各大银行的网上支付功能。

（3）在支付宝网站上购物，选择网上支付，然后选择支付宝支付即可，支付成功后支付宝就立即通知卖家发货，在收到商品后，需要在支付宝上确认收到商品。

（4）收到商品后根据运输方式（快递、平邮还是 EMS）到达一定期限后，如果没有确认付款，货款会自动打入卖家的账户。

（5）使用支付宝支付，对消费者来说，目前都不需要任何的手续费（非淘宝交易，每月超过 5 000 元后，要收取小额的手续费）。

2. 支付宝的价值主张

致力于为中国电子商务提供“简单、安全、快速”的在线支付解决方案，不仅从产品上确保用户在线支付的安全,同时致力于让用户通过支付宝在网络间建立信任的关系，去帮助建设更纯净的互联网环境。

3. 支付宝的目标客户

支付宝致力于为电子商务服务提供商、互联网内容提供商、中小商户及个人用户等提供安全、便捷和保密的电子收付款平台及服务。目标客户一类是个人注册用户，包括以淘宝为主的各支付宝合作伙伴的注册用户，主要有芒果、山东航空、申通、网龙、卓越、携程、春秋、奥客等；另一类是专门从事电子商务的银行，如工商银行、农业银行、建设银行、中国邮政储蓄银行、招商银行、民生银行等，以“支付宝”为品牌的支付产品包括人民币网关、外卡网关和神州行网关等众多产品, 支持互联网、手机和固话等多种终端, 满足各类企业和个人的不同支付需求。

4. 盈利模式

支付宝的盈利模式主要包括服务佣金、广告收入和业务收费三种模式。

服务佣金模式运行方式为：第三方支付企业首先和银行签协议，确定给银行缴纳的手续费率；然后，第三方支付平台根据这个费率，加上自己的毛利润即服务佣金，向客户收取费用。

广告收入模式的运行方式为：支付宝主页上发布的广告针对性强，包括横幅广告、按钮广告、插页广告等。总体上看，广告布局所占空间较少，布局设计较为合理，体现出了内容简捷、可视性强的特点。而且主页上也还有若干公益广告，可以让用户了解更多的技术行业信息。

业务收费主要为其他金融增值性服务，如代买飞机票，代送礼品等生活服务。

5. 支付宝的核心能力

一方面，支付宝依托于淘宝以及阿里巴巴的各项电子商务产业发展壮大自己的同时，又将自己定位在第三方独立支付，兼顾网上支付与具体行业相结合的应用工作。支付宝专门设计银行不愿做的特别服务，凭借这一点，支付宝能真正掌握用户的个性化需求，积累了大量的用户，增强了用户的黏性。同时，支付宝利用自己现有的用户资源优势，收集总结用户使用信息，根据用户反馈的各项意见综合地提出针对性的改进，并设计推出一系列增加用户忠诚的增值性服务，包括生活助手等，以微利的模式为用户提供服务，而有效地保持用户黏性又保证了其他业务增值在平台上顺利延伸。另一方面，在支付宝进行一系列战略合作的背后，它拥有一个具有一定技术优势的费率架构。其独特的服务收费理念不仅保证了消费者用户能够免费便捷使用的同时，也降低了中小商家、企业开展网络营销的门槛。在这种理念被行业普遍认可的同时，迅速成为同行竞相模仿的价值所在。

6. 支付宝的竞争优势

支付宝作为第三方支付的应用，注册用户达到近7亿人规模，培养了网民的支付使用习惯，解决了通畅付费渠道的问题。现阶段，支付宝已占据网上零售市场近八成的交易额份额，随着在互联网其他付费服务的渗透，支付宝有望成为商务时代的互联网基础应用之一，规模庞大的支付宝用户也将推动其他商业模式的快速发展，以及诸多传统业务的互联网化。由于第三方在线支付各厂商的服务模式基本相同，且新应用易被复制，因此用户规模成为最重要的竞争因素，也促成了支付宝持续领先的壁垒。由于第三方在线支付与用户银行账户存在关联，用户所拥有的银行账户一般较为稳定，再加上对于支付宝的使用习惯，因此支付宝用户流失的可能性较低。但是，其他第三方支付厂商并非没有市场竞争的机会，从支付宝的发展轨迹来看，其注册用户的基础来源于淘宝网，因此依托于拍拍和腾讯其他平台的财付通，以及百度的百付宝等也仍有发展的空间和机会，关键在于其应用平台是否拥有足够的市场空间和用户竞争力。

7.7.5 支付宝技术模式

支付宝从2005年到2016年历经烟囱式架构、面向服务型的架构和云平台的架构，技术模式不断地改进满足日益增长的支付需求。2005年日均交易笔数小于1万笔，2006年日均交易笔数小于50万笔，2010年日均交易笔数约1 000万笔，2016年“11.11”支付宝交易峰值达到12万笔/秒，全天完成支付超过10亿笔。其技术架构也经历了第一代、第二代到第三代云平台型架构，具体见图7.14所示。

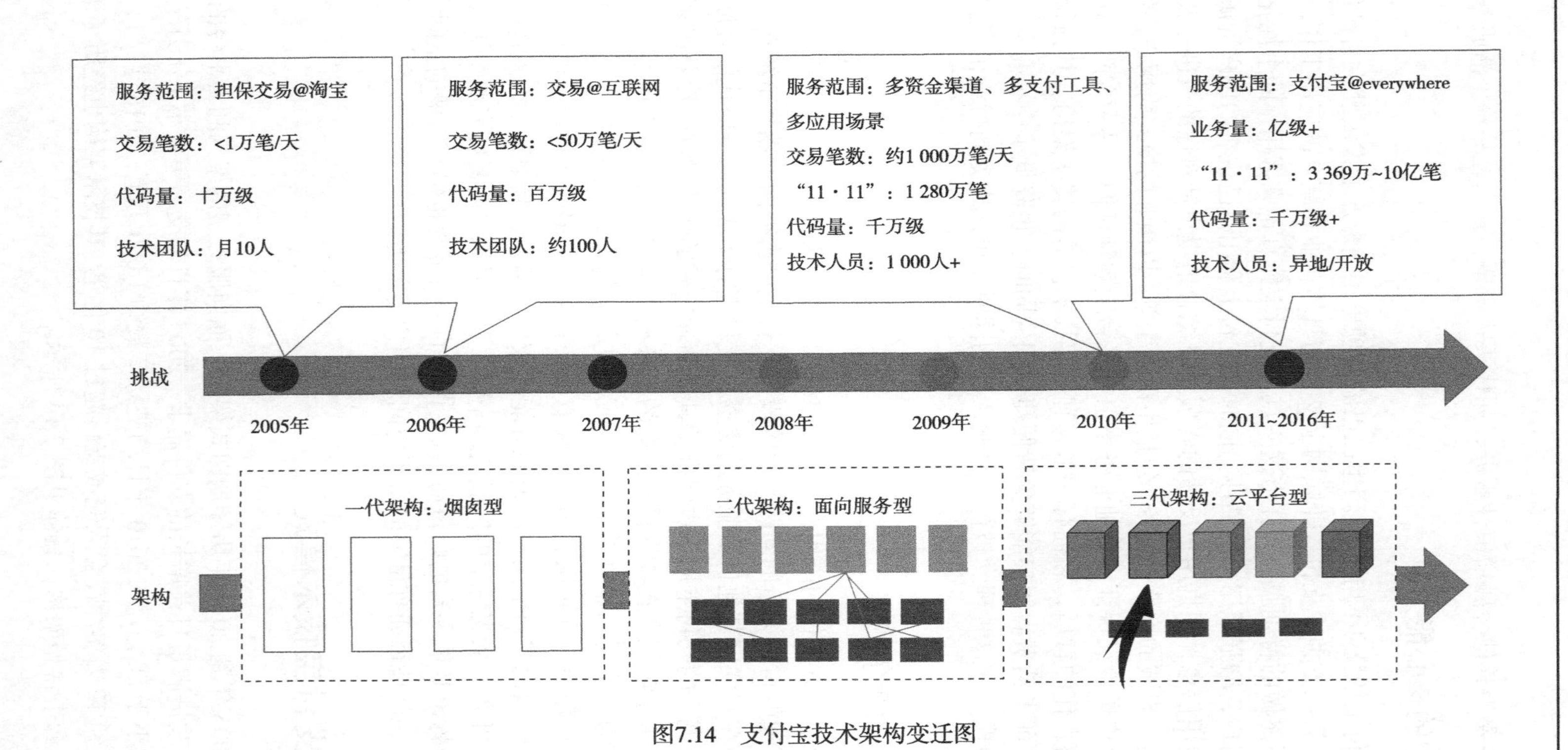

图7.14　支付宝技术架构变迁图

资料来源：胡喜. 支付宝三年光棍节高可用系统-架构的演变，2012，本文根据公开资料增补部分数据

7.7.6　基于商业模式画布的支付宝的商业模式创新分析

1. 支付宝商业模式画布总揽

支付宝的商业模式画布包括公司简介、四个视角［客户、提供物（产品/服务）、基础设施和财务生存能力］、九个构造模块四个方面，其中核心内容为四个视角和九个构造模块[①]（图 7.15）。

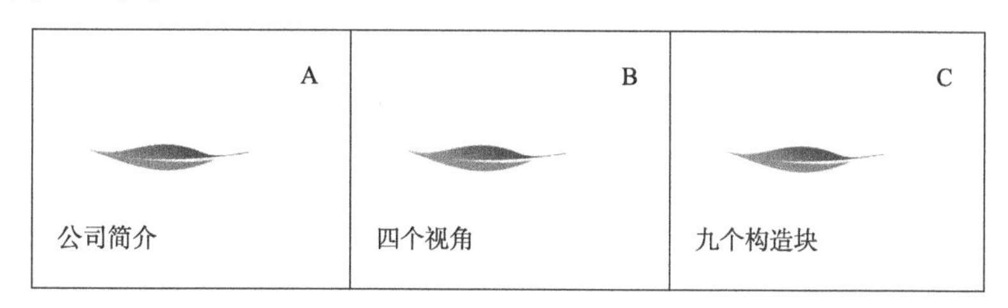

图 7.15　支付宝商业模式画布

2. 公司简介

支付宝的商业模式画布公司简介从公司基本信息、公司业务范围和支付宝的技术功能的角度进行了描述（图 7.16）。

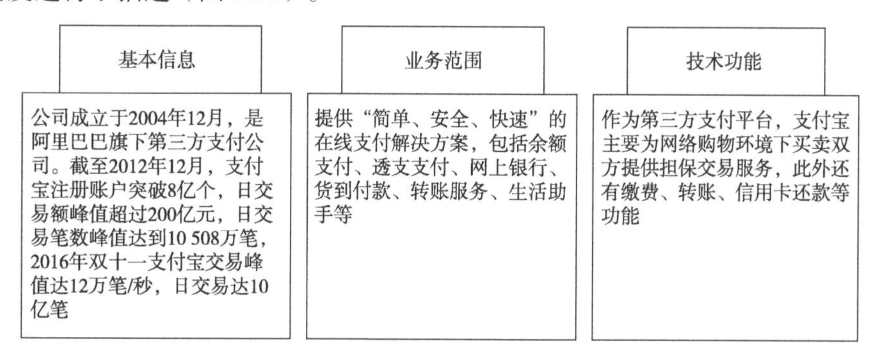

图 7.16　公司简介

3. 支付宝商业模式画布四个视角

（1）支付宝商业模式画布的四个视角。

支付宝商业模式画布有支付宝产品客户、提供物（产品/服务）、基础设施和财务生存能力的四个内容，本文对支付宝产品进行了深入的分析和探讨，具体如图 7.17 所示。

（2）支付宝商业模式画布的四个视角——产品/服务，如图 7.18 所示。

支付宝商业模式画布的产品/服务解决了整个支付宝提供的产品和服务，其定位为“简单、安全、快速”的在线支付解决方案，着重于为用户提供在线支付的整体解决方案，极大

① 资料来源：支付宝网络技术有限公司. 支付宝商业画布分析，2014，本文对商业模式画布进行部分完善，并对四个视角、九个构造块进行文字文字说明。

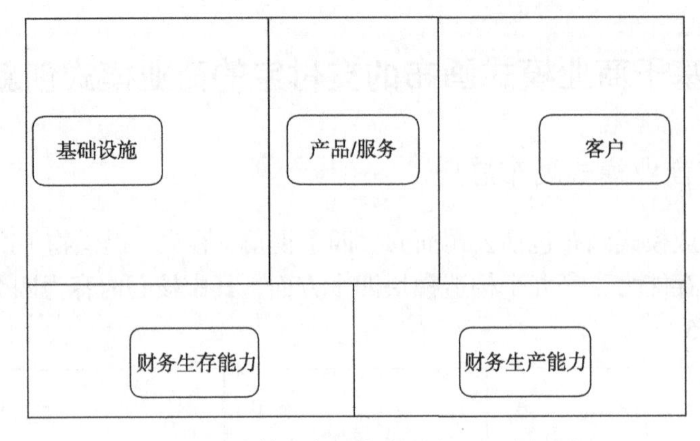

图 7.17　支付宝商业模式画布的四个视图

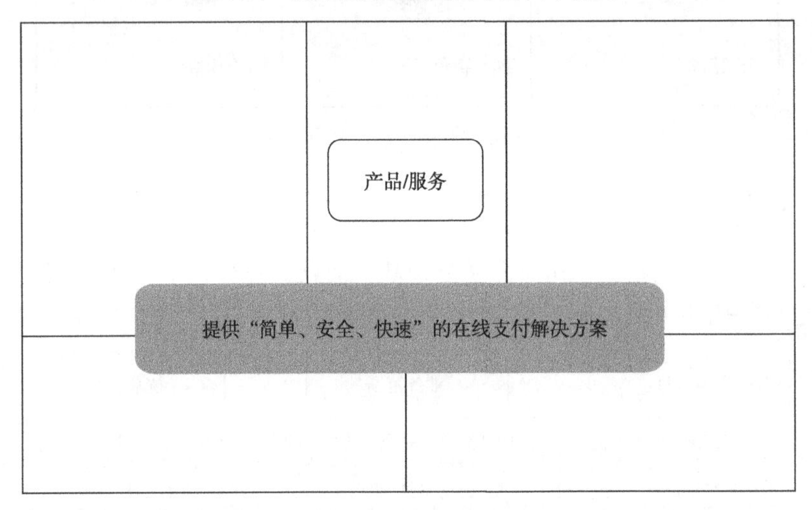

图 7.18　支付宝商业模式画布产品/服务图

地满足了当时用户在线支付和在线收款的需求，为其后面的快速发展打下了坚实的基础。

（3）支付宝商业模式画布的四个视角——客户，如图 7.19 所示。

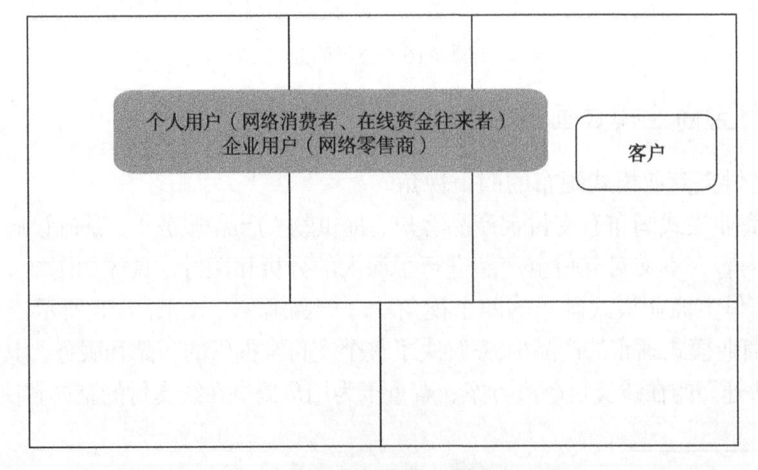

图 7.19　支付宝商业模式画布客户图

支付宝商业模式画布中的“客户”主要解决谁是支付宝客户的问题。支付宝把客户定位于个人用户和企业用户。个人用户主要是网络购买过程中的安全支付，也包括个人之间的资金往来，企业用户主要用来收款，接收来自个人用户的支付宝付款。

（4）支付宝商业模式画布的四个视角——基础设施，如图 7.20 所示。

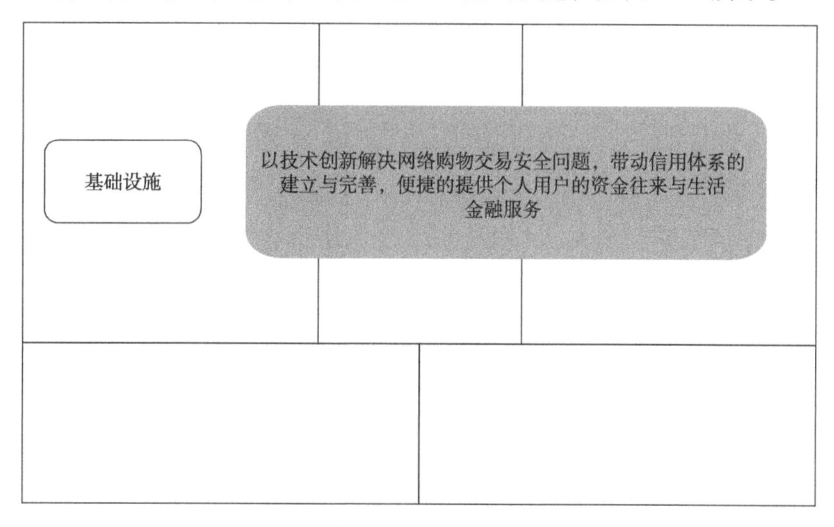

图 7.20　支付宝商业模式画布基础设施图

支付宝商业模式画布中的基础设施主要解决如何提供产品/服务的问题。支付宝通过技术创新解决网络购物交易安全问题，带动信用体系的建立与完善，便捷地提供个人用户的资金往来与生活金融服务。

（5）支付宝商业模式画布的四个视角——财务生存能力，如图 7.21 所示。

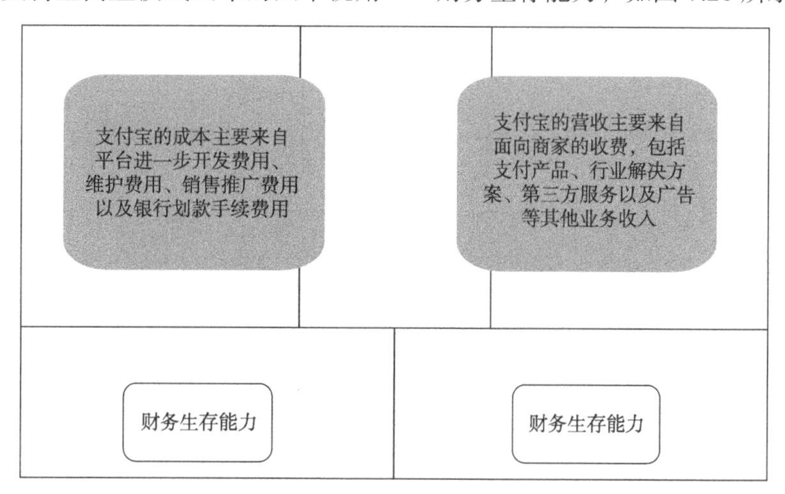

图 7.21　支付宝商业模式画布财务生存能力图

支付宝商业模式画布中的财务生存能力主要解决支付宝的成本和收益的问题，成本收益问题是支付宝能够长久发展的基础。支付宝的成本主要有平台进一步开发升级的软硬件成本、维护费用、推广费用、银行手续费。收益主要有收费项目、第三方服务和广告等业务收入。

4. 支付宝商业模式画布九个构造模块

（1）支付宝商业模式画布九个构造模块——客户细分，如图 7.22 所示。

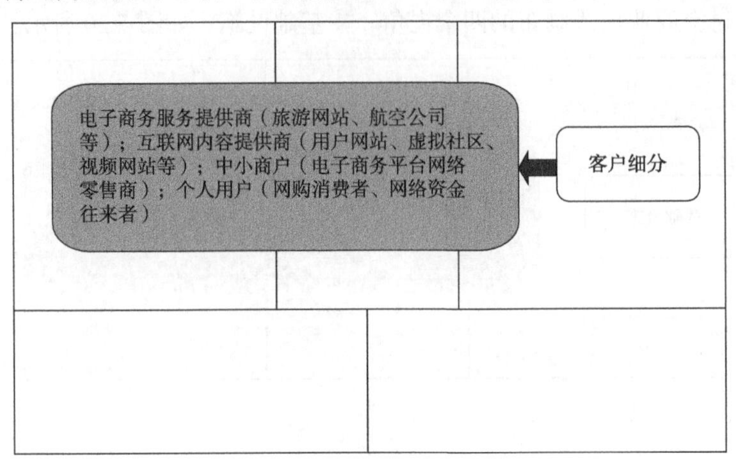

图 7.22　支付宝商业模式画布客户细分图

支付宝商业模式画布九个构造块中的客户细分主要描述支付宝的客户组成与详细的客户类别。根据客户细分图可见支付宝的主要客户为电子商务服务提供商（包括旅游网站、航空公司等）、互联网内容提供商（门户网站、虚拟社区、视频网站等）、中小商户（电子商务平台网络零售商）、个人用户（网购消费者、网络资金往来者）。

（2）支付宝商业模式画布九个构造模块——价值主张，如图 7.23 所示。

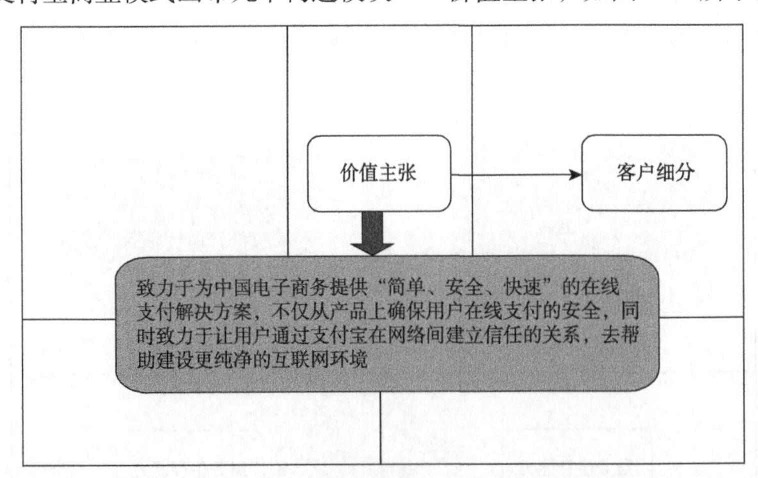

图 7.23　支付宝商业模式画布价值主张图

支付宝商业模式画布九个构造块中的价值主张主要描述支付宝在提供什么产品或者服务，提供这些产品或服务的原因是什么。支付宝的价值主张为致力于为中国电子商务提供“简单、安全、快速”的在线支付解决方案，不仅从产品上确保用户在线支付的安全，同时致力于让用户通过支付宝在网络间建立信任的关系，去帮助建设更纯净的互联网环境。

（3）支付宝商业模式画布九个构造模块——渠道通路，如图 7.24 所示。

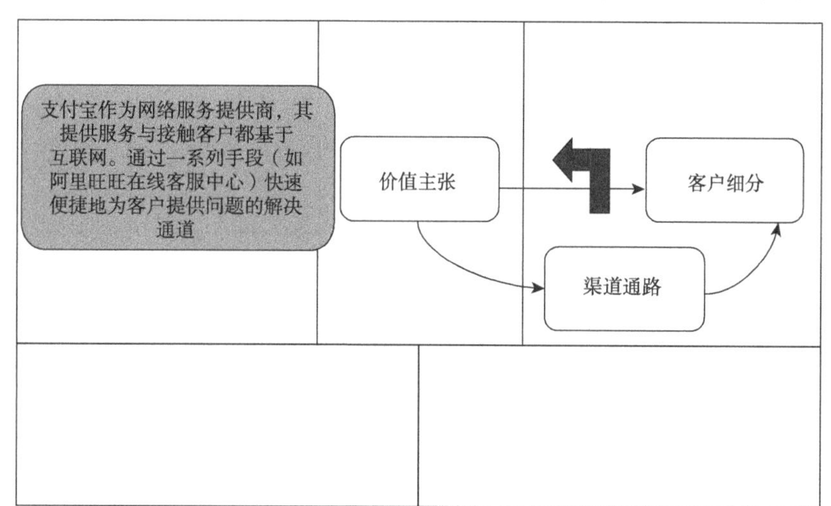

图 7.24　支付宝商业模式画布渠道通路图

支付宝商业模式画布九个构造块中的渠道通路主要描述支付宝提供服务的渠道和路径。支付宝提供的服务都是基于互联网的，其通过“阿里旺旺”快速地建立起买卖双方的沟通渠道，同时也提供在线客户中心等各渠道，快速便捷地为客户提供问题的解决通道。

（4）支付宝商业模式画布九个构造模块——客户关系，如图 7.25 所示。

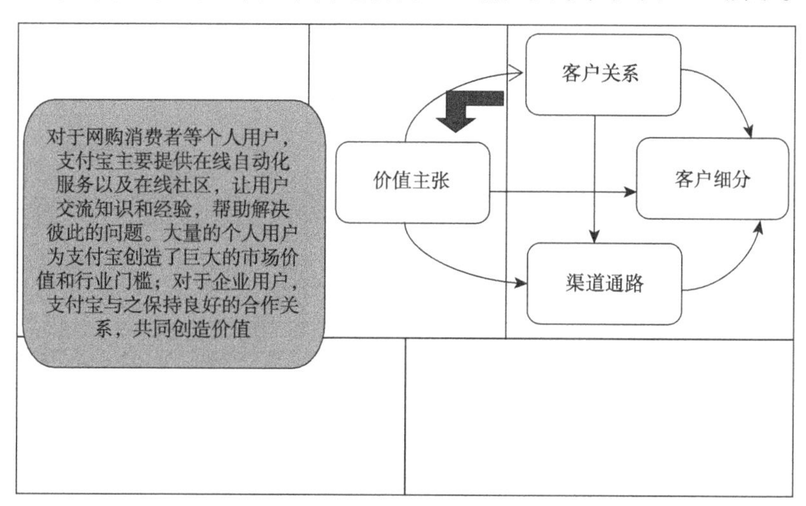

图 7.25　支付宝商业模式画布客户关系图

支付宝商业模式画布九个构造块中的客户关系主要描述支付宝与个人用户的关系。对于网购消费者等个人用户，支付宝主要提供在线自动化服务以及在线社区，让用户交流知识和经验，帮助解决彼此的问题。大量的个人用户为支付宝创造了巨大的市场价值和行业门槛；对于企业用户，支付宝与之保持良好的合作关系，共同创造价值。

（5）支付宝商业模式画布九个构造模块——收入来源，如图 7.26 所示。

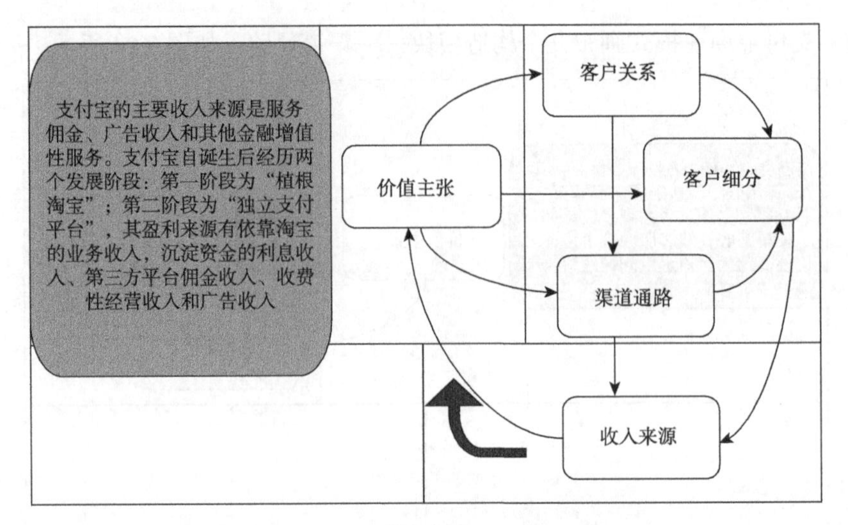

图 7.26　支付宝商业模式画布收入来源图

支付宝商业模式画布九个构造块中的收入来源主要描述支付宝的主要收入来源。支付宝的主要收入来源是服务佣金、广告收入和其他金融增值性服务。支付宝自诞生后经历两个发展阶段：第一阶段为“植根淘宝”；第二阶段为“独立支付平台”，其盈利来源有依靠淘宝的业务收入、沉淀资金的利息收入、第三方平台佣金收入、收费性经营收入和广告收入。

（6）支付宝商业模式画布九个构造模块——核心资源，如图 7.27 所示。

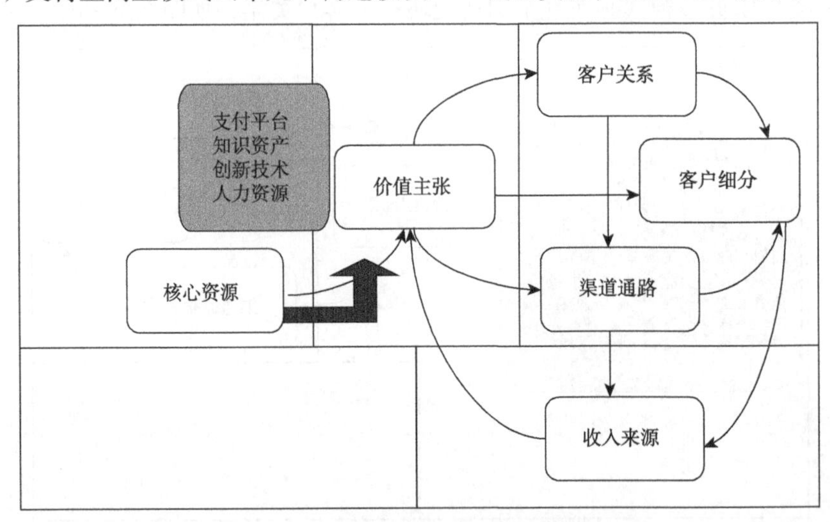

图 7.27　支付宝商业模式画布核心资源图

支付宝商业模式画布九个构造块中的核心资源主要描述支付宝所拥有的核心资源。支付宝的核心资源体现在其搭建的支付平台、在开发平台过程中所申请的知识资产、不断创新的技术水平和大量具有实际经验的人才。

（7）支付宝商业模式画布九个构造模块——关键业务，如图 7.28 所示。

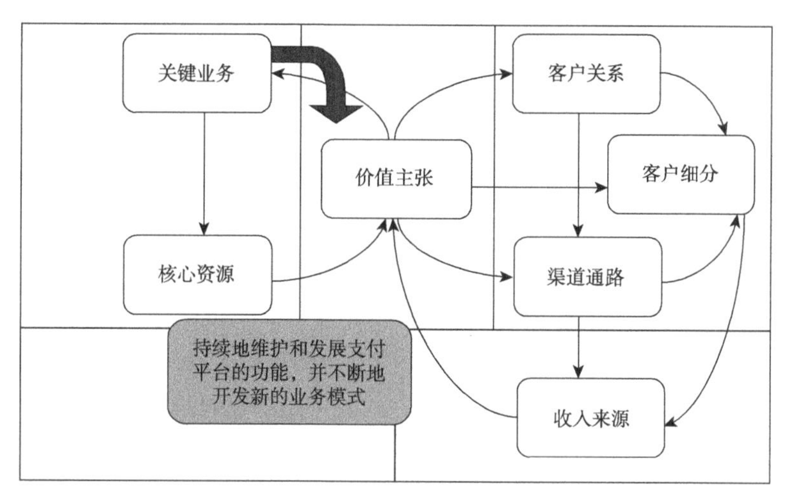

图 7.28　支付宝商业模式画布关键业务图

支付宝商业模式画布九个构造块中的关键业务主要描述支付宝的主要业务和核心功能。支付宝的关键业务持续地维护和发展支付平台的功能，并不断地开发新的业务模式。支付宝不断地开发新业务，余额宝、缴费、充值、信用卡还款等功能不断地丰富其产品线。

（8）支付宝商业模式画布九个构造模块——重要合作，如图 7.29 所示。

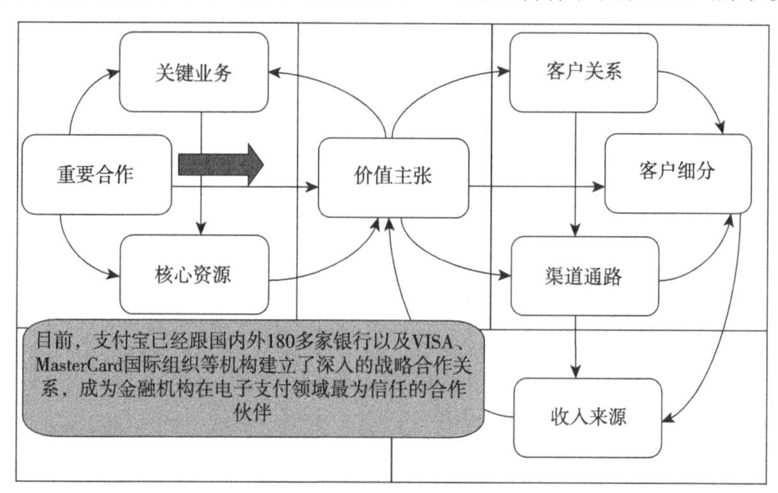

图 7.29　支付宝商业模式画布重要合作图

支付宝商业模式画布九个构造块中的重要合作主要描述支付宝的重要的合作单位和合作组织。目前，支付宝已经跟国内外 180 多家银行以及 VISA（维萨卡）、MasterCard（万事达卡）国际组织等机构建立了深入的战略合作关系，成为金融机构在电子支付领域最为信任的合作伙伴。

（9）支付宝商业模式画布九个构造模块——成本结构，如图 7.30 所示。

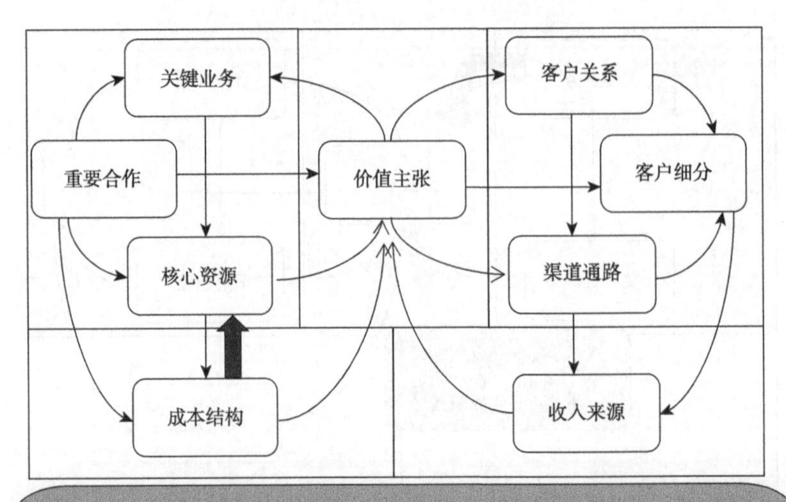

图 7.30　支付宝商业模式画布成本结构图

支付宝商业模式画布九个构造块中的成本结构主要描述支付宝的成本构成。支付宝涉及的领域越来越多，其成本也越来越大。其成本主要来自平台持续开发费用、平台维护费用、销售推广费用以及银行划款手续费用。平台的维护费用主要是指软硬件设备的购置和升级、员工薪资等；销售推广费用包括支付宝的广告投入（电视门户搜索引擎）和销售返点；银行划款手续费用，是指交易资金流动过程中需要向银行交纳的手续费，对于千亿元级交易额的支付宝而言，银行划款手续费是不容忽视的成本。

（10）支付宝商业模式画布九个构造模块关系图如图 7.31 所示。

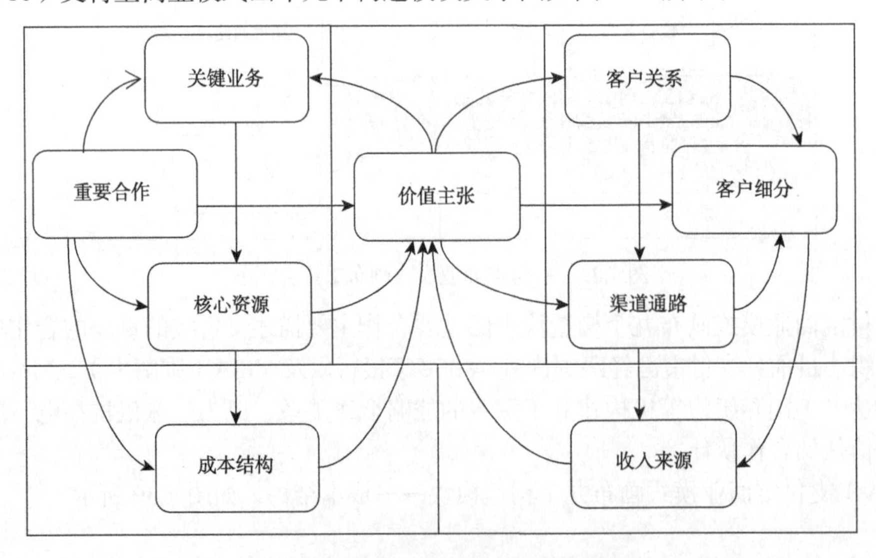

图 7.31　支付宝商业模式画布关系图

5. 支付宝商业模式画布图

从四个视角、九个构造块的角度构建的支付宝的商业模式画布见图 7.32。

<table>
<tr><td rowspan="2">重要合作
金融机构</td><td>关键业务
管理平台
维护平台</td><td rowspan="2">价值主张
提供简单、安全、快捷的在线支付解决方案</td><td>客户关系
用户黏性</td><td rowspan="2">客户细分
个人用户
企业用户</td></tr>
<tr><td>核心资源
支付平台
支付技术</td><td>渠道通路
网络平台</td></tr>
<tr><td colspan="2">成本构成
平台费用
销售推广
银行费用</td><td colspan="3">收入来源
服务佣金
广告收入
增值服务</td></tr>
</table>

图 7.32　支付宝商业模式画布图

6. 支付宝商业模式创新分析

支付宝的创立是为解决电子商务交易过程中买方和卖方互相不信任而需要担保交易的问题。在电子商务的交易中买方下单后如果不付款，卖方就无法发货，买方担心付款后卖方不发货，而卖方担心发货后买方不付款。支付宝创造性地在买卖之间担当担保交易，买方下单后付款给支付宝，买方就把对卖方的信任转移到对支付宝的信任。卖方在买方付款给支付宝后发货，卖方同样把对买方的信任转移到对支付宝的信任上。买方收到货后，通知支付宝付款给卖方，从而达成交易，这就是支付宝最初的价值主张。

随着支付宝应用功能的扩展，除了完成担保交易以外，支付宝为了实现日常支付的便利，开始介入生活的方方面面，如各种票务、餐饮、购物、水费、电费、电视费、网络费、通信费、交通费，甚至单位食堂的饭卡，极大地方便了我们的生活。支付宝的价值主张越来越清晰：致力于为中国电子商务提供“简单、安全、快速”的在线支付解决方案，不仅从产品上确保用户在线支付的安全，同时致力于让用户通过支付宝在网络间建立信任的关系，去帮助建设更纯净的互联网环境。支付宝为实现其价值主张而不断地在各领域进行金融和应用创新，以获取商业上持续地成功。

支付宝完成此类交易必须与银行进行合作，银行和银行卡的发卡机构就是支付宝最为重要的合作伙伴。支付宝利用其平台、知识资本、人才和创新技术不断地更新其功能、改善客户体验，从而吸引更多地客户。而为了更好地服务于客户，支付宝对客户进行了个人用户和企业用户的划分，个人用户更多使用支付宝付款，而企业用户更多使用支付宝收款，支付宝持续地更新系统来满足个人用户和企业用户的需求，维持了很好的客户关系。

随着客户的增多，支付宝获得了大量的资金沉淀，可以获取沉淀资金的利息。而大量的客户是很重要的资源，支付宝成为重要的资金工具，开始开发更多的支付业务，更好地为用户的资金服务。余额宝、快捷支付、芝麻信用、各种生活便捷支付、生活缴费紧紧地吸引客户，成为黏性很高的应用系统，建立了全球很重要的信用体系。利用信用体系，支付宝开发了花呗和借呗，创新性地开始了互联网金融服务。

7.8　美的物联网智能空调商业模式创新创意产生案例

美的集团（简称美的）是一家以家电制造为主营业务的大型企业。2014 年，美的发布“M-Smart 智慧家居战略”，宣布对内统一协议、对外开放协议，实现所有家电产品的互联、互通、互懂。这意味着：美的将依托物联网、云计算等先进技术，由一家传统的家电制造商向一家智能家居创造商转型。物联网智能空调是美的实施“M-Smart 智慧家居战略”的主要载体，具有 12 项智能功能——家庭/远程登录模式、一周预约、睡眠曲线、手机空调双静音、天气分析、电量统计、用电限额、等级节电、提供用电报告、用户互动、手机遥控器和 APP 在线升级，还有 16 项功能正在开发中——包括简洁友好的界面、空调助手、$PM_{2.5}$ 报警、与国家电网合作开发高峰节电模式以避免拉闸限电、空调智能体检、售后网点地图查询和场景模式等。美的已组建正式的“互联网用户数据服务中心”。该中心通过 APP 平台与用户交流，随时监控产品的运行状态，提供信息资讯服务。目前美的物联网智能空调已正式登陆天猫电器城，包括“三款外观、八大型号”。从 2013 年开始，美的已在所有的变频空调新品中植入物联网智能技术，让所有的变频空调都能成为家庭的网络信息终端。

美的物联网智能空调的商业模式包括目标顾客、价值主张、渠道通路、顾客关系、收入来源、关键资源、关键活动、关键伙伴和成本结构九个构成要素。

（1）目标顾客。在美的物联网智能空调的商业模式中，目标顾客主要包括两类群体——美的空调事业部和互联网电商用户。美的物联网智能空调为顾客创造了价值，顾客获取了美的物联网智能空调的价值。对于美的空调事业部来说，物联网智能空调不仅是一个“智能终端”，而且是一个“家庭入口”，可以在这一产品上搭建更多的增值和推送服务。互联网电商用户也是美的物联网智能空调的目标顾客。对美的而言，不是简单地运用物联网智能空调帮助用户实现远程控制，而是以它为载体真正地利用高度智能的网络技术实现人机的完美互动，从而让用户享受互联网的生活方式，同时改变传统的用户服务模式。而互联网电商用户天然地对移动端控制和互联网生活方式高度认同。

（2）价值主张。美的物联网智能空调为不同的目标顾客提供了不同的价值主张。对于美的空调事业部而言，美的物联网智能空调的价值主张是服务流程自动化。美的空调事业部利用物联网技术让每台空调都成为一个信息终端，进而通过 APP 软件平台对消费者进行定制化、跟踪到家的服务，同时通过免费的 APP 软件升级不断地对消费者的空调进行功能升级。对于互联网电商用户而言，美的物联网智能空调的价值主张是新颖的顾客体验。当用户对着手机发出语音指令时，这段指令会被转换为看不见的数据洪流，通过手机网络传输到智能控制中心，经过计算分析处理，再通过光纤和 WIFI 网络发送到空调的智能芯片中，空调就按照指令行动了，如用户通过 APP 为晚上不同时段设置不同的舒睡温度等。

（3）渠道通路。美的物联网智能空调向目标顾客传递价值主张的渠道有两种。一种为直接渠道，即直接借助物联网智能空调向美的空调事业部传递服务流程自动化的价值主张（如美的空调事业部直接借助物联网智能空调自动化顾客服务流程），以及向互联网电商用户传递新颖的顾客体验的价值主张（如互联网电商用户直接使用物联网智能空调享受智能产品的便利）。另一种为间接渠道，即物联网智能空调促进了“海量”信息的获取、集成和分析，进而促进了组织学习和供应链集成，为目标顾客传递了价值主张，如通过分析用户运行数据来改进空调产品的品质，通过分析用户的使用习惯来改进生产和物流配备和模式，通过以上综合分析来实现空调的研发、生产、销售与售后等信息系统的互通、数据共享和业务活动的集成。

（4）顾客关系。在美的物联网智能空调的商业模式运作中，合作创造和自动服务这两类关系至关重要。合作创造是指美的空调事业部与阿里云平台、天猫电器城合作创造价值并将价值传递给美的空调事业部和互联网电商用户。事实上，美的物联网智能空调的问世是建立在多方合作的基础上。以美的空调事业部与阿里云平台的合作为例：美的空调构建基于阿里云的物联网开放平台，实现产品的连接对话和远程控制：阿里云提供计算、存储和网络连接能力，并帮助美的空调实现大数据的商业化应用。自动服务是指美的物联网智能空调已经高度实现自动化和智能化，美的空调事业部和互联网电商用户在没有人为干预的情况下能够自动化地获取业务流程自动化和新颖顾客体验的价值主张。

（5）收入来源。美的空调事业部从两个方面获取物联网智能空调产生的收入——降低成本和促进销售。一方面，物联网智能空调自动化了顾客服务流程，从而降低了美的空调事业部的顾客服务成本，进而为美的空调事业部创造了收入。另一方面，物联网智能空调为市场提供了新颖的顾客体验，从而增加了美的空调事业部的产品销售收入，进而为美的空调事业部创造了收入。此外，物联网智能空调只是美的与阿里云进行战略合作产生的一项成果，双方将围绕打造智能家电生态圈，在形成统一的物联网产品应用和通信标准、实现全系列产品无缝接入和统一控制后，将布局数据化运营，根据用户行为数据调整产品的研发生产，最终形成产业链，提供增值应用和服务。这些将进一步促进成本降低和收入创造。

（6）关键资源。美的物联网智能空调的系统架构构成美的物联网智能空调商业模式有效运作的重要资产，包括搭载物联功能的空调、M-Box 路由器、云服务平台、APP 软件、移动终端（如手机）等。通过空调所配备的传感器收集信息并传至美的盒子 M-Box；M-Box 通过路由器将信息传至云服务器，由云端对数据进行分析后通过移动终端与用户进行互动。未来，相关协议标准和为第三方应用提供标准的 API（application program interface，即应用程序接口）也将成为美的物联网智能空调商业模式有效运作的重要资产，因为它们是构造更加开放平台的基础。

（7）关键活动。美的物联网智能空调商业模式有效运作需要开展以下活动：首先，部署物联网硬件与软件（搭载物联功能的空调、M-Box、APP 软件等），形成完整的、统一的通信标准，实现物联网智能空调在业务流程和运营体系中的无缝接入和统一控制；其次，实现用户与美的之间的互联互通、联动控制和数据共享，在此基础上打造智能化大数据系统，实现美的物联网、研发、生产、销售与售后等信息化系统的数据和资源共享以及数据集中运营，构建开放平台，提供增值服务，促进传统产业模式和运营模式的变革。

（8）关键伙伴。阿里云平台和天猫电器城是美的物联网智能空调商业模式有效运作的重要外部伙伴。美的是家电制造商，其优势是硬件制造，但是数据收集能力和计算处理能力不强。而阿里云平台借助其强大的云计算和大数据方面的能力能够轻松解决这些问题。在美的物联网智能空调商业模式中，阿里云平台为美的提供了一个云计算和大数据平台，美的销售、客户管理、供应链、售后服务都可以以大数据驱动。天猫电器城为物联网智能空调提供了销售渠道。这是因为：天猫电器城拥有数量庞大的用户群体，他们都是愿意接受新鲜事物的领先用户，而美的物联网智能空调无疑是新鲜事物。未来双方还将不断通过更紧密的产品推广和服务创新行动，致力于物联网智能家电在网络销售中的市场开拓。

（9）成本结构。物联网技术资源成本与物联网应用运维成本是美的物联网智能空调商业模式有效运作的重要支出。物联网技术资源成本包括空调加载物联网功能模块的成本、M-Box 成本、APP 软件开发成本，以及相关的信息化基础设施和业务应用系统成本等。物联网应用运维成本包括相关的人力资源成本、采纳云服务的成本、市场开拓成本等。

7.9　本章小结

本章通过金属镀层系统创意产生、松下新型电熨斗创意产生、超市售粮机创意产生和超声波测厚装置创意产生案例验证了创意产生的作用机理，运用创新思维，使用发现问题工具明晰系统中存在的问题，选择合适的问题解决工具或者创新的商业化模式，实现工程中创意产生。另外本章还分析了支付宝商业模式创新创意产生案例和美的物联网智能空调商业模式创新创意产生案例。

思考与训练

1. 试以运动手表为例，分析技术创新与商业模式创新之间的关系。

2. 试说明发散思维和收敛思维在工程创意产生中的作用。

3. 查阅相关资料，举例说明一个成功或失败的创意产生案例。其成功或失败的启示是什么？

扫一扫

7.3 超声波纸厚测量专利

7.3 共享单车的产生

参 考 文 献

安德森 B，费格豪 T. 2011. 根原因分析——简化的工具和技术. 贾宜东，李文成译. 北京：中国人民大学出版社.

奥斯特瓦德 A，皮尼厄 Y. 2011. 商业模式可视化. IT经理世界，（326）：116-118.

百度文库. 2010-11-30. 六顶思考帽的应用实例. http：//wenku.baidu.com/link?url=03Uu-h59UKBk6df6DH_ZhvTRBzX-Df_aABZogbu4Ey_PU15ILVA4HX9T8RN8hwDed4DPayOVLfT_gJXl41RA1aWxQlnZ048kJN83SYAa5_.

波诺 E. 2004a. 六顶思考帽. 冯杨译. 北京：科学技术出版社.

波诺 E. 2004b. 平行思维：解读六顶思考帽的深层价值. 王以，吴亚滨译. 北京：企业管理出版社.

博赞 T，博赞 B. 2015. 思维导图. 卜煜婷译. 北京：化学工业出版社.

陈劲，郑刚. 2013. 创新管理. 第二版. 北京：北京大学出版社.

陈志. 2012. 战略性新兴产业发展中的商业模式创新研究. 经济体制改革，（1）：112-116.

蒂蒙斯 J. 2002. 创业者. 周伟民，钱敏译. 北京：华夏出版社.

丁浩，王炳成，曾丽君. 2013. 商业模式创新的构成与创新方法的匹配研究. 经济管理，（7）：183-191.

窦宏健. 2006. 基于个人成长和自我实现的创造性——卡尔·罗杰斯的创造观. 甘肃联合大学学报（社会科学版），22（4）：110-113.

冯缙. 2012. 心理坚韧性研究述评. 西南大学学报（社会科学版），2：68-74.

夫正. 2004. “重组”思维的一把钥匙——推荐《六项思考帽》. 中外管理，（3）： 34 -35.

傅世侠，罗玲玲. 2000. 科学创造方法论.北京：中国经济出版社.

高斯 D，温伯格 J. 2014. 你的灯亮着吗？——发现问题的真正所在. 俞月圆译. 北京：人民邮电出版社.

韩博. 2014. TRIZ理论中小人法应用研究. 科技创新与品牌，11：91-94.

何名申. 2001. 创新思维修炼. 北京：民主与建设出版社.

胡保亮. 2015. 基于画布模型的物联网商业模式构成要素研究. 技术经济，34（2）：44-49.

胡思玥. 2016. “互联网+”背景下的IP模式. 现代营销旬刊，（2）：150.

胡喜. 2012. 支付宝的弹性计算架构. 全球软件开发者大会QCon2012.

纪慧生. 2015. 商业模式创新的创意源泉及途径研究——来自手机行业的案例分析. 企业经济，（9）：137-141.

嘉纳 H. 2011. 不一样的领导力. 周鸿斌译. 台湾：远流出版事业股份有限公司.

金占明，杨鑫. 2010. 商业模式的成功要素. 人民论坛，（36）：62-63.

荆浩. 2016. 互联网+时代数据驱动商业模式案例分析.商业经济研究，（11）：38-40.

赖声川. 2011. 赖声川的创意学. 桂林：广西师范大学出版社.

李东，苏江华. 2011. 技术革命、制度变革与商业模式创新——论商业模式理论与实践的若干重大问题. 东南大学学报（哲学社会科学版），13（2）：31-38.

李金，董银红. 2016. 大学生创业：商业模式的成功还是企业家精神的发挥？科教导刊，（2）：183-184.

李文莲，夏健明. 2013. 基于“大数据”的商业模式创新.中国工业经济，（5）：83-95.

李翔，陈继祥. 2015. 新创企业技术创新与商业模式创新的交互作用研究. 现代管理科学，(3)：109-111.
林岳，齐二石，李彦. 2012. 创新方法教程（初级）. 北京：高等教育出版社.
林芸蔓. 2009. 基于萃智的电脑辅助之修剪流程与工具. 新竹：台湾清华大学.
刘丹，曹建彤，王璐. 2014. 大数据对商业模式创新影响的案例分析. 创新与创业管理，27(4)：21-25.
刘培育，李衍华. 1999. 创新思维导论. 北京：大众文艺出版社.
卢益清，李忱. 2013. O2O商业模式及发展前景研究. 企业经济，(11)：98-101.
鲁虹. 2012. 吉林省高层次人才创新环境比较分析. Conference on Web Based Business Management.
罗峰. 2014. 企业孵化器商业模式价值创造分析. 管理世界，(8)：180-181.
罗珉. 2009. 商业模式的理论框架述评. 当代经济管理，31(11)：1-8.
门艳玲. 2016. TRIZ理论解决技术问题的实践研究. 创新科技，(6)：34-37.
宁钟. 2012. 创新管理. 北京：机械工业出版社.
牛占文，徐燕申，林岳，等. 1999. 发明创造的科学方法论——TRIZ. 中国机械工程，(1)：84-89
齐藤嘉则. 2009. 发现问题的思考术. 郭菀琪译. 台北：經濟新潮社.
阮汝祥. 2007. 创新制胜. 北京：中国宇航出版社.
沙永杰. 2013-04-17. 2013年创新方法高层论坛.
盛安之. 2015. 受益一生的哈佛创意课. 上海：立信会计出版社.
斯滕伯格 R J. 2009. 创意心理学. 曾盼盼译. 北京：中国人民大学出版社.
孙永伟，伊克万科 C. 2016. TRIZ：打开创新之门的金钥匙. 北京：科学出版社.
檀润华. 2002. 创新设计——TRIZ：发明问题解决理论. 北京：机械工业出版社.
檀润华. 2004. 发明问题解决理论. 北京：科学出版社.
檀润华. 2010. TRIZ及应用——技术创新过程与方法. 北京：高等教育出版社.
檀润华，丁辉. 2010. 创新技法与实践. 北京：机械工业出版社.
檀润华，孙建广. 2014. 破坏性创新技术事前产生原理. 北京：科学出版社.
万延见，李彦，李文强，等. 2014. 基于认知多方法集成式产品创新设计策略及实现. 计算机集成制造系统，6：1267-1275.
王惠连，赵欣华，伊嫱. 2004. 创新思维方法. 北京：高等教育出版社.
王缉慈. 1998. 关于我国区域研究中的若干新概念的讨论. 北京大学学报（哲学社会科学版），(4)：114-120.
王伟，马俊，雷雳，等. 2014. 大学生主动性人格与创新能力：创新气氛的中介作用. 中国会议.
王雪冬，董大海. 2012. 商业模式的学科属性和定位问题探讨与未来研究展望. 外国经济与管理，34(3)：2-9.
王哲. 2009. 创新思维训练500题. 北京：中国言实出版社.
王竹立. 2015. 你没听过的创新思维课. 北京：电子工业出版社.
翁君奕. 2004a. 介观商务模式：管理领域的“纳米”研究. 中国经济问题，(1)：34-40.
翁君奕. 2004b. 商务模式创新. 北京：经济管理出版社.
吴何. 2010. 现代企业管理. 北京：中国市场出版社.
吴霁虹. 2015. 创业7年获132亿美元估值——两个男屌丝是怎样逆袭的. 中国机电工业，(11)：74-79.
吴晓波，朱培忠，吴东，等. 2013. 后发者如何实现快速追赶？——一个二次商业模式创新和技术创新的共演模型. 科学学研究，31(11)：1726-1735.
吴瑶，葛殊. 2014. 科技企业孵化器商业模式体系构建与要素评价. 科学学与科学技术管理，35(4)：163-170.
谢德荪. 2012. 源创新. 北京：五洲传播出版社.
谢德荪. 2016. 重新定义创新. 北京：中信出版社.
新华财经. 2015-03-13. 兴业银行率先推出盲人ATM 机. http://news.xinhuanet.com/fortune/2015-03/13/c_127578721.htm.

徐苏涛，王德禄. 2010. 商业模式创新从“讲故事”开始. 国际融资，（8）：40-42.
姚本先. 2012. 大学生心理健康教育. 合肥：北京师范大学出版集团安徽大学出版社.
衣新发，蔡曙山. 2011. 创新人才所需要的六种心智. 北京师范大学学报，4：31-40.
原磊. 2007. 商业模式体系重构. 中国工业经济，（6）：70-79.
张红，葛宝山. 2014. 创业机会识别研究现状述评及整合模型构建. 外国经济与管理，36（4）：15-23.
张景焕，金盛华. 2007. 具有创造成就的科学家关于创造的概念结构. 心理学报，39（1）：135-145.
张敬伟，王迎军. 2010. 基于价值三角形逻辑的商业模式概念模型研究. 外国经济与管理，32（6）：1-8.
张莉. 2009. 思维风格与创造力关系的研究综述. 铜陵学院学报，4：95-96.
张鹏，高善顺，檀润华. 2014-07-09. 一种超声波纸张测厚装置，中国：CN103913136A.
张鹏，高善顺，檀润华. 2014-08-27. 一种超声波纸张厚度测量装置，中国：CN104006772A.
张越，赵树宽. 2014. 基于要素视角的商业模式创新机理及路径. 财贸经济，35（6）：90-99.
张钟木. 2016-08-16. 一所思维奔流的学校如何炼成？http：//www.92to.com/xuexi/2016/08-16/9612507.html.
郑聪玲. 2013. 以源创新战略实现企业的转型与升级. 企业研究，（8）：51-53.
郑磊磊，刘爱伦. 2000. 思维风格与创造性倾向关系的研究. 应用心理学，（2）：14-20.
支付宝网络技术有限公司. 2014-10-24. 支付宝商业画布分析. https：//wenku.baidu.com/view/6d10ecfd51e79b89680226cf.html
周苏. 2016. 创新思维与科技创新. 北京：机械工业出版社.
朱智贤，林崇德. 2002. 思维发展心理学. 北京：北京师范大学出版社.
佐藤允一. 2010. 问题解决术. 杨明月译. 北京：中国人民大学出版社.
Kumar V. 2014. 企业创新101设计法. 胡小锐，黄一舟译. 北京：中信出版社.
Laudon K C，Laudon J P. 2007. 管理信息系统. 薛华成译. 北京：机械工业出版社.
Maruya A. 2013. 精益创业实战. 第二版. 张玳译. 北京：人民邮电出版社.
Afuah A，Tucci C L. 2001. Internet Business Models and Strategies：Text and Cases. New York：McGraw-Hill Higher Education/Irwin.
Altshuller G S. 1999. The Innovation Algorithm：TRIZ Systematic Innovation And Technical Creativity. Worcester：Technical Innovation Center Inc.
Amabile T M. 1983. The social psychology of creativity：a componential conceptualization. Journal of Personality and Social Psychology，45（2）：357-376.
Amabile T M. 1989. Growing Up Creative：Nurturing a Lifetime of Creativity. New York：Crown.
Amit R，Zott C. 2001. Value creation in e-business. Strategic Management Journal，22（6~7）：493-520.
Arash N. 2011. Dynamic business model innovation：an analytical archetype. International Proceedings of Economics Development & Research，（12）：221-234.
Ardichvili A，Cardozo R，Ray S. 2003. A theory of entrepreneurial opportunity identification and development. Journal of Business Venturing，18（1）：105-123.
Becattini N，Borgianni Y，Cascini G，et al. 2011. Computer-aided problem solving-part 1：objectives，approaches，opportunities. 4th IFIP WG5.4 Working Conference，CAI 2011，France.
Bengtson T A. 2013. Creativity's paradoxical character：apostscript to James Webb Young's technique for producing ideas. Journal of Advertising，11（1）：3-9.
Bessant J R，Tidd J. 2007. Innovation and Entrepreneurship. Chichester：John Wiley & Sons.
Bhave M P. 1994. A process model of entrepreneurial venture creation. Journal of Business Venturing，9（3）：223-242.
Carayannis E G. 2013. Encyclopedia of Creativity，Invention，Innovation，and Entrepreneurship. New York：Springer.
Carayannis E G，Samara E T，Bakouros Y L. 2010. Innovation and Entrepreneurship：Theory and Practice. Cham：Springer.

Cascini G. 2016. Hands on design task clarification. Working Paper，Lappeenranta University of Technology.

Chesbrough H. 2007. Business model innovation：it's not just about technology anymore. Strategy & Leadership，35（6）：12-17.

Chesbrough H. 2010. Business model innovation：opportunities and barriers. Long Range Planning，43(2~3)：354-363.

Chesbrough H，Rosenbloom R S. 2002. The role of the business model in capturing value from innovation：evidence from Xerox Corporation's technology spin-off companies. Industrial & Corporate Change，11（3）：529-555.

Csikszentmihalyi M. 1990. The domain of creativity//Runco M A，Albert R S. Theories of Creativity. Newbury Park：Sage.

Drucker P F. 1985. The discipline of innovation. Harvard Business Review，76（6）：149-157.

Drucker P F. 2014. Innovation and Entrepreneurship . Oxford：Routledge.

Endres A M，Woods C R. 2006. Modern theories of entrepreneurship behavior，a comparison and appraisal. Small Business Economics，26（2）：189-202.

Fayolle A. 2007. Entrepreneurship and New Value Creation：The Dynamic of the Entrepreneurial Process. Cambridge：Cambridge University Press.

Feist G J. 1999. The influence of personality on artistic and scientific creativity//Sternberg R J. Handbook of Creativity. New York：Cambrige University Press.

Fey V，Rivin E. 2005. Innovation on Demand. New York：Cambridge University Press.

Getzels J W，Csikszentmihalyi M. 1976. The Creative Vision：A Longitudinal Study of Problem Finding in Art. New York：John Wiley & Wiley.

Hartmann P. 2014. New Business Creation：Systems for Institutionalized Radical Innovation Management. Berlin：Springer.

Herbert S A. 1973. The structure of ill-structured problems. Artificial Intelligence，4（3~4）：181-201.

Hong N S. 1998. The relationship between well-structured and ill-structured problem solving in multimedia simulation. PhD Thesis，The Pennsylvania State University.

Johnson M W，Christensen C M，Kagermann H. 2008. Reinventing your business model. Harvard Business Review，（9）：51-59.

Jones G，Hanton S，Connaughton D. 2002. What is this thing called mental toughness：an investigation of elite sport performers. Journal of Applied Sport Psychology，（14）：205-218.

Jones G，Hanton S，Connaughton D. 2007. A framework of mental toughness in the world's best performers. The Sport Psychologist，（21）：243-264.

Kley F，Christian L，Dallinger D. 2011. New business models for electric cars：a holistic approach. Energy Policy，39（6）：3392-3403.

Krizner I. 1973. Competition and Entrepreneurship. Chicago：University of Chicago Press.

Maddi S R. 2004. Hardiness：an operationalization of existential courage. Journal of Humanistic Psychology，（44）：279-298.

Mahadevan B. 2000. Business models for internet-based e-commerce：an anatomy. California Management Review，42（4）：55-69.

Mann D L. 2008. Hands on Systematic Innovation. 2nd Edition. Exeter：Edward Gaskell Publishers.

Mann D L. 2010. Hands on Systematic Innovation. 3nd Edition. Clevedon：IFR Press.

Matzier K，Bailom F，Eichen S，et al. 2013. Business model innovation：coffee triumphs for Nespresso. Journal of Business Strategy，34（2）：30-37.

MitchellD，Coles C. 2003. The ultimate competitive advantage of continuing business model innovation process. Journal of Business Strategy，24（5）：15-21.

Osterwalder A. 2004. The business model ontology–aproposition in a design science approach. PhD Thesis, Université de Lausanne.
Osterwalder A. 2007-08-11. Business model design and innovation. http：//business-model-design.blogspot.com/.
Osterwalder A，Pignuer Y，Tucci C L. 2005. Clarifying business models：origins，present，and future of the concept. Communications of the Association for Information Systems，（16）：1-25.
Petr K，Vitor F，Mann D L，et al. 2012. TRIZ Power Tool-Simplifying. Tempe：Third Millennium Publishing.
Piirto J. 2011. Creativity for 21st Century Skills：How to Embed Creativity into the Curriculum. Rotterdam：Sense Publishers.
Reynolds P D，Curtin R T. 2009. New Firm Creation in the United States. New York：Springer.
Reynolds P D，Curtin R T. 2010. New Business Creation：An International Overview. New York：Springer Science & Business Media.
Rochet J C，Tirole J. 2003. Platform competition in two-sided markets. Journal of the European Economic Association，1（4）：990-1029.
Scott A J，Storper M. 1997. Industrialization and Regional Development.London：Routledge.
Shalley C E，Hitt M A，Zhou J. 2015. The Oxford Handbook of Creativity，Innovation，and Entrepreneurship. Oxford：Oxford University Press.
Shane S. 2000. Prior knowledge and the discovery of entrepreneurial opportunities. Organization Science，（4）：448-469.
Simonton D K. 1984. Genius，Creativity，and Leadership. Cambridge：Harvard University Press.
Sosna M，Thevinyo-Rodriguez R N，Velamuri S R. 2010. Business models innovation through trial-and-error learning-the naturhouse case. Long Range Planning，43：383-407.
Sternberg J R. 1999. Hand Book of Creativity. Cambridge：Cambridge University Press.
Sternberg R J，Grigorenko E L. 1997. Are cognitive style still in style. American Psychologists，52：700-712.
Teece D J. 2010. Business models，business strategy and innovation. Long Range Planning，43（2~3）：172-194.
Tidd J，Bessant J R，Pavitt K. 1997. Managing Innovation：Integrating Technological，Market and Organizational Change. Chichester：Wiley.
Timmers P. 1998. Business models for electronic markets. Electronic Markets，8（2）：3-8.
Weisberg R W. 1999. Creativity and knowledge：a challenge，to theories//Sterberg R J. Handbook of Creativity. Cambridge：Cambridge University Press.
Woods E. 2008. Brilliant Start-Up：How to Set Up and Run a Brilliant Business. London：Prentice-Hall.
Zlotin B，Zusman A. 2005. The concept of resources in TRIZ：past，present and future. Ideation International.
Zott C，Amit R. 2008. The fit between product market strategy and business model：implications for firm performance. Strategic Management Journal，29：1-26.